最新の土壌・地下水汚染原位置浄化技術

Latest In-situ Remediation Technologies of Contaminated Soil and Groundwater

《普及版／Popular Edition》

監修 平田健正・中島　誠

シーエムシー出版

はじめに

　多様な物質，存在空間の不均一性，土壌地下水汚染を形容するこれらの表現は，汚染現象の複雑さと浄化の困難さを連想させる。言い換えれば，どのような汚染現場にも画一的に適用できる浄化技術はなく，対象地域の水理地質特性はもちろん，汚染物質の物理・化学的特性など土壌地下水中における動態を十分に考慮した対策が必要となる。加えて土壌地下水汚染対策は，環境財としての汚染防止と私有財産の資産リスク回避という両側面を有する。

　こうした特徴を持つ土壌地下水汚染について法整備が進み，国家資格も定められた。調査や対策のマニュアルも細部にわたり整備され，確かに汚染対策の品質保証という側面からみると，かなりのレベルにまで高まったといえる。ただ知識が豊富になることと，汚染対策の実効性を高めることとは，同義ではない。

　多岐にわたる汚染物質や複雑な現象を目の当たりにして，調査対策マニュアルなど画一的な手法は，現場を預かる技術者にとってありがたい存在に違いない。しかしよく考えてみると，通り一遍の手法では歯が立たない事象が身の回りで生じている。こうした困難な課題に直面したとき，本書を開いてほしい。

　土壌地下水汚染を対象に調査に始まり浄化対策や評価まで，さまざまな解説書が既に出版されている。こうした中，本書は単に汚染の特徴や原位置浄化技術，さらには数値解析手法やリスク評価手法を羅列し解説したのではない。それぞれの要素技術や考え方など，科学として共通する原理を踏まえ，技術として実際の汚染現地への適用と得られた結果について記しているのである。

　著者には，土壌地下水汚染の最前線で活躍する研究者や技術者に参画いただいた。わが国の研究として，技術としてのレベルが確認できるようにも工夫している。土壌地下水汚染の原位置浄化に，是非に活用していただくことをお願いする次第です。

2012 年 4 月

和歌山大学　理事
平田健正

普及版の刊行にあたって

本書は2012年に『最新の土壌・地下水汚染原位置浄化技術』として刊行されました。普及版の刊行にあたり，内容は当時のままであり加筆・訂正などの手は加えておりませんので，ご了承ください。

2019年2月

シーエムシー出版　編集部

執筆者一覧(執筆順)

平田 健正	和歌山大学　理事
中島 誠	国際環境ソリューションズ㈱　中島研究室　室長
保高 徹生	㈳産業技術総合研究所　地圏資源環境研究部門　研究員
川端 淳一	鹿島建設㈱　技術研究所　チーフ・上席研究員
江種 伸之	和歌山大学　システム工学部　環境システム学科　准教授
浅田 素之	清水建設㈱　技術研究所　主任研究員
塙 隆之	清水建設㈱　エンジニアリング事業本部　主査
稲田 ゆかり	清水建設㈱　エンジニアリング事業本部
熊本 進誠	早来工営㈱　早来支店
保賀 康史	㈱鴻池組　土木事業本部　環境エンジニアリング部　部長
和田 信一郎	九州大学　大学院農学研究院　教授
中川 啓	長崎大学　大学院水産・環境科学総合研究科　教授
根岸 昌範	大成建設㈱　技術センター　土木技術研究所　地盤・岩盤研究室　主任研究員
高畑 陽	大成建設㈱　技術センター　土木技術研究所　地盤・岩盤研究室　主任研究員
佐藤 徹朗	国際環境ソリューションズ㈱　技術部　担当部長
奥田 信康	㈱竹中工務店　技術研究所　先端技術研究部　エコエンジニアリング部門　主任研究員
岡田 正明	㈱フジタ　建設本部　土壌環境部
西田 憲司	㈱大林組　技術本部　エンジニアリング本部　環境技術第一部　環境技術第二課　課長
北島 信行	㈱フジタ　建設本部　土壌環境部
近藤 敏仁	㈱フジタ　建設本部　土壌環境部長；技術センター　副所長
星野 隆行	栗田工業㈱　プラント生産本部　エンジニアリング部門　エンジニアリング六部　設計二課
鈴木 義彦	栗田工業㈱　プラント生産本部　エンジニアリング部門　エンジニアリング六部　設計一課　技術主任
日野 成雄	DOWAエコシステム㈱　ジオテック事業部
河合 達司	鹿島建設㈱　技術研究所　上席研究員
君塚 健一	三菱ガス化学㈱　東京研究所　主任研究員
植村 伸幸	三菱ガス化学㈱　機能化学品カンパニー　企画開発部　主席
奥津 徳也	栗田工業㈱　開発本部　基盤技術グループ　第三チーム
海見 悦子	中外テクノス㈱　東京支社　次長

執筆者の所属表記は，2012年当時のものを使用しております。

目　次

【第 1 編　総論】

第 1 章　原位置浄化技術の現状と将来展望　　平田健正，中島　誠，保高徹生

1　土壌・地下水汚染の特徴 …………… 1
 1.1　土壌汚染と土地汚染 ………………… 1
 1.2　土壌地下水空間の特性 ……………… 2
 1.3　揮発性有機化合物による汚染の特徴 …………… 3
 1.4　重金属類による汚染の特徴 ………… 6
 1.5　鉱油類による汚染の特徴 …………… 8
2　改正土壌汚染対策法における土壌汚染対策 …………… 10
 2.1　改正土壌汚染対策法の概要 ………… 10
  2.1.1　土壌汚染対策法改正の背景と趣旨 …………… 10
  2.1.2　特定有害物質の種類と基準 …… 13
  2.1.3　改正土壌汚染対策法における調査の契機 …………… 13
  2.1.4　土壌汚染状況調査 …………… 16
  2.1.5　指定の申請 …………… 17
  2.1.6　区域の指定 …………… 17
  2.1.7　汚染の除去等の措置 …………… 18
  2.1.8　土地の形質の変更の制限 ……… 18
  2.1.9　汚染土壌の搬出等に関する規制 …………… 19
 2.2　改正土壌汚染対策法における汚染の除去等の措置 …………… 19
  2.2.1　指示措置と指示措置等 ………… 19
  2.2.2　原位置浄化による土壌汚染の除去 …………… 21
  2.2.3　原位置浄化による地下水汚染の拡大の防止 …………… 21
3　原位置浄化の重要性 …………… 22
4　原位置浄化技術の現状 …………… 23
 4.1　土壌汚染対策の現状 …………… 23
  4.1.1　土壌汚染の現状 …………… 23
  4.1.2　土壌汚染対策の現状 …………… 25
 4.2　原位置浄化技術の現状 …………… 27
5　土壌・地下水汚染対策の将来展望 …… 29
 5.1　グリーン・レメディエーションとサステイナブル・レメディエーション …………… 29
  5.1.1　土壌・地下水汚染対策における Environmental Footprint と LCA …………… 31
  5.1.2　グリーン・レメディエーション …………… 33
  5.1.3　サステイナブル・レメディエーション …………… 36
  5.1.4　導入の障害 …………… 38
  5.1.5　規格化への動き …………… 38
  5.1.6　グリーン・レメディエーションにおける原位置浄化の優位性と課題 …………… 38
 5.2　今後の展望 …………… 39

第2章　原位置浄化の設計・実施・完了　　川端淳一

1　原位置浄化技術の基本的な進め方 …… 46
  1.1　原位置浄化技術とは………………… 46
  1.2　原位置浄化の基本的な実施手順…… 47
    1.2.1　浄化技術の選択………………… 47
    1.2.2　事前試験………………………… 48
    1.2.3　設計……………………………… 48
    1.2.4　施工……………………………… 48
    1.2.5　施工中モニタリング…………… 49
    1.2.6　浄化確認………………………… 49
2　対策方法選定の考え方 ………………… 49
  2.1　汚染物質の地中での移行特性……… 49
  2.2　各汚染物質に対する原位置浄化の適用性…………………………………… 49
  2.3　原位置浄化技術の種類と適用性…… 51
3　原位置抽出技術 ………………………… 52
  3.1　浄化特性……………………………… 52
  3.2　各抽出技術の特徴…………………… 52
  3.3　各抽出技術の設計・施工上の留意点と浄化確認方法…………………… 56
4　原位置分解技術 ………………………… 57
  4.1　分解浄化技術の原理的特徴………… 57
  4.2　分解浄化技術における浄化剤の地盤中への注入技術とその特徴………… 59
    4.2.1　薬液注入工法…………………… 60
    4.2.2　機械攪拌工法とバイオレメディエーションへの適用例………… 60
    4.2.3　高圧噴射攪拌工法とその実施例…………………………………… 61

第3章　原位置浄化の設計・評価における解析技術　　江種伸之，平田健正

1　はじめに ………………………………… 65
2　数学モデル ……………………………… 65
  2.1　支配方程式…………………………… 65
  2.2　土中の水分の形態と流れ…………… 66
  2.3　透水性（透水係数 k，飽和透水係数 k_s，不飽和透水係数 k_u）……………… 68
  2.4　不飽和浸透特性（比水分容量 C_w，相対透水係数 k_r）……………………… 69
  2.5　飽和帯における水分貯留量変化（比貯留係数 S_s）………………………… 70
  2.6　不動水（有効間隙率 n_e）…………… 71
  2.7　密度流（水分密度 ρ）……………… 71
  2.8　土中における溶質輸送過程………… 72
  2.9　分散過程（分散係数 D_{ij}）………… 73
  2.10　土粒子への吸脱着過程（遅延係数 R_d）………………………………… 76
  2.11　微生物代謝や化学反応による生成・分解過程（一次反応モデルなど）… 77
  2.12　界面における物質移動過程（鏡膜モデル）……………………………… 79
3　支配方程式の解法 ……………………… 80
4　初期条件・境界条件 …………………… 81
  4.1　初期条件……………………………… 81
  4.2　境界条件……………………………… 81
5　簡略化 …………………………………… 81
  5.1　次元…………………………………… 81
  5.2　解法…………………………………… 82
  5.3　支配方程式…………………………… 82
6　解析手順 ………………………………… 82
7　数値解析の適用例 ……………………… 83
  7.1　井戸配置計画，最適揚水・注水量の算定（地下水揚水処理，化学的分解

処理）……………………………… 83
7.2 分解効果の評価（バイオレメディエーション，MNA）……………… 85
7.3 将来予測（地下水揚水処理，MNA）……………………………… 87

【第2編　原位置浄化技術】

第4章　原位置浄化技術の概要

1 原位置における汚染物質の分離・抽出技術 ………………………… 89
　1.1 土壌ガス吸引（SVE）
　　　　………浅田素之，江種伸之… 89
　　1.1.1 技術の概要 ………………… 89
　　1.1.2 システム設計 ……………… 91
　　1.1.3 実施例 ……………………… 92
　1.2 地下水揚水処理…………浅田素之… 96
　　1.2.1 はじめに …………………… 96
　　1.2.2 地下水揚水処理の設計手法 … 96
　　1.2.3 バリア井戸 ………………… 98
　　1.2.4 地下水揚水処理の限界 …… 98
　　1.2.5 地下水再注入時の注意点 … 99
　1.3 エアスパージング法
　　　　………浅田素之，江種伸之，
　　　　　　塙　隆之，稲田ゆかり… 101
　　1.3.1 技術の概要 ……………… 101
　　1.3.2 地盤内の空気の移動形態と影響範囲 ……………………… 101
　　1.3.3 実施例 …………………… 103
　　1.3.4 微細気泡を利用した原位置浄化の効率向上可能性検討 ……… 105
　1.4 原位置土壌洗浄………熊本進誠… 109
　　1.4.1 はじめに ………………… 109
　　1.4.2 処理プロセス …………… 109
　　1.4.3 適用可能な対象物質 …… 110
　　1.4.4 回収水の処理設備 ……… 110
　　1.4.5 促進化薬剤 ……………… 111
　　1.4.6 適用可能な土質 ………… 112
　　1.4.7 トリータビリティ試験 … 112
　　1.4.8 対象地下構造 …………… 113
　　1.4.9 システム運転時の障害 … 113
　　1.4.10 モニタリング ………… 113
　1.5 原位置等における熱的な処理による汚染物質の分離・抽出…保賀康史… 115
　　1.5.1 熱的な汚染土壌処理とは … 115
　　1.5.2 熱的な浄化工法 ………… 115
　　1.5.3 原位置工法として用いられる対策方法 ……………………… 116
　　1.5.4 低温加熱処理 …………… 117
　　1.5.5 中温加熱処理 …………… 118
　　1.5.6 高温熱分解 ……………… 119
　1.6 電気化学的土壌・地下水修復技術
　　　　…………和田信一郎，中川　啓… 122
　　1.6.1 電極を挿入した土における電気化学現象 …………………… 122
　　1.6.2 動電現象による汚染物質の移動と除去 …………………… 123
　　1.6.3 動電現象による栄養塩等の輸送による有機物分解 ………… 126
　　1.6.4 動電現象と電極反応を利用した透過性反応壁 ……………… 128
　　1.6.5 電気化学的土壌・地下水修復技術の今後 ………………… 129

2　原位置における汚染物質の分解技術 … 131
　2.1　化学的酸化分解 …………**根岸昌範**… 131
　　2.1.1　化学的酸化分解法の概要 …… 131
　　2.1.2　各種使用薬材 ………………… 131
　　2.1.3　薬剤ごとの適用性 …………… 133
　　2.1.4　薬剤要求量の設定で考慮すべき事項 …………………………… 134
　　2.1.5　考慮すべき周辺影響 ………… 134
　　2.1.6　まとめ ………………………… 135
　2.2　化学的還元分解 …………**根岸昌範**… 136
　　2.2.1　化学的還元分解法の概要 …… 136
　　2.2.2　鉄粉を利用した化学的還元分解法の実際 ……………………… 138
　　2.2.3　より付加価値の高い化学的還元分解技術について …………… 139
　　2.2.4　考慮すべき周辺影響 ………… 140
　　2.2.5　まとめ ………………………… 140
　2.3　バイオレメディエーション
　　　　………………………**高畑　陽**… 142
　　2.3.1　バイオレメディエーションの特徴 ………………………………… 142
　　2.3.2　汚染物質別のバイオレメディエーション …………………… 142
　　2.3.3　まとめ ………………………… 145
　2.4　ファイトレメディエーション
　　　　………………………**高畑　陽**… 148
　　2.4.1　ファイトレメディエーションの特徴 ……………………………… 148
　　2.4.2　ファイトレメディエーションによる修復機能 ………………… 148
　　2.4.3　ファイトレメディエーションの動向 ……………………………… 149
　　2.4.4　ファイトレメディエーションの課題 ………………………………… 151
　　2.4.5　まとめ ………………………… 152
3　地下水汚染拡大防止技術 ……………… 154
　3.1　バリア井戸 ………………**佐藤徹朗**… 154
　　3.1.1　はじめに ……………………… 154
　　3.1.2　バリア井戸の位置づけ ……… 154
　　3.1.3　バリア井戸の実施 …………… 154
　　3.1.4　バリア井戸の課題と留意点 … 158
　3.2　透過性地下水浄化壁 ……**根岸昌範**… 161
　　3.2.1　工法の概要 …………………… 161
　　3.2.2　浄化対象物質と浄化材の組合せ例 ………………………………… 161
　　3.2.3　透過性地下水浄化壁設計上の留意点 ……………………………… 163
　　3.2.4　周辺影響について …………… 165
　　3.2.5　まとめ ………………………… 165
　3.3　バイオバリア ……………**高畑　陽**… 167
　　3.3.1　バイオバリアの定義と特徴 … 167
　　3.3.2　バイオバリアの浄化対象物質 … 167
　　3.3.3　まとめ ………………………… 170
4　MNA（科学的自然減衰）…**高畑　陽**… 172
　4.1　MNA（科学的自然減衰）の定義 … 172
　4.2　MNAの対象物質と適用範囲 ……… 172
　4.3　MNAの前提条件 …………………… 172
　　4.3.1　科学的条件 …………………… 172
　　4.3.2　技術的条件 …………………… 172
　　4.3.3　社会的条件 …………………… 173
　4.4　国内におけるMNAの取り組み … 173
　　4.4.1　山形県におけるCAHs汚染サイトに対するMNAの取り組み … 173
　　4.4.2　熊本市におけるガソリン汚染サイトに対するMNAの取り組み
　　　　　………………………………… 174
　4.5　おわりに ……………………………… 177

第5章　原位置浄化のための薬剤・微生物等の供給技術　奥田信康

1　概要 …………………………………… 178
2　注入技術 ……………………………… 179
　2.1　注入のメカニズム ………………… 179
　2.2　浸透注入となる注入条件 ………… 180
　2.3　施工方法 …………………………… 181
　　2.3.1　薬液注入方式 ………………… 182
　　2.3.2　自然水頭注入方式 …………… 183
　　2.3.3　溶解浸透注入方式 …………… 184
3　攪拌混合技術 ………………………… 184
　3.1　施工管理 …………………………… 185
　3.2　改良材 ……………………………… 185
　　3.2.1　スラリー系 …………………… 185
　　3.2.2　粉体系 ………………………… 185
　3.3　処理機の構成 ……………………… 186
　　3.3.1　スラリー系深層混合処理機 … 186
　　3.3.2　粉体系深層混合処理機 ……… 186
　　3.3.3　浅層・中層混合用処理機 …… 186
　3.4　施工計画の立案 …………………… 186
　3.5　施工手順と留意事項 ……………… 187
　　3.5.1　浄化剤の吐出方法 …………… 187
　　3.5.2　処理機の貫入・引抜き速度 … 188
　　3.5.3　最低浄化剤添加量 …………… 188
　　3.5.4　混合体形状 …………………… 188
　　3.5.5　環境対策 ……………………… 188
　　3.5.6　攪拌混合処理における地盤の軟弱化 …………………………… 188
4　置換技術 ……………………………… 189
　4.1　施工方法 …………………………… 189
　4.2　原位置浄化の適用事例 …………… 190
　4.3　適用上の留意点 …………………… 190

第6章　注目される原位置浄化技術

1　分離・抽出技術 ……………………… 192
　1.1　原位置土壌洗浄による鉱油類の分離・抽出 …………岡田正明… 192
　　1.1.1　はじめに ……………………… 192
　　1.1.2　原位置洗浄法の概要 ………… 192
　　1.1.3　洗浄剤の性能評価 …………… 194
　　1.1.4　実物大土槽実証試験 ………… 196
　　1.1.5　現場実証試験 ………………… 198
　　1.1.6　まとめ ………………………… 199
　1.2　原位置土壌洗浄による重金属等の分離・抽出 …………西田憲司… 200
　　1.2.1　はじめに ……………………… 200
　　1.2.2　設計・施工手順 ……………… 200
　　1.2.3　設計のための室内適用性試験 … 201
　　1.2.4　現場への適用 ………………… 203
　　1.2.5　おわりに ……………………… 205
　1.3　ファイトレメディエーションによる重金属の分離・抽出
　　　　…………北島信行, 近藤敏仁… 207
　　1.3.1　はじめに ……………………… 207
　　1.3.2　計画・実施フロー …………… 209
　　1.3.3　施工例 ………………………… 211
　　1.3.4　まとめ ………………………… 213
2　分解技術 ……………………………… 215
　2.1　過硫酸塩による揮発性有機塩素化合物汚染の化学的酸化分解
　　　　…………星野隆行, 鈴木義彦… 215
　　2.1.1　はじめに ……………………… 215
　　2.1.2　原理と特徴 …………………… 215
　　2.1.3　適用性試験 …………………… 216

2.1.4　現場施工……………………… 217
2.1.5　活性化法による分解速度比較例
　　　　………………………………… 220
2.2　マイクロバブル・オゾン注入工法による油含有土壌・地下水の浄化技術
　　　………………………日野成雄… 222
2.2.1　はじめに……………………… 222
2.2.2　マイクロバブル・オゾン注入工法の浄化原理……………………… 223
2.2.3　各種油分のオゾン酸化分解…… 224
2.2.4　絶縁油の浄化促進効果の確認… 226
2.2.5　まとめと今後の展望………… 228
2.3　マイルドフェントン法による揮発性有機化合物汚染の化学的酸化分解
　　　……………河合達司, 川端淳一,
　　　　　　　君塚健一, 植村伸幸… 230
2.3.1　はじめに……………………… 230
2.3.2　マイルドフェントン法の概要… 230
2.3.3　高圧噴射撹拌工法の概要…… 233
2.3.4　試験施工及び本施工例……… 234
2.3.5　まとめ………………………… 235
2.4　バイオオーグメンテーションによる揮発性有機化合物汚染の分解
　　　………………………奥津徳也… 236
2.4.1　はじめに……………………… 236
2.4.2　揮発性有機塩素化合物の分解機構………………………………… 236
2.4.3　*Dehalococcoides* 属細菌の特徴
　　　　………………………………… 236
2.4.4　欧米のバイオオーグメンテーション技術…………………………… 237
2.4.5　日本国内における技術開発状況
　　　　………………………………… 239
2.4.6　おわりに……………………… 240

2.5　バイオスティミュレーションによるシアン化合物汚染の浄化
　　　………………………高畑　陽… 242
2.5.1　地盤中でのシアン化合物の形態
　　　　………………………………… 242
2.5.2　シアン化合物の分解経路とシアン分解菌の活性化方法…………… 242
2.5.3　バイオスティミュレーションによる原位置浄化……………………… 243
2.5.4　まとめ………………………… 245
2.6　ファイトレメディエーションによる鉱油類の分解………海見悦子… 247
2.6.1　はじめに……………………… 247
2.6.2　ファイトレメディエーションによる浄化の課題……………………… 247
2.6.3　ファイトレメディエーションによる浄化の事例……………………… 249
2.6.4　今後の展望…………………… 251
3　地下水汚染拡大防止技術……………… 253
3.1　透過性地下水浄化壁による地下水中揮発性有機化合物の分解
　　　………………………根岸昌範… 253
3.1.1　はじめに……………………… 253
3.1.2　浄化壁厚さの計画手法……… 253
3.1.3　浄化壁の構築方法…………… 255
3.1.4　浄化壁の長期耐久性について… 256
3.1.5　モニタリング事例…………… 257
3.1.6　まとめ………………………… 259
3.2　バイオバリアによる地下水中揮発性有機化合物の分解………中島　誠… 260
3.2.1　はじめに……………………… 260
3.2.2　バイオバリアの原理と特徴…… 260
3.2.3　バイオバリアの適用事例……… 260

【第3編　リスク評価の活用】

第7章　リスク評価を活用した土壌・地下水汚染対策　　中島　誠

1　はじめに …………………………………… 265
2　土壌・地下水汚染のリスク管理 ……… 266
　2.1　ハザード管理とリスク管理………… 266
2.2　リスク低減化のための対策方法…… 268
3　リスク評価の活用場面 ………………… 270

第8章　リスク評価の概要　　中島　誠

1　はじめに …………………………………… 273
2　リスク評価の方法 ……………………… 273
　2.1　リスク評価の流れ………………… 273
　2.2　データの収集・評価………………… 274
　2.3　有害性の評価……………………… 275
　　2.3.1　有害性の同定 ……………… 275
　　2.3.2　用量-反応評価 ……………… 275
　2.4　曝露の評価………………………… 276
　　2.4.1　曝露経路の評価……………… 276
　　2.4.2　曝露量の評価………………… 278
　2.5　リスク判定………………………… 279
3　階層的アプローチの活用 ……………… 280
　3.1　RBCAにおける土壌・地下水汚染対策…………………………………… 280
　3.2　階層的アプローチ………………… 280

第9章　原位置浄化におけるリスク評価の活用　　中島　誠

1　はじめに …………………………………… 283
2　リスク評価を活用した土壌・地下水汚染対策における原位置浄化の計画 …… 283
　2.1　想定した土壌・地下水汚染サイトの状況………………………………… 283
　2.2　サイト概念モデルの構築および曝露評価シナリオの設定………………… 285
　2.3　曝露量および発がんリスクの算定方法…………………………………… 286
　2.4　階層1アセスメントによる評価…… 289
　2.5　階層2アセスメントによる評価…… 290

【第1編　総論】

第1章　原位置浄化技術の現状と将来展望

平田健正（Tatemasa Hirata），中島　誠（Makoto Nakashima），
保高徹生（Tetsuo Yasutaka）

1　土壌・地下水汚染の特徴

1.1　土壌汚染と土地汚染

　土壌地下水汚染は身近な生活空間の中で生じている環境問題であり，それだけに社会的関心は高い。特に土壌汚染は，私有地あるいは私有財産と不可分の関係にある点で，他の環境問題とは一線を画している。資産リスク回避のため，一気に汚染状態を改善できる汚染土壌の掘削除去に走る傾向はその表れであろう。まさに土壌汚染というより土地汚染と言われるゆえんである。

　このように土壌や地下水といった地下環境の汚染は，環境財としての汚染防止と私有財産の資産リスク回避と言う両側面を有する。土壌汚染か土地汚染かが議論の対象となり，対策にしても環境基準達成はもとより，ときにはゼロリスクが求められることもある。調査から修復対策，さらには対策後の土地利用についても，こうしたマインドの間で揺れ動き，健康影響リスク低減措置を趣旨とする土壌汚染対策法に照らして，大きな齟齬を来していることも希ではない。自然状態の地質由来の汚染に対しても浄化を求める世情には，改善の兆しは見えていない。

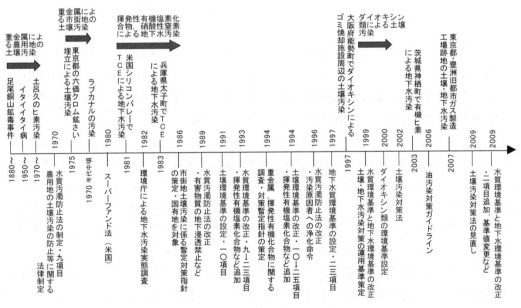

図1　土壌地下水汚染に関連する法制度の推移

なぜこのような過剰とも言える土壌汚染対策が求められるのであろうか。土壌汚染対策法は人の健康保護のために定められており，経済活動を視野に入れているわけではないが，少なくとも法に定める対策を実施すれば，生活空間として，経済活動の場として，問題なく活用できるのである。100年に一度とも言われる経済危機の真っ直中にあって，かつての土地神話は崩れているとはいっても，依然としてわが国では土地の資産価値は高く，自ら所有する土地については，環境基準達成を条件に土地の売買が行われている。なぜなら土壌汚染は土地の資産価値低下を招き，汚染を浄化した土地であってもスティグマ（イメージ低下や精神的嫌悪感）が残るからである。

汚染機構解明調査や対策に携わってきた土壌地下水汚染事例の一部を，経年的に図1に整理した。全てではないにしても，少なからず土壌地下水汚染対策には，先に述べた環境財としての健康影響防止と私有財産としての資産リスク回避という両側面の現れていることが理解できる。

1.2 土壌地下水空間の特性

土壌は土粒子の集合体であり，その間隙を水や物質が移動する。そのため河川などの表流水と違って土粒子から受ける流れの抵抗は大きく，移動速度は極端に遅い。その効果として，表層近くでは土壌中に生息する微生物や小動物による有機物分解，土壌マトリックスとしての懸濁質ろ過やイオン交換などの水質浄化が期待できる。実際に大抵の地下水は飲料水として良好な水質を保ち，わが国全体では生活用水の約1/4を賄っている。ところが移動速度の遅いことが災いして，土壌地下水空間に侵入した難分解性の化学物質は長く残留する傾向がある。そのため土壌地下水空間では人知れず密かに汚染の進んでいることが多く，顕在化したときには手が付けられないほど拡大していることもある。トリクロロエチレンなどの揮発性有機塩素化合物による土壌や地下水の汚染はその典型である。

また汚染が顕在化するたびに，なぜ汚染されたのかが問われる。汚染発現の場が地下空間であり，そこではトレンチを切ったり大孔径の井戸を掘らない限り，直接目で見ることはできない。こうした空間特性が土壌地下水汚染調査や対策を難しくしていることは事実である。対策にしても環境基準を達成するには，多額の経費と長い時間がかかる。

もちろん法制度も整えられつつあり，2002年4月に成立した土壌汚染対策法は改正され，新法が2010年4月に施行された（図1）。土壌汚染対策法の趣旨は，有害物質の存在を認識し，その有害物質を管理することによって人への健康リスクを低減することにある。土地利用や地下水利用に応じた，過度な経費負担を伴わないリスク低減措置として覆土や原位置封じ込めなども対策として認められている。こうしたリスク管理の考え方に基づくリスク低減措置は，私たちの生活圏であっても公共性の高い土地利用であれば受け入れられつつある。

諸外国をみても，欧米の先進諸国を中心に土壌地下水汚染が顕在化している。地質構造や土地利用特性が違っても，共通するのは土壌地下水中での水や物質の移動速度は遅く，原因となる行為と汚染発現にはかなりの時間遅れがあることである。代表的な事例として米国のラブカナルに

第1章　原位置浄化技術の現状と将来展望

おけるダイオキシン類を始めとする有機塩素化合物汚染が知られている[1]。1940年代に始まる化学工場廃棄物の埋立が原因であるが，周辺住宅地域の地下室で臭気や化学物質の漏洩が確認されたのは30年を隔てた1970年代半ばであった。

　こうした事態を招く土壌中では，どのような現象が生じているのであろうか。土壌地下水中に侵入した化学物質は，その性状に応じて，①土壌粒子に吸着する，②水に溶解する，③土壌ガスに気化する，の形で存在する。液状の汚染物質が大量に侵入した場合には，④間隙中に汚染物質そのものが原液状で存在することもある。さらに汚染発現の場である地質の亀裂や土壌粒子の不均一性，空気や水の通りやすさなど，汚染物質の動態に影響する要素はさまざまである。しかも場の不均一性などは定量評価が難しく，推計学的な取り扱いの必要な場合もある。結果として，土壌地下水中での汚染物質の存在形態や動態は，地下空間構造の物理的不均一性に汚染物質の生物・化学的特性が相乗して，両者の単純な重ね合わせでは説明できない現象も生じることになる。

　こうした特徴を持つ土壌地下水空間で現象を正しく，しかもその全貌を捉えることは，至難の業と言わざるを得ない。現象発現の場の不均一性に様々な性質を持つ物質が加わって，地下環境での物質の動態は画一的ではないからである。汚染物質の浸透と拡散現象，さらには自らの重さが浸透挙動を支配する密度流効果など，現象解明には専門分野横断的な知見を集約した取組も必要とされる。多様な物質，地下空間の不均一性，土壌地下水汚染で常用されるこれらの言葉は，まさに汚染現象の複雑さと修復の困難さを連想させる。その裏返しとして，顕在化した土壌地下水汚染の実態解明や対策には，物質固有の調査手法や対策技術が必要となり，わが国のみならずグローバルな視点から経済性に優れた革新的な技術開発が希求されるゆえんである。

1.3　揮発性有機化合物による汚染の特徴

　トリクロロエチレンなどの揮発性有機塩素化合物は，水より重く，表面張力や粘性は水より小さい，サラサラした液体である。こうした性質からDNAPLs（denser-than-water non-aqueous liquids，高比重非水溶性液体）と称され，その対比として水より軽いベンゼンなどの油類は，LNAPLs（lighter-than-water non-aqueous liquids，低比重非水溶性液体）と呼ばれる。さらに液体の表面張力や粘性は，小さな隙間に浸透するときの抵抗となる要素であり，浸透能を高めるには小さいほどよい。その意味でトリクロロエチレンなどの揮発性有機塩素化合物は，洗浄剤として他に勝る性質を保持している。しかも爆発せず，汚れれば蒸留再生が容易など，洗浄剤として優れた性質も具備している。逆に隙間のある多孔体，特に空気を含む不飽和土壌では水より浸透しやすいことは容易に想像できる。コンクリートであっても，乾燥していればあたかも吸い込まれるように浸透する。

　こうした揮発性有機塩素化合物による土壌地下水汚染は，どのようなメカニズムで引き起こされるのであろうか。汚染機構解明の始まった1980年代には，大気経由の汚染メカニズムも検討され，確かにトリクロロエチレンなど揮発性有機塩素化合物汚染について，$1\mu g/L$程度の地下

水濃度には寄与する可能性は確認された。ただ汚染事例が積み上がるにしたがって，配管や溶剤タンクの不備，廃油・残渣の不適切処理，高濃度排水の地下浸透など調査対象は次第に絞り込まれていった。現在では，地下水汚染に継続性があり，環境基準をかなりの程度に上回る汚染には，原液状の極めて高濃度の汚染物質が土壌地下水中に存在する，と考えられている。

こうした趣旨に従った汚染機構解明の室内実験を紹介しよう。直径1 mm, 3 mm, 5 mmの3種のガラスビーズを用いて多孔体を作り，トリクロロエチレン原液の浸透実験を行っている[2]。このうち図2には，1 mmと5 mmのトリクロロエチレン原液の浸透結果を示している（カラムの直径は約5 cm，カラム上半分は乾燥状態，下半分は水飽和状態で，トリクロロエチレンは赤く着色されている）。写真に見るように，1 mm径のガラスビーズでは，不飽和帯を降下浸透したトリクロロエチレンは，地下水面上に溜まり，容易には地下水帯には浸透できない。一方5 mm径では，トリクロロエチレンは地下水面を通過し，地下水帯に侵入するとともにガラスビーズの間隙に橋架状態で残留する。さらに橋架状態で残留しているトリクロロエチレン原液は，非常に強い衝撃を与えない限り，さらに降下あるいは水平移動することはなく，安定していた。この結果は，実際の汚染現場でもトリクロロエチレン原液はあまり横方向には拡がらず降下浸透し，土壌間隙中に滞留していると推察される。

原液状の高濃度汚染物質の存在は，その後の多くの調査結果で実証され，高濃度で継続性がある汚染事例では，数十トンの汚染物質が除去されることも希ではない。土壌ガス吸引や地下水揚水などで除去した汚染物質量から推定すると，多くの汚染現場では使用した（購入した）汚染物質の1％か2％程度が地下のどこかに存在していると考えて間違いはない。さらに土壌地下水中に原液状の汚染物質が存在すれば，土壌間隙に存在する土壌ガスから飽和蒸気圧（常温でトリクロロエチレン：約76000 ppmv，テトラクロロエチレン：約24000 ppmv）に近いトリクロロエチレンやテトラクロロエチレンが検出されることになる。

土壌ガス濃度から直ちに土壌や地下水の濃度は分からなくとも，相対的な濃度分布は描けることから，揮発性有機化合物の土壌ガス調査は，土壌汚染対策法の基本的な汚染調査に位置付けられている。高濃度土壌ガス地点にボーリングを行い，土壌試料や地下水試料の採取と分析を行っ

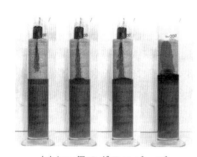
(a) 1 mm径のガラスビーズ

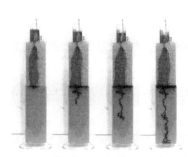
(b) 5 mm径のガラスビーズ

図2　ガラスビーズ多孔体におけるトリクロロエチレン原液の降下浸透

第1章　原位置浄化技術の現状と将来展望

た事例として，図3にはトリクロロエチレンで汚染された火砕流堆積物地域の調査結果を描いている。土壌濃度の最大値は地表面下46mで138mg/kgに達し，地下水濃度の最大値も同じ地点で294mg/Lを観測している。特に注目されるのは土壌汚染の広がりであり，10mg/kgの等濃度線で見れば，40m以上トリクロロエチレンが浸透してもその範囲は45m程度に収まっている。100mg/kgの等濃度線では，その範囲はさらに狭く10m程度であり，土壌中に侵入したトリクロロエチレンは横方向にはあまり広がらず，ほとんど真っ直ぐ下に浸透することが理解できる。いくつかの調査資料から土壌濃度10mg/kgの汚染範囲を求めると，おおむね汚染物質が1m浸透する毎に汚染範囲は1m広がることを示しており，この値を見てもトリクロロエチレンなどは横方向には広がらず，室内実験で示唆された現象が確認できる。

このように土壌地下水中に存在する高濃度部分から徐々に汚染物質が溶解し，地下水流れに運搬されて汚染が拡大していくことになる。こうした過程で揮発性有機塩素化合物は嫌気状態で微生物分解を受け，図4に示すような分解生成物が副生される。テトラクロロエチレンから順に塩素が水素に置き換わり，トリクロロエチレンやジクロロエチレンを経て炭酸ガスに至る微生物分解反応であるが，この反応によってより毒性の高い塩化ビニルが生成することに留意する必要がある。もちろん，この分解反応は，原位置に生息する微生物活性を高めたり（バイオスティミュレーション），新たな高分解能をもつ微生物を注入（バイオオーグメンテーション）する原位置浄化技術開発の手掛かりとなっている。

一方，ベンゼンなどの油類は水より軽く，そのため土壌中に浸透した油類は地下水面上に滞留する。この時に留意すべきことは，地下水流れとともに高濃度の油類は移動すること，さらに季節的にあるいは多量の降雨により地下水面が上昇や下降を繰り返したときには，地下水面の動きとともに油類も上下に移動する。結果として水平方向と鉛直方向のいずれにも高濃度汚染物質が

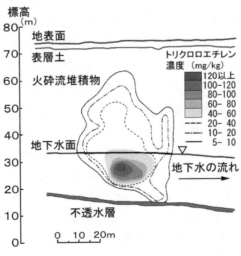

図3　土壌中のトリクロロエチレン濃度分布

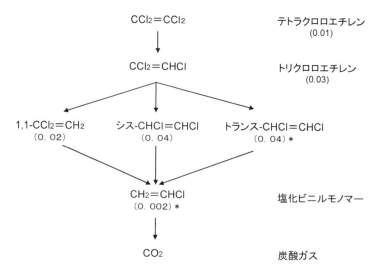

図4 還元的脱塩素反応によるテトラクロロエチレンの分解経路
括弧内数値は土壌汚染対策法に指定する基準値で単位は mg/L，＊は地下水環境基準。

拡散することになり，揮発性有機塩素化合物とは異なる汚染形態や汚染の拡大をもたらすことになる。

1.4 重金属類による汚染の特徴

わが国の土壌汚染の歴史は古い。渡良瀬川流域の銅汚染，神通川流域のカドミウム汚染や土呂久のヒ素汚染など鉱山由来の汚染が知られており，なかでも足尾鉱毒問題（渡良瀬川流域）は，中等教育の教科書にも紹介されている典型的な土壌汚染事例である。このように重金属類による土壌汚染は，早くから指摘されてきた環境問題であり，その後も農作物への影響や神通川流域のカドミウム汚染による人体影響（リウマチあるいは骨軟化症）などが顕在化するに至り，1970年に「農用地の土壌の汚染防止等に関する法律」制定の契機となった。

その後も農用地に加えて，工場跡地の再開発や水質汚濁防止法に基づく地下水質の常時監視により，市街地の土壌汚染も明らかになっている。1970年代には東京都の鉱滓埋立跡地で六価クロム汚染が顕在化し，さらに筑波研究学園都市に移転する国立研究機関の跡地から数多くの土壌汚染が発見されるなど，市街地土壌汚染が引き金となり，1991年に土壌環境基準が制定された。

こうした重金属類は陽イオンとして電離する物質が多いため，負に帯電した土壌中の粘土鉱物に吸着され，表層土壌に留まることが多い。土壌汚染対策法に指定される物質の中で，確かにカドミウム，鉛と水銀は，単体で Cd^{2+}，Pb^{2+}，Hg^{2+} の陽イオンに電離している。その一方で，シアンとフッ素は単体で CN^-，F^- として存在し，さらに陽イオンに電離する物質でもヒ素と六価クロムは，それぞれ AsO_4^{3-} と $Cr_2O_7^{2-}$ の化合物として負電荷を持ち移動するため，地下水にまで容易に降下浸透することに留意する必要がある。

第1章　原位置浄化技術の現状と将来展望

　有害物質の動態は水理地質特性にも大きく影響されるが，こうした物質固有の浸透特性は実際の汚染現場でどのように反映されているのか，実測資料を見てみよう。毎年度に環境省がまとめている土壌汚染対策法の施行状況[3]を基に，汚染物質の最大土壌濃度が検出された深さを深度別に図5に示している。重金属類，揮発性有機化合物（VOC）と複合汚染ごとに累積値を図化しているが，明らかに違いを読み取ることができる。重金属類では65％の調査事例が1mより浅い部分で最大濃度が観測されているのに対して，揮発性有機化合物では34％に過ぎず，土壌地下水中における汚染物質の動態が見事に反映されていることが理解できる。

　さらに図6には，揮発性有機塩素化合物と重金属類の複合汚染事例で，主に重金属類を対象に実施された土壌の掘削深度の分布を描いている[4]。この事例では約20万トンの汚染土壌が場外搬出され，廃棄物最終処分場に処分したり，セメント原料として利用されている。主に深度3m以浅の汚染土壌が掘削除去されている。このように重金属類の浄化対策に土壌掘削が伴うのは，原位置浄化が難しいことに加えて重金属類は表層土壌に高濃度で存在することが多く，掘削除去が簡単に行えることが理由の一つに挙げることができる。

　言うまでもなく資源としての重金属類は地質に由来しており，そのことが極めて重要な環境問題を提起することになる。重金属類は地殻変動や熱水挙動の偏在によって高濃度に濃縮された元素を鉱物資源として利用している。そのため含有量の多寡を別にすれば，大抵の金属元素は土壌に含まれていると考えられる。地表付近の地殻存在量を重量％で表示するクラーク数は，ヒ素：0.0005％（5 mg/kg），フッ素：0.03％（300 mg/kg），ホウ素：0.001％（10 mg/kg），鉛：0.0015％（15 mg/kg）などとなっている。しかもヒ素や鉛は溶出基準値で 0.01 mg/L とかなり低いところに設定されており，自治体調査でもこれらの物質は自然の地質由来と判定されることが多い。環

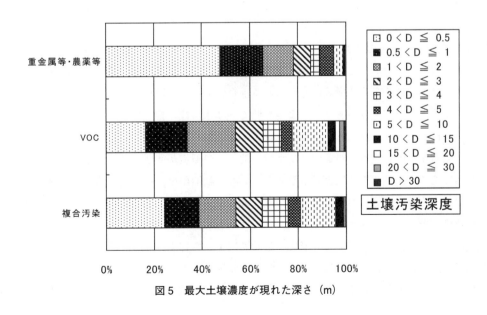

図5　最大土壌濃度が現れた深さ（m）

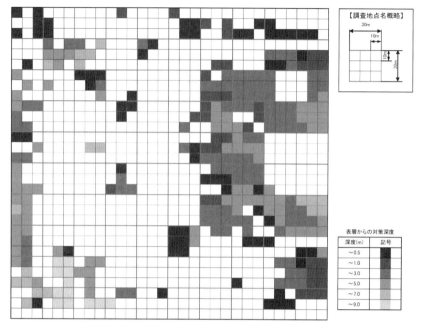

図6 重金属等で汚染された土壌の掘削深度
メッシュ間隔は10m。

境省のまとめでも，汚染原因が判明したヒ素，フッ素，ホウ素による地下水汚染事例の多くは，自然由来と判定されている。自然の地質に由来する汚染であれば，その存在形態から考えて薄く広く拡がる傾向があろう。特にヒ素については，半導体や防腐剤などの用途がある一方で，わが国でも自然の地質に広く分布している元素である。

1.5 鉱油類による汚染の特徴

鉱油類には，ガソリン，灯油，軽油，重油等の燃料油と，機械油，切削油等の潤滑油がある。これらの油はいずれも多くの構成成分からなる混合物である。燃料油に含まれる炭化水素の種類は表1に示すとおりであり，密度が水よりも低く，非水溶性の相（フェーズ）をなす液体であることから，LNAPLs（Light non-aqueous phase liquids）と呼ばれる。鉱油類について，わが国で土壌汚染対策法の特定有害物質および土壌・地下水の環境基準項目に指定されているのはベンゼンのみであるが，油汚染対策ガイドライン[5]では，鉱油類を含む土壌（油含有土壌）が存在する土地の地表や井戸水等において油臭や油膜による生活環境保全上の支障を生じさせていることが「油汚染問題」と定義されている。

鉱油類は，その性状が環境中での酸化・還元等により変化するため，経時的な性状変化の程度は多様である。また，様々な用途に用いられた後の鉱油類の状態を考えると，新油のときとは異なる化学物質を含有している場合もある。このような環境中における鉱油類の性状変化は，図7

第1章　原位置浄化技術の現状と将来展望

表1　石油製品に含まれる炭化水素の種類

結合状態	飽和状態	種　類	一般式
鎖状（非環式）（脂肪族）	飽和	パラフィン系（アルカン，飽和鎖状）	C_nH_{2n+2}
	不飽和	オレフィン系（アルケン）	C_nH_{2n}
		アセチレン系（アルキン）	C_nH_{2n-2}
		アスファルト系	C_nH_{2n-4}
環状	飽和	ナフテン系（シクロパラフィン，シクロアルカン）	C_nH_{2n}
	不飽和	ベンゼン系（単環芳香族）	C_nH_{2n-6}
		ナフタレン系（多環芳香族）	C_nH_{2n-12}
		複素系〈D, N, S 等を含む〉	―

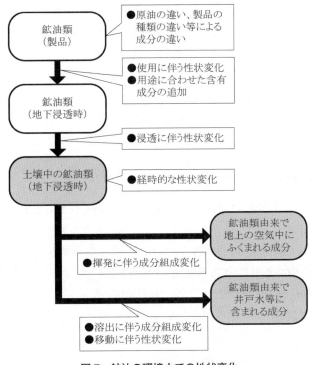

図7　鉱油の環境中での性状変化

のように概念化して表すことができる。

　ガソリン，灯油，軽油等は，難水溶性の比較的粘性の小さい液体であり，不飽和土壌中を液状のまま浸透していくが，密度が低いため，土壌間隙中にトラップされて滞留しやすい。そのため，深部へ降下する鉱油類の量は徐々に少なくなり，帯水層まで到達する割合は低く，帯水層付近ま

で到達したとしても帯水層の上にある毛管水縁付近の土壌中に滞留する。帯水層まで到達した鉱油類は，水よりも密度が低いため，地下水面よりも下までは移動せず，液状のまま地下水の流れに乗って移動したり，地下水面上を水平方向に広がるように拡散したりする。ベンゼン等の比較的分子量の低い炭化水素は水に溶けたり乳化したりするため，一部の溶解性の高い成分が地下水中に溶解し，帯水層の上部を中心に広がっていくものと考えられる。また，鉱油類に含まれる揮発性をもつ成分が土壌・地下水中から不飽和土壌の間隙ガス（土壌ガス）中に揮発する。油汚染問題として認識される油臭・油膜について，油臭は揮発した成分の臭気が複合したものであり，油膜は鉱油類が水表面に形成した表面被膜である。

鉱油類は，光化学的酸化作用や微生物分解により酸化および分解され，最終的には水と二酸化炭素に化学変化する。鉱油類に含まれる多くの成分が好気的条件下での微生物分解により分解することが知られており，時間とともに自然に浄化される場合があることが知られている。微生物分解のされやすさでみれば，飽和脂肪族炭化水素が最も微生物により分解されやすく，次に芳香族炭化水素が分解されやすい。そのため，鉱油類で汚染された土壌や地下水を分析すると，古い汚染によるものほど，鉱油類に含まれる低沸点成分が大気への揮散や地下水中での移流・拡散および微生物分解により失われており，重い成分のみが土粒子に付着して残留したり，地下水の流れに乗って移動する傾向が認められる。そのため，土壌・地下水中での滞留時間の増加にともなって地下水中に含まれる低沸点成分が減少する傾向にあり[6,7]，地下水流動の下流側に行くほど土壌ガス中に含まれる低沸点成分が減少する傾向にある[8]。

2　改正土壌汚染対策法における土壌汚染対策

土壌汚染対策法は，土壌汚染に起因する人の健康被害のおそれを防止するための法律として，2003年2月に施行された。

この土壌汚染対策法を改正する「土壌汚染対策法の一部を改正する法律」が2010年4月に施行され，改正後の土壌汚染対策法（以下，「改正法」という）の下でわが国の土壌汚染対策が進められることとなった。この法改正に合わせ，施行令や施行規則の改正も行われたが，改正法の施行後に浮かび上がってきた問題点への対応を図るため，2011年7月に再度，施行規則が一部改正された。

本章では，この施行規則の一部改正が行われた後の改正法の趣旨や概要について説明し，改正法において求められる土壌汚染対策の内容を紹介する。

2.1　改正土壌汚染対策法の概要
2.1.1　土壌汚染対策法改正の背景と趣旨

今回の土壌汚染対策法の改正は，土壌汚染対策法制定時に指摘された課題や，2003年2月の土壌汚染対策法の施行から5年以上が経過する間に浮かび上がってきた課題に対応するためのものである。

第1章　原位置浄化技術の現状と将来展望

(1) 改正前の土壌汚染対策法の土壌汚染対策における課題

環境省水・大気環境局長諮問により2007年6月に設置された「土壌環境施策に関するあり方懇談会」による「土壌環境施策に関するあり方懇談会報告」[9]が2008年3月にとりまとめられ，現状の土壌汚染対策の課題として，以下の二つがあげられた。

① 土地売買や再開発の際に土壌汚染の調査・対策が広く行われるようになり，土壌汚染対策法の対象範囲外で土壌汚染が判明することが多い。

② 盛土または封じ込めで十分な場合でも掘削除去が選択されることが多く，ブラウンフィールド問題が今後深刻化するおそれがあるとともに，現場から搬出される汚染土壌が不適正に処理される懸念がある。

ブラウンフィールドは，アメリカで2002年に制定されたいわゆるブラウンフィールド法において，「危険物や有害物質の存在，あるいは存在の可能性があるために拡張，再開発または再利用することが難しくなっている不動産」と定義されており，わが国では，「土壌汚染をめぐるブラウンフィールド対策手法調査検討会」が「土壌汚染の存在，あるいはその懸念から，本来，その土地が有する潜在的な価値よりも著しく低い用途あるいは未利用となった土地」と定義している[10]。

このような現状の土壌汚染対策の課題に対して，今後，それぞれの土壌汚染地について，状況に応じた合理的かつ適切な対策が選択されるようにするため，土壌汚染のリスクの特徴や法律の考え方の国民への浸透を図るとともに，より理解を得られやすくするための制度的な見直しを検討することが必要と考えられることが示された[10]。

(2) 改正前の土壌汚染対策法の問題点

改正前の土壌汚染対策法（以下，「旧法」という）による土壌汚染対策について，2008年12月の中央環境審議会による環境大臣への答申「今後の土壌汚染対策の在り方について（答申）」[11]では，以下の問題点が指摘された。

① 法に基づかない発見の増加（発見された汚染土壌の適正管理への不安）

② 掘削除去の偏重（土地所有者等の過重な負担，環境リスク低減の観点でも問題ある掘削除去の増加）

③ 汚染土壌の不適正な処理による汚染の拡散（汚染土壌の不適正な処理事案の発生）

(3) 改正土壌汚染対策法における改正前の問題点に対する対応

改正法では，旧法におけるこれらの問題点に対して，汚染土壌の適正な管理を図るため，

① 土壌の汚染の状況を把握するための制度の拡充

② 規制対象区域の分類等による構ずべき措置の内容の明確化等

③ 汚染土壌の適正処理のための規制の新設

④ その他（指定調査機関の信頼性の向上，その他規定の整備，施行期日）

が講じられている。改正法における旧法からの改正の概要は表2に示すとおりである[12]。

今回の法改正で最も重視されたのは，汚染土壌の掘削除去の防止とやむを得ず搬出された汚染

表2 土壌汚染対策法の一部改正の概要[12]

項　目	内　容
土壌の汚染の状況の把握のための制度の拡充	一定規模以上の土地の形質の変更時に都道府県知事が土壌汚染のおそれありと認める土地の土壌汚染状況調査の命令
	自主調査により土壌汚染が判明した場合の土地の所有者等の申請に基づく規制対象区域の指定および適切な管理
	都道府県知事が，公園等の公共施設や卸売市場等の公共的施設またはこれらに準じる施設を設置しようとする者に対して調査対象地の土壌汚染のおそれの有無を把握させることに関する努力義務
	都道府県知事による土壌汚染に関する情報の収集，整理，保存および提供に関する努力義務
規制対象区域の分類等による講ずべき措置の内容の明確化等	区域の分離化と必要な対策の明確化 ・土地の形質の変更時に届出が必要な区域（形質変更時要届出区域） ・盛土，封じ込め等の対策が必要な区域（要措置区域） ※都道府県知事が必要な対策を指示。対策後は，解除または形質変更時要届出区域に指定
搬出土壌の適正処理の確保	要措置区域等（要措置区域及び形質変更時要届出区域）内の土壌の搬出の規制（事前届出，計画の変更命令，措置命令）
	搬出汚染土壌に関する管理票の交付および保存の義務
	搬出汚染土壌の処理業（汚染土壌処理業）の許可制度新設
その他	指定調査機関の信頼性の向上
	その他規定の整備
	施行期日

土壌の適切な管理であり，搬出された汚染土壌に起因する人の健康被害の防止の観点から，旧法では土壌汚染とみなされていなかった自然的原因による汚染も法の対象とされた。

(4) 施行規則一部改正までの改正土壌汚染対策法における課題

改正法の施行後に，以下のことが問題点として浮かび上がってきた。

① 臨海地区等の地下水位が高い地区において，形質変更時要届出区域（土壌溶出量基準に係わるものに限る）の土地の形質の変更を行う場合，準不透水層が深いときや土地の形質の変更範囲が広いときは，環境省告示で定められた方法で施行することが難しく，現実的に土地の形質の変更を行えなくなるとの懸念がある。

② 自然由来の土壌汚染により形質変更時要届出区域に指定された区域についても，①と同レベルの施行方法を求めることが土地所有者等の負担として大きすぎるのではないか。

これらの問題点において，形質変更時要届出区域の場合，汚染土壌・地下水の摂取経路がないことから，必ずしも要措置区域と同等の施行方法で土地の形質の変更を行わせる必要はなく，他の代替手段を検討する必要があるのではないかと考えられた。

(5) 施行規則一部改正における対応

上記(4)の問題等に対応するため，2011年7月に施行規則の一部改正が行われた。この施行規則一部改正のポイントは次に示すとおりである。

① 形質変更時要届出区域をその特性に応じて自然由来特例区域等（自然由来特例区域，埋立地特例区域，埋立地管理区域）およびその他の区域（一般管理区域）に区分して台帳に記載することとし，搬出を伴わない土地の形質変更方法の制約が軽減された。

② 自然由来の土壌汚染のおそれや水面埋立て材料由来の土壌汚染のおそれに対して，それらの特性に応じた合理的な調査方法が特例として設定された。

③ 要措置区域または形質変更時要届出区域に指定された土地から区域外に土壌を搬出する場合の搬出土壌の調査（認定調査）について，土地所有者等の負担軽減を図るとともに，掘削後調査の方法が制定された。

2.1.2 特定有害物質の種類と基準

改正法における特定有害物質の種類および土壌溶出量基準，土壌含有量基準，地下水環境基準，第二溶出量基準は，表3に示すとおり，旧法から変わっていない。土壌溶出量基準は汚染土壌に起因した地下水経由の特定有害物質の摂取による人の健康被害のおそれに対して設定されている基準であり，土壌含有量は汚染土壌の直接摂取（摂食および皮膚接触による吸収）による人の健康被害のおそれに対して設定されている基準である。

旧法では，土壌溶出量基準および土壌含有量基準をもって指定基準とされ，指定基準に適合しない土地が指定区域に指定されていた。改正法では，土壌溶出量基準および土壌含有量基準からなる「汚染状態に関する基準」に適合しない土地について，「健康被害が生ずるおそれに関する基準」への該当性により要措置区域または形質変更時要届出区域のいずれかに指定されることとなった。「健康被害が生ずるおそれに関する基準」は，人の暴露の可能性があることおよび汚染の除去等の措置が講じられている土地でないことの二つの条件からなっている。土壌溶出量基準に適合しない土地については周辺で地下水の飲用利用等がある場合に人の暴露の可能性ありと判断され，土壌含有量基準に適合しない土地についてはその土地に第三者が立ち入ることができる状態である場合に人の暴露の可能性ありと判断される。

2.1.3 改正土壌汚染対策法における調査の契機

改正法における土壌汚染への対応の流れを図8に示す。

改正法では，旧法から引き継いだ「有害物質使用特定施設の廃止時の調査義務」（法第3条）および「土壌汚染により人の健康被害が生ずるおそれがあると都道府県知事が認める場合の調査命令」（法第5条。旧法では法第4条）に加え，「3,000m^{2}以上の規模で土地の形質の変更が行われる際に都道府県知事が特定有害物質で汚染されていると認める場合の調査命令」（法第4条）も土壌汚染状況調査の契機となった。これら三つの契機のいずれかに該当したときは，土地の所有者等（所有者，管理者または占有者）は環境大臣の指定を受けた者（指定調査機関）に依頼して土壌汚染状況調査を実施しなければならない。

表3 特定有害物質の種類と基準

分類	特定有害物質の種類	汚染状態に関する基準		地下水基準 (mg/L)	第二溶出量基準 (mg/L)
		土壌溶出量基準 (mg/L)	土壌含有量基準 (mg/kg)		
第一種特定有害物質	四塩化炭素	0.002 以下	—	0.002 以下	0.02 以下
	1,2-ジクロロエタン	0.004 以下	—	0.004 以下	0.04 以下
	1,1-ジクロロエチレン	0.02 以下	—	0.02 以下	0.2 以下
	シス-1,2-ジクロロエチレン	0.04 以下	—	0.04 以下	0.4 以下
	1,3-ジクロロエチレン	0.002 以下	—	0.002 以下	0.02 以下
	ジクロロメタン	0.02 以下	—	0.02 以下	0.2 以下
	テトラクロロエチレン	0.01 以下	—	0.01 以下	0.1 以下
	1,1,1-トリクロロエタン	1 以下	—	1 以下	3 以下
	1,1,2-トリクロロエタン	0.006 以下	—	0.006 以下	0.06 以下
	トリクロロエチレン	0.03 以下	—	0.03 以下	0.3 以下
	ベンゼン	0.01 以下	—	0.01 以下	0.1 以下
第二種特定有害物質	カドミウム及びその化合物	0.01 以下	—	0.01 以下	0.3 以下
	六価クロム化合物	0.05 以下	—	0.05 以下	1.5 以下
	シアン化合物	検出されないこと	50 以下 (遊離シアンとして)	検出されないこと	1.0 以下
	水銀及びその化合物	水銀が0.0005以下, かつ, アルキル水銀が検出されないこと	15 以下	水銀が0.0005以下, かつ, アルキル水銀が検出されないこと	水銀が0.005以下, アルキル水銀が検出されないこと
	セレン及びその化合物	0.01 以下	150 以下	0.01 以下	0.3 以下
	鉛及びその化合物	0.01 以下	150 以下	0.01 以下	0.3 以下
	砒素及びその化合物	0.01 以下	150 以下	0.01 以下	0.3 以下
	ふっ素及びその化合物	0.8 以下	4,000 以下	0.8 以下	24 以下
	ほう素及びその化合物	1 以下	4,000 以下	1 以下	30 以下
第三種特定有害物質	シマジン	0.003 以下	—	0.003 以下	0.03 以下
	チオベンカルブ	0.02 以下	—	0.02 以下	0.2 以下
	チウラム	0.006 以下	—	0.006 以下	0.06 以下
	ポリ塩化ビフェニル	検出されないこと	—	検出されないこと	0.003 以下
	有機りん化合物	検出されないこと	—	検出されないこと	1 以下

第1章　原位置浄化技術の現状と将来展望

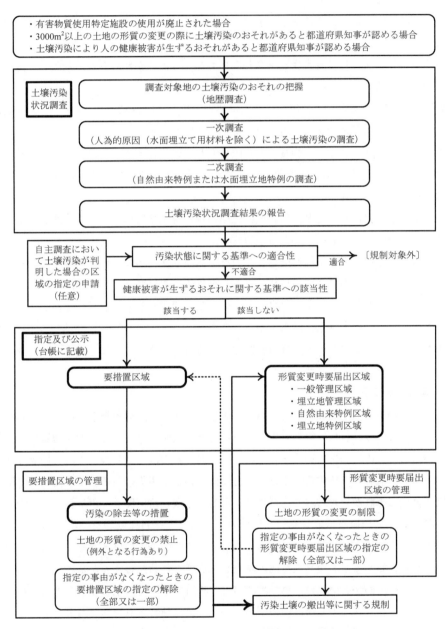

図8　改正土壌汚染対策法における土壌汚染への対応の流れ

法第4条において都道府県知事が特定有害物質で汚染されていると認める場合の条件が，施行規則第26条で「特定有害物質によって汚染されているおそれがある土地の基準」として次のとおり定められている．

① 土壌の特定有害物質による汚染状態が汚染状態に関する基準に適合しないことが明らかである土地
② 特定有害物質又は特定有害物質を含む固体もしくは液体が埋められ，飛散し，流出し，または地下に浸透（以下，「浸透等」という）した土地
③ 特定有害物質を製造し，使用し，または処理（以下，「使用等」という）する施設に係る工場又は事業場の敷地である土地または敷地であった土地
④ 特定有害物質又は特定有害物質を含む固体もしくは液体をその施設において，貯蔵し，または保管（以下，「貯蔵等」という）する施設に係る工場または事業場の敷地である土地または敷地であった土地
⑤ 上記②～④に掲げる土地と同等程度に土壌の特定有害物質による汚染状態が汚染状態に関する基準に適合しないおそれがある土地

　ここで，自然的原因による土壌汚染および公有水面埋立法に基づく埋立地または干拓により造成された土地における水面埋立て用材料による土壌汚染については，汚染状態に関する基準に適合しないことが判明した場合は①に該当し，汚染状態に関する基準に適合しないことが判明した区域の近傍の土地については⑤に該当することになる．

　この基準は，法第5条において，都道府県知事が特定有害物質で汚染されていると認める場合の該当性を判断する命令発出基準としても用いられる．

2.1.4　土壌汚染状況調査

　土壌汚染状況調査では，調査実施者（指定調査機関）が，調査対象地の土壌汚染のおそれの把握（地歴調査）により試料採取等の対象とする特定有害物質（試料採取等対象物質）の種類ごとに土壌汚染のおそれの区分を行い，その土壌汚染のおそれの区分に基づいて試料採取等区画を選定した後，試料採取等を実施する．ここで，自然由来の土壌汚染のおそれや水面埋立て用材料由来の土壌汚染のおそれが認められた場合には，人為的原因（水面埋立て用材料由来を除く）による土壌汚染についての試料採取等を行う区画の選定および試料採取等を一次調査として行った後，自然由来の土壌汚染のおそれに対する自然由来特例の調査または水面埋立て用材料由来の土壌汚染のおそれに対する水面埋立地特例の調査を二次調査として行うのが基本である．

　試料採取等では，旧法と同様に，第一種特定有害物質については土壌ガス調査（または地下水調査）およびボーリングによる深度別の土壌調査を，第二種特定有害物質および第三種特定有害物質については汚染のおそれが生じた場所の位置から深さ50cm分の土壌調査を行うこととなっており，自然由来および水面埋立て用材料由来の土壌汚染のおそれに対してはそれぞれ調査方法の特例としてボーリング調査を行うことが定められた．

　試料採取等の結果の評価では，試料採取等の結果をもとに，調査対象地内の単位区画について，

第1章　原位置浄化技術の現状と将来展望

試料採取等対象物質の種類ごとに汚染状態に関する基準への適合性を判定する。土壌溶出量基準に適合しない単位区画は，土壌溶出量基準に適合しないとみなす土地または第二溶出量基準に適合しないとみなす土地のいずれかに区分され，土壌含有量基準に適合しない単位区画は土壌含有量基準に適合しないとみなす土地に区分される。

改正法では，土壌汚染状況調査の全部または一部の過程を省略することが可能となっている。土壌汚染状況調査の全部または一部の過程を省略した場合，土壌汚染状況調査の過程を省略した特定有害物質の種類および調査対象地の範囲について，最もひどい汚染状態にあると仮定して土壌溶出量が第二溶出量基準に不適合，土壌含有量が土壌含有量基準に不適合とみなすのが基本となる。ただし，自然由来特例区域または水面埋立地特例区域の条件に該当する土地の場合については，第二溶出量基準に適合する状態であるのが一般的であることから，土壌溶出量が土壌溶出量基準に不適合（第二溶出量基準には適合），土壌含有量が土壌含有量基準に不適合とみなすこととされた。

2.1.5　指定の申請

改正法では，土地の所有者等が自主的に調査を行って土壌汚染を発見した場合，都道府県知事に対して要措置区域または形質変更時要届出区域に指定することを申請することができる制度が創設された。この申請があった場合，都道府県知事は，申請に係る調査が公正に，かつ，法第3条第1項の環境省令で定める方法により行われたものであると認めるときは，その申請に係る土地の区域を要措置区域または形質変更時要届出区域に指定することができる。なお，指定の申請は，調査の過程の全部または一部を省略した状態で行うことも認められている。

2.1.6　区域の指定

土壌汚染状況調査により汚染状態に関する基準に適合しないとみなされた土地は，健康被害が生ずるおそれに関する基準（2.1.2参照）への該当性に基づき，特定有害物質の種類ごとに，要措置区域または形質変更時要届出区域のいずれかに指定される。

要措置区域は，汚染の除去等の措置を実施して健康被害のおそれをなくすことが必要な区域であり，汚染の除去等の措置を実施することにより，その健康被害のおそれをなくすことが求められる。なお，自然的原因のみによる土壌汚染については，一定の区画のみを封じ込めたとしても効果の発現が期待できないのが通常の場合であると考えられることから，土壌溶出量基準に適合しないものについては周辺の土地において上水道の敷設や利水地点における対策等の浄化のための適切な措置が講じられるなどしたことをもって，土壌含有量基準に適合しないものについてはその土地を第三者が立ち入ることができない状態にしたことをもって，形質変更時要届出区域に指定するよう取り扱う考え方が施行通知にそれぞれ述べられている。

形質変更時要届出区域は，健康被害のおそれがない土地であるため，そのまま汚染土壌が残った状態で管理されることが望ましい区域であり，その区域の特性によって，自然由来特性区域，埋立地特例区域，埋立地管理区域およびその他の区域（一般管理区域）のいずれかに分類される。これらの区域の定義は表4に示すとおりである。これらの区域は，土壌汚染状況調査の全部また

表4 形質変更時要届出区域における自然由来特例区域等の分類

区域の分類	定 義	土壌汚染状況調査を省略した場合の汚染状態の評価
下記以外の形質変更時要届出区域（一般管理区域）	形質変更時要届出区域の内，下記の3つの区域に該当しない土地	第二溶出量基準不適合 および 土壌含有量基準不適合
埋立地管理区域	① 公有水面埋立法に基づく埋立てまたは干拓により造成された土地であり，かつ，都市計画法に規定する工業専用地域内にある土地 ② 公有水面埋立法に基づく埋立てまたは干拓により造成された土地であり，①と同等以上に将来にわたって地下水が飲用に供されない可能性が高いと認められる区域	第二溶出量基準不適合 および 土壌含有量基準不適合
自然由来特例区域	第二種特定有害物質（シアン化合物を除く）による汚染状態が専ら自然的条件からみて土壌溶出量基準または土壌含有量基準に適合しない土地	土壌溶出量基準不適合 および 土壌含有量基準不適合
埋立地特例区域	昭和52年3月以降に公有水面埋立法による埋立てまたは干拓事業により造成された土地であり，かつ，専ら埋立て用材料により当該区域内の汚染状態が土壌溶出量基準または土壌含有量基準に適合しない土地	土壌溶出量基準不適合 および 土壌含有量基準不適合

は一部の過程を省略して区域指定を受けた場合の汚染状態の評価および区域指定された土地で土地の形質の変更を行う場合に可能な施行方法において取り扱いが異なっている。

2.1.7 汚染の除去等の措置

要措置区域に指定された場合，土壌汚染に起因する健康被害のおそれをなくすため，土地の所有者等は汚染の除去等の措置を実施することが求められる。改正法では，都道府県知事が実施すべき汚染の除去等の措置の内容を明確に「指示措置」として指示することとなっており，指示措置を指示された土地の所有者等は，指示措置または指示措置と同等以上の効果を有すると認められる汚染の除去等の措置（合わせて「指示措置等」という）を講じなければならないことになっている。

指示措置の内容は，土地の所有者等や汚染原因者の主観に関わらず，専ら土地の状態と土地の用途のみによって客観的に定まるようになっており，土壌汚染に起因する特定有害物質への人の暴露経路の遮断が基本となっている。指示措置および指示措置等の内容については2.2で後述するが，改正法においては，土壌汚染の除去，特に掘削除去については，汚染の拡散のリスクを防止する観点からできる限り抑制的に取り扱うこととされている。

2.1.8 土地の形質の変更の制限

要措置区域では，一部の例外となる行為はあるものの，土地の形質の変更が禁止されている。一方，形質変更時要届出区域については，一部の例外となる行為はあるものの，都道府県知事に土地の形質の変更を届け出ることになっており，その施行方法が一定の基準に適合しないと認め

第1章 原位置浄化技術の現状と将来展望

られるときは，都道府県知事がその施行方法について計画変更命令を出すことができるようになっている。形質変更時要届出区域において可能な土地の形質の変更における施行方法は，2.1.6で前述したように，自然由来特例区域，埋立地特例区域，埋立地管理区域およびそれら以外の区域（一般管理区域）の区分ごとに異なっている。

2.1.9 汚染土壌の搬出等に関する規制

要措置区域および形質変更時要届出区域（以下では「要措置区域等」という）からそれらの区域外へ土壌を搬出し移動させることは，汚染の拡散をもたらす可能性がある。そのため，改正法では，搬出に伴う汚染土壌の適正な運搬および処理を確保するために，要措置区域等内の土地の土壌をその要措置区域等外へ搬出する際の事前届出制度，汚染土壌の運搬基準および許可を受けた汚染土壌処理業者への処理委託義務が設けられており，汚染土壌の処理を委託される汚染土壌処理業者は汚染土壌処理施設ごとにその所在地を管轄する都道府県知事の許可を受ける必要がある。

なお，要措置区域等から区域外へ搬出する土壌について，指定調査機関が搬出する土壌の調査（認定調査）を行い，特定有害物質25物質が土壌溶出量基準および土壌含有量基準に適合していることを確認し，都道府県知事が認めた場合には，その土壌を法の規制を受けない清浄な土壌として扱うことが可能である。

認定調査には，掘削前調査および掘削後調査の2種類があり，いずれも土壌汚染状況調査実施後の土地の形質の変更の履歴も考慮し，掘削対象となる土壌を汚染のおそれの分類により区分した上で，そのおそれの分類ごとに異なる試料採取密度で土壌溶出量基準および土壌含有量基準への適合性をチェックすることになる。このおそれの区分の分類では，要措置区域等内の土地の埋め戻しや盛土に用いられた土壌の汚染状態の確認状況や新たな汚染が生じている可能性を考慮し，掘削対象となる土壌を，$100m^3$以下ごとに汚染のおそれがない，少ない，比較的多いの三つの区分に分類する。

2.2 改正土壌汚染対策法における汚染の除去等の措置

2.2.1 指示措置と指示措置等

2.1.7で前述したように，改正法では，都道府県知事が実施すべき汚染の除去等の措置の内容を明確に「指示措置」として指示し，指示された土地の所有者等は指示措置等を講じなければならないことになっている。

表5に土壌溶出量基準に適合しない土地に対する指示措置等の内容を示す。地下水等の飲用による健康被害のおそれに対しては，地下水汚染が生じていない場合は「地下水の水質の測定」が指示措置となり，地下水汚染が生じている場合は，第三種特定有害物質が第二溶出量基準に適合していないとみなされた土地で遮断工封じ込めが指示措置となるのを除き，原位置封じ込めまたは遮水工封じ込めが指示措置となる。いずれの特定有害物質についても，第二溶出量基準に不適合な高濃度の汚染状態の場合，浄化または不溶化を行って第二溶出量基準に適合する状態にさせ

表5 土壌溶出量基準に適合しない土地に対する指示措置等の内容

特定有害物質の種類			第一種		第二種		第三種	
汚染状態			第二溶出量基準適合	第二溶出量基準不適合	第二溶出量基準適合	第二溶出量基準不適合	第二溶出量基準適合	第二溶出量基準不適合
汚染の除去等の措置	地下水汚染なし	地下水の水質の測定	◎	◎	◎	◎	◎	◎
	地下水汚染あり	原位置封じ込め	◎	◎※	◎	◎※	◎	×
		遮水工封じ込め	◎	◎※	◎	◎※	◎	×
		遮断工封じ込め	×	×	○	○	○	◎※
		不溶化	×	×	○	×	×	×
		地下水汚染の拡大の防止	○	○	○	○	○	○
		土壌汚染の除去	○	○	○	○	○	○

凡例：◎指示措置，○指示措置と同等以上の効果を有すると認められる汚染の除去等の措置，×適用不可，※汚染土壌の汚染状態を浄化または不溶化により第二溶出量基準に適合させた上で実施。

た上で封じ込めを行うこととなっている。改正法では，土壌溶出量基準に適合しない土地に対する汚染の除去等の措置の方法として「地下水汚染の拡大の防止」が新たに追加されており，指示措置等として位置付けられている。これにより，揚水施設（バリア井戸）や透過性地下水浄化壁を設置し，区域外への地下水汚染の拡大を防止するという方法も，汚染の除去等の措置の方法として選択できるようになった。

表6に土壌含有量基準に適合しない土地に対する指示措置等の内容を示す。直接摂取による健康被害のおそれに対する指示措置は盛土が基本となっており，盛土では日常生活に支障がでる土地については「土壌入換え」が，乳幼児の砂遊びや土遊びのための砂場や圃場の敷地等である土地については「土壌汚染の除去」がそれぞれ指示措置となる。

このように，土壌汚染の除去が指示措置とされるのは，土壌含有量基準に適合しない土地であり，かつ，乳幼児の砂遊びや土遊びのための砂場や圃場の敷地等である土地のみである。したがって，改正法において原位置浄化が行われるのは，指示措置と同等以上の効果を有すると認められる措置の方法として土壌汚染の除去を選択した場合となる。

改正法においては，掘削除去をできる限り抑制的に扱うために，原位置浄化も含めた土壌汚染の除去全体が抑制的に扱うことにされてしまっている。しかしながら，人為的原因による土壌汚染と自然由来や水面埋立て用材料由来の土壌汚染が複合して存在している土地においては，人為的原因による土壌汚染のみを原位置浄化で除去し，形質変更時要届出区域のうち，自然由来特例

第1章　原位置浄化技術の現状と将来展望

表6　土壌含有量基準に適合しない土地に対する指示措置等の内容

土地の条件		乳幼児の砂遊び・土遊びのための砂場・園庭の敷地等で，頻繁な土地の形質の変更が措置の効果確保に支障を与える土地	盛土では日常生活に著しい支障がある土地	その他（通常の土地）
汚染の除去等の措置	立入禁止	○	○	○
	盛土	×	×	◎
	舗装	○	○	○
	土壌入換え	×	◎	○
	土壌汚染の除去	◎	○	○

凡例：◎指示措置，○指示措置と同等以上の効果を有すると認められる汚染の除去等の措置，×適用不可．

区域や埋立地特例区域として台帳に記載されるようにするというケースも想定される等，原位置浄化が必要とされるケースも多いと思われる．

また，改正法では，バリア井戸や透過性地下水浄化が「地下水汚染の拡大の防止」として原位置浄化とは別な方法に区分されているが，いずれも汚染源下流側で地下水を原位置浄化し汚染物質の拡散を防止する方法である．したがって，これらの方法も本書の対象とする原位置浄化に含まれる方法である．

2.2.2　原位置浄化による土壌汚染の除去

原位置浄化は，改正法において，掘削除去とともに土壌汚染の除去のための方法に位置付けられており，指示措置等として選択可能になっている．

改正法における調査及び措置に関するガイドライン[13]では，原位置浄化の種類として，原位置抽出（土壌ガス吸引，地下水揚水，エアースパージング），原位置分解（酸化分解，還元分解，バイオスティミュレーション，バイオオーグメンテーション），ファイトレメディエーションおよび原位置土壌洗浄が挙げられている．原位置浄化の適用に当たっては，まず最初に基準不適合土壌のある平面範囲および深さについて，ボーリングによる土壌の採取・測定またはその他の方法により把握することが必要であり，その調査（詳細調査）は汚染の除去等の措置の一部として行うこととなっている．また，浄化効果の確認として，汚染物質を除去した後，1以上の観測井を設け，1年に4回以上定期的に地下水汚染状況を測定し，地下水汚染が生じていない状態が2年間継続することを確認することが求められている．この浄化効果の確認が終了したことをもって，汚染の除去等の措置が完了したとみなされ，区域指定の解除や自然由来特例区域等の種類の変更が可能になる．

2.2.3　原位置浄化による地下水汚染の拡大の防止

地下水の原位置浄化による「地下水汚染の拡大の防止」は，改正法において，特定有害物質の種類や土壌溶出量の値に関係なく，指示措置等として選択可能になっている．

改正法で認められている地下水汚染の拡大の防止の方法は，揚水施設による地下水汚染の拡大の防止（バリア井戸）と透過性地下水浄化壁による地下水汚染の拡大の防止の二つである。いずれの方法においても，地下水流動からみた下流方向の要措置区域等周縁に観測井を設置し，1年に4回以上定期的に地下水汚染状況を測定し，地下水汚染が下流側の要措置区域等外の土地に拡大していないことを確認することになっている。このときの観測井の配置については，地下水汚染の下流側への拡散の見逃しを防止するため，隣り合う観測井の間の距離が30mを越えないこととされている。ここで，バリア井戸において，地下水の流速が非常に小さく流向が決定できない，または変動し一定しないなどの理由により，要措置区域等範囲内の全域の地下水を揚水するように設定された場合等においては，要措置区域等の周縁部の四方において観測井間の距離が30mを上回らないように観測井を設置するものとされている。
　なお，地下水汚染の拡大の防止においては，措置の効果が恒常的に維持されている状態を管理し続ける必要があることから，観測井における特定有害物質の濃度が2年間以上継続して地下水基準に適合していることが確認されたとしても，要措置区域の指定は変更されない。これは，バリア井戸では適正な地下水の揚水量を定常的に保つための管理を継続していく必要があるためであり，透過性地下水浄化壁ではその浄化効果が継続する期間が有限であるために効果が得られ続けるよう管理していく必要があるためである。

3　原位置浄化の重要性

　土壌や地下水の汚染は，汚染物質の蓄積性に特徴がある。そのため原位置から汚染物質を除去するか原位置で分解無害化しない限り，汚染状態は長く続くことになる。その裏返しとして，直ちに汚染物質を除去しなくとも汚染物質への暴露経路を遮断することによって，人への健康影響リスクを管理することができる。まさに土壌汚染対策法の趣旨であるが，もともと土壌汚染対策は，環境財としての健康影響防止と私有財産としての資産リスク回避という両側面を有する。
　ただ毎年膨大な汚染土壌が掘削除去されていることは事実である。掘削した汚染土壌を適切に処理することはいうまでもないが，高濃度に濃縮した処理残渣は最終処分場に封じ込めることになる。この最終処分場の受け入れ容量にも限界がある。これらの現状を鑑みて，健康影響リスクの管理という視点に立てば，汚染状態を的確に把握し，原位置で汚染物質の浄化や拡散防止措置を実施することが合理的である。こうした土壌汚染対策法の本来の趣旨を再確認し，汚染された土壌や地下水による健康影響リスクを低減するため，改正土壌汚染対策法では，より広範囲に土壌汚染に関する情報を収集し，汚染区域の指定や汚染物質の拡散防止，さらには搬出する汚染土壌の適切な処理，などを明確にすることによって汚染土壌の管理強化が図られている。
　実際に汚染が見つかった事業所などでは工場建屋下に高濃度汚染が存在していることが多く，掘削除去はもちろん操業中であれば尚更封じ込め対策を実施することは難しくなる。さらに不透水層が地下深く存在する場合は大深度の封じ込め構造物を造る必要があり，対策としての実効性

第 1 章　原位置浄化技術の現状と将来展望

が低くなる。これらの場合には地下水汚染の拡大防止対策を実施する以外に適切な方途を見出すことはできない。しかも事業所内の土壌汚染は自らの敷地内での管理に委ねられるとしても，その土壌汚染が契機となり地下水が汚染され，さらに地下水流動とともに一般環境にまで汚染が拡大することは避けなければならない。その意味で，事業所敷地の土壌汚染管理はもとより企業の社会的責務を果たす上でも，汚染物質を一般環境に拡散させない原位置の土壌汚染対策や地下水汚染の拡散防止対策がこれまでも実施されてきた。

　さらに土地の資産価値に対するマインドも重要である。自ら所有する土地については環境基準を満たすことが前提となって，土地取引が行われている現状を無視することはできない。環境保全上は土壌汚染対策法を遵守しつつ，土地利用を図ることになるが，環境基準が汚染の有無を判断する唯一の尺度と見なされている現状では，社会通念として環境基準達成を求めている時代の流れを変えることは難しいであろう。

　こうした状況にあって経済活動のみで土壌地下水汚染対策が進められると，土地評価額と修復経費が見合わないとの理由から，市街地の一等地であっても放置されるブラウンフィールド問題の生じるおそれがある。顕在化した土壌地下水汚染問題に対して欧米各国では，汚染による健康影響リスクを評価し，土地利用や汚染サイトごとに修復対策の発動基準や浄化目標を設定している[14]。それには汚染の的確な状況把握と効率よい浄化対策，しかも原位置で実施可能な対策技術が整っていて始めてリスク評価とリスク評価に基づく現実的かつ受容可能な対策が検討できる。

　国土狭隘なわが国にあって，土壌地下水汚染が存在するからとの理由で汚染された土地を放置することはできない。とりわけ人口稠密な都市域でステイクホルダーが相互に納得のうえ土地利用を図るには，効率よく土壌地下水汚染対策を実施できる原位置浄化技術が不可欠となる。

4　原位置浄化技術の現状

4.1　土壌汚染対策の現状

　原位置浄化技術の現状について考える上で前提となるわが国の土壌汚染およびその調査・対策の現状について概説する。使用したデータは，環境省が毎年公表している土壌・地下水汚染調査・対策等に関する調査結果[15~20]および㈳土壌環境センターが毎年公表している「土壌汚染状況調査・対策」に関する実態調査結果[21~27]である。

4.1.1　土壌汚染の現状

　都道府県等（都道府県および政令市）が把握している土壌汚染調査事例数および超過事例（汚染事例）件数の推移を図9に示す。超過事例は，土壌汚染対策法の施行前は土壌環境基準を超過した事例を意味し，施行後は指定基準を超過した事例を意味する。2009年度までの累計で，調査事例が10,215件，超過事例が5,281件（調査事例の52％）となっている[20]。超過事例の内訳としては，重金属等が多く，その割合は増加してきている。

　これらの超過事例について，汚染物質である特定有害物質の種類ごとの累積超過事例件数を整

最新の土壌・地下水汚染原位置浄化技術

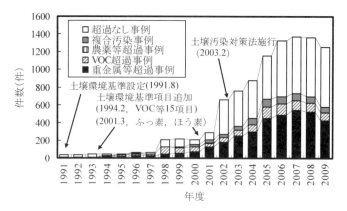

図9 土壌汚染調査件数と超過事例（汚染事例）件数の推移
（環境省[20]に基づく）

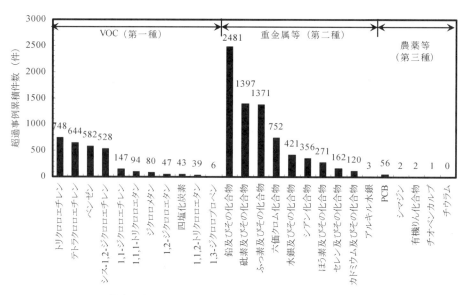

図10 特定有害物質の種類別の累積超過事例件数（2008年度まで）
（環境省[20]に基づく）

理したのが図10である。鉛，ヒ素，フッ素，六価クロム，トリクロロエチレン（TCE），テトラクロロエチレン（PCE），ベンゼン，シス-1,2-ジクロロエチレン（cis-1,2-DCE）の順に超過事例が多いこと，農薬等の超過事例のほとんどがPCBであることがわかる。

㈳土壌環境センターの会員企業が受注した土壌汚染対策の汚染物質別の受注件数の推移[21〜27]を図11に示す。こちらは受注件数でのデータであり，環境省によるデータと直接比較することはできないが，油類に対する対策も多く行われていることがわかる。2010年度の汚染物質別の土壌汚染対策受注件数は，揮発性有機化合物が1,134件，重金属等が959件，農薬等が46件，

第 1 章　原位置浄化技術の現状と将来展望

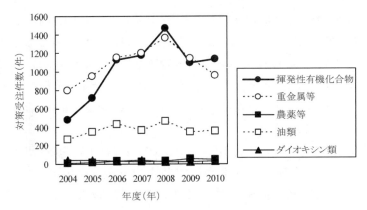

図11　土壌汚染対策の汚染物質別受注件数の推移
(土壌環境センター会員企業受注件数[21~27])

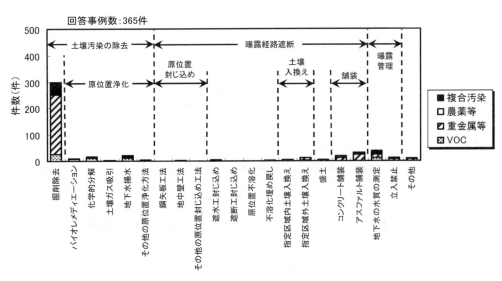

図12　土壌汚染対策の実施内容（2008年度）
(環境省[20] に基づく)

油類が360件，ダイオキシン類が35件，その他が38件であった[27]。

　油類に対しては，㈳全国石油協会が石油元売り各社の社有サービスステーション（SS）の土壌汚染調査・対策の実施状況をとりまとめており，2003年度から2006年度までに土壌汚染調査が行われた全国4,681カ所のSS中，何らかの対策が必要とされたSSは622カ所（13％）であったことが報告されている[28]。

4.1.2　土壌汚染対策の現状

　都道府県等が把握している2009年度の土壌汚染対策実施事例365件[20] について，汚染物質の区分ごとの実施内容は図12に示すように整理される。全体としては土壌汚染の除去が多く，中

でも汚染土壌の掘削除去の割合が非常に多いことがわかる。これは，土地売買を契機に土壌汚染調査・対策が行われているケースが多く，土地購入者より迅速に土壌汚染をなくすこと，すなわち完全浄化を短期間に行うよう求められることが影響していると考えられる。汚染物質の種類別にみると，重金属等ではほとんどが掘削除去となっているが，揮発性有機化合物（VOC）の場合は掘削除去の27件に対して原位置浄化が31件であり，原位置浄化も多く行われていることがわかる。

ここでVOCに注目する。図13は土壌汚染対策法施行後における年度ごとの土壌汚染対策の実施内容の推移である。各年度とも原位置浄化と掘削除去が多く行われていることがわかる。図14に年度ごとの原位置浄化の実施内容[15〜20]を示す。地下水揚水が最も多く，化学的分解やバイオレメディエーションの割合が増えてきている状況が確認される。

㈳土壌環境センターの会員企業が2010年度に受注した土壌汚染対策受注件数について，方法

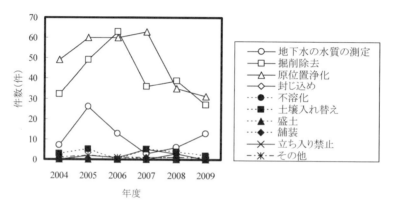

図13 土壌汚染対策法施行後における年度ごとの土壌汚染対策実施内容
（環境省[15〜20]に基づく）

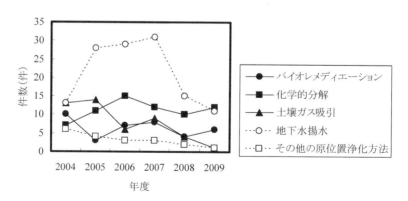

図14 土壌汚染対策法施行後における年度ごとの原位置浄化実施内容
（環境省[15〜20]に基づく）

第1章　原位置浄化技術の現状と将来展望

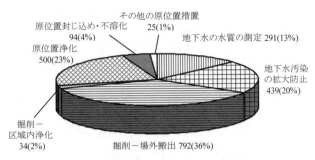

図15　土壌汚染対策の方法別受注件数
(2010年度土壌環境センター会員企業受注件数[27])

別の受注件数の割合[27]を図15に示す。掘削除去（掘削-場外搬出および掘削-区域内浄化）が36％と最も多いが，原位置浄化も500件で用いられており全体の23％を占めていることがわかる。また，地下水浄化に該当する地下水汚染の拡大の防止（バリア井戸および透過性地下水浄化壁）も439件と20％を占めている。

　油類については，石油元売り各社の社有サービスステーション（SS）の2003年度から2006年度まで土壌汚染調査・対策の実施状況[28]によると，何らかの対策が必要とされた622カ所のSSのうち，391カ所で土壌汚染の除去（原位置浄化，掘削除去後埋め戻し，掘削除去）が行われ，231カ所でそれ以外の措置（拡散防止，モニタリング）が行われている。また，原位置浄化の内容をみると，バイオレメディエーションが12件（38％），地下水揚水が11件（34％），化学分解が6件（19％），土壌ガス吸引が3件（9％）となっている[28]。

　このように，VOCおよび油類に対する土壌汚染対策では，原位置浄化も数多く行われていることがわかる。

4.2　原位置浄化技術の現状

　土壌・地下水汚染の浄化技術は，土壌・地下水中の汚染物質を分離・抽出する技術と分解する技術に大別される。表7は，原位置浄化技術ごとの適用可能な汚染物質を整理したものである。原位置浄化技術は，熱的作用，物理化学的作用，生物学的作用のいずれかに基づき土壌・地下水中の汚染物質を分離・抽出または分解する。汚染物質を分離・抽出した場合には，分離・抽出した汚染物質を適切に処理または処分する必要がある。

　揮発性有機化合物（VOC）については，1990年代には土壌ガス吸引と地下水揚水が原位置浄化のほとんどを占め，これにエアースパージングや石灰攪拌混合を加えた物理的な分離・抽出技術がほとんどであった。しかし，現在では，フェントン剤等の各種の酸化剤を用いた化学的酸化分解，鉄を用いた化学的還元分解，各種の栄養剤や水素徐放剤を用いた嫌気性バイオレメディエーション等が行われているサイトが増えてきている。現在行われているバイオレメディエー

表7 汚染土壌・地下水の原位置浄化技術

区分	原理	浄化方法	揮発性有機化合物	重金属等	農薬等（PCBを除く）	PCB・ダイオキシン類	鉱油類
分離・抽出	熱的	土壌電気加熱抽出	○	△	○	○	○
	物理化学的	土壌ガス吸引	○	−	−	−	△
		地下水揚水	○	△	−	−	△
		二重吸引	○	−	−	−	△
		エアースパージング	○	−	−	−	△
		土壌洗浄（土壌フラッシング）	○	○	○	−	○
		石灰攪拌混合	○	−	−	−	○
		静電学的分離	−	○	△	−	−
	生物学的	ファイトレメディエーション	−	○	△	○	−
分解	物理化学的	酸化分解	○	−	−	○	○
		還元分解	○	−	−	○	−
	生物学的	バイオレメディエーション	○	△	−	○	△
		ファイトレメディエーション	△	−	−	−	△

凡例：○適用可，△汚染物質の種類によっては適用可，−適用対象外。

ションのほとんどは汚染サイトの土壌・地下水中にもともと生息している微生物の働きを促進させるバイオスティミュレーションであるが，脱塩素化細菌である*Dehalococcoides*属細菌を含む微生物コンソーシアムを土壌・地下水中に注入するバイオオーグメンテーション技術も実用化されてきている[29]。米国等では他に土壌電気加熱抽出や界面活性剤を用いた原位置土壌洗浄（土壌フラッシング）が採用されている事例もあるが，わが国でこれらの技術が採用されるためには，土壌の電気加熱に要する電気料金や回収した界面活性剤と汚染物質を含む地下水の処理に要する費用といったコスト的な面での課題を解決することが必要であろう。

重金属等については，シアンを除いて分解が不可能であるため，原位置浄化はほとんど行われてきていないのが現状である。最近では，ファイトレメディエーションによって植物の根の周りにある土壌中の重金属等を植物の体内に蓄積させ，植物とともに回収することが幾つかの汚染サイトで行われており[30]，原位置土壌洗浄（土壌フラッシング）による重金属等の分離・抽出も試みられている[31]。また，シアンについては，エアースパージングとバイオレメディエーションを

第1章 原位置浄化技術の現状と将来展望

組み合わせたバイオスパージングの事例が報告されている[32]。

　鉱油類については，揮発性の高い低沸点成分を中心に原位置浄化が行われており，土壌ガス吸引，地下水揚水，エアースパージング等の物理的な分離・抽出技術とともに，化学的酸化分解や好気性バイオレメディエーションといった分解技術が採用されているサイトも増えてきている。鉱油類に対しては，バイオオーグメンテーションの適用事例も報告されている[33,34]。最近では，ファイトレメディエーションによって植物の根の周りに生息する微生物により土壌中の鉱油類を分解させる技術も実用化されてきている[35]。また，米国等では原位置土壌洗浄（土壌フラッシング）が採用されている事例があるが，VOCのところで述べたように，わが国でこれらの技術が採用されるためには汚染物質を含む地下水の処理に要する費用といったコスト的な面での課題を解決することが必要である。この課題を解決するため，生分解性の界面活性剤を使用して水処理費用を低減させるための検討も行われている[36]。

　わが国の原位置浄化技術の現状は以上のようにまとめられるが，2010年の改正土壌汚染対策法の施行および2011年の同法改正施行規則の施行を受けて，原位置浄化を取り巻く環境も今後変化することが予想される。特に，形質変更時要届出区域および地下水の水質の測定や地下水汚染の拡大の防止が行われている要措置区域では，人の健康被害のおそれのない状態を維持しながら，原位置浄化により低コストで徐々に土壌・地下水汚染を浄化していくという方法の採用が増えることが予想される。

5　土壌・地下水汚染対策の将来展望

5.1　グリーン・レメディエーションとサステイナブル・レメディエーション

　土壌・地下水汚染の調査・対策は，それ自体でエネルギー消費，温室効果ガス排出，原料の使用などのEnvironmental Footprint（環境的な足跡を意味する用語）を発生させている。例えば，日本において最も多く採用されている汚染土壌の掘削除去は，重機の稼働，汚染土壌の搬出，ならびに外部処理などに伴い大量のエネルギーを使用し，温室効果ガスを排出，さらに埋戻し用の土壌として清浄土（原料）を必要とするなど，外部環境に負荷をかけている。もちろん，本書のテーマである原位置浄化でもEnvironmental Footprintは発生する。地下水揚水対策では井戸やポンプを作るための原材料が必要であり，また長期間ポンプを動かすために電気が必要となる。表8に土壌汚染対策に伴うEnvironmental Footprintの例を示す。

　これまで土壌・地下水汚染対策においては，人の健康被害の防止，サイト周辺への環境影響の防止，そして時には不動産価値の保全が重視され，対策活動により発生するEnvironmental Footprintに対する配慮はほとんど行われてこなかったといえる。

　そのような状況の中，2007年頃から米国を中心にグリーン・レメディエーションという考え方に触れる機会が増えてきた。グリーン・レメディエーションとは，土壌・地下水汚染による人の健康被害の防止等の従来からの目的を達成しつつ，浄化活動（調査も含めて）で発生する

表8 土壌汚染浄化における Environmental Footprint の一例

項　目	目　的
掘削除去	・使用する重機，機材等の製造に伴う原材料の使用 ・重機の稼働に伴うエネルギー消費，温室効果ガスの排出 ・汚染土壌の移動に伴うエネルギー消費，温室効果ガスの排出 ・汚染土壌の処理に伴うエネルギー消費，温室効果ガスの排出
地下水揚水対策	・井戸材料等の製造に係わる原材料の使用 ・井戸等の設置に伴う機材のエネルギー消費，温室効果ガスの排出 ・長期間の揚水井戸，プラント設備の稼働に伴うエネルギー消費，温室効果ガスの排出 ・地下水資源への影響 ・活性炭等の廃棄物の発生
バイオレメディエーション	・栄養剤の製造に係わる原材料の使用 ・井戸等の設置に伴う機材のエネルギー消費，温室効果ガスの排出 ・栄養剤注入や分解の副生成物発生伴う地下水環境への悪影響の発生 ・注入等に伴うエネルギー消費
鉄粉混合法	・鉄粉の製造や使用する什器の製造等に関わる原材料の使用 ・重機稼働に伴うエネルギー消費，温室効果ガスの排出 ・土壌中への鉄粉注入による土壌・地下水環境への悪影響 ・分解した VOC 等の温室効果ガス化

Environmental Footprint をできるだけ抑制しようという取り組みである。

グリーン・レメディエーション（以下，一部では GR という）に対しては米国環境保護局（U. S. EPA）が積極的に取り組んでおり，WEB サイト[37]を開設し情報提供をするとともに，2008年に「Incorporating Sustainable Environmental Practices into Remediation of Contaminated Sites（土壌汚染地の対策への持続可能な環境活動の組込）」[38]を，2009年に「Principles for Greener Cleanups（よりグリーンな浄化のための原則）」[39]を，そして 2008 年から現在にかけて「GR Best Management Practices（GR のための最良の管理実務）」[40〜45]を発行している。2010年には「Superfund Green Remediation Strategy（スーパーファンドサイトにおける GR の戦略）」[46]を策定し，米国材料試験協会（ASTM International）とともに規格化[47]を進めるなど現在も積極的な動きを見せている。

また，同時期にサステイナブル・レメディエーション，という言葉も頻繁に聞かれるようになってきた。グリーン・レメディエーションが Environmental Footprint だけを対象としているのに対して，サステイナブル・レメディエーションは浄化活動に伴う Environmental Footprint だけでなく，社会的，経済的な影響も含めて評価し，より持続可能な浄化を目指す取組である。例えば，欧州の The Network for Industrially Contaminated Land in Europe（NICOLA）[48]，The Sustainable Remediation Forum（SURF）[49]をはじめとした複数の団体が，サステイナブル・レメディエーションに関する取り組みをはじめている。

第1章　原位置浄化技術の現状と将来展望

このようにグリーン・レメディエーションおよびサステイナブル・レメディエーションは，欧米では一般化してきたリスクベースの措置選択の次を担うコンセプトとして注目を集めており，日本における今後の原位置浄化を考える上でも重要な項目となると考えられる。本節では，5.1.1 にて土壌・地下水汚染の浄化活動に伴う Environmental Footprint について説明し，その後，5.1.2 グリーン・レメディエーション，5.1.3 サステイナブル・レメディエーション，5.1.4 導入への障害，5.1.5 規格化の動きについて説明した後に，5.1.6 にてグリーン・レメディエーションにおける原位置浄化の優位性と課題について述べる。

5.1.1　土壌・地下水汚染対策における Environmental Footprint と LCA

(1) Environmental Footprint と LCA

近年，Carbon Footprint という言葉をよく聞くようになった。Carbon Footprint とは，企業や個人，もしくはイベントなどの活動や生活における二酸化炭素などの温室効果ガスの排出量のことである。

では Environmental Footprint とはなんであろうか。これは温室効果ガスの排出量も含む様々な環境負荷，例えばエネルギー消費量，温室効果ガス排出量，大気汚染物質の排出量，水の使用量や汚濁の度合い，原料の使用量や廃棄物の発生量，などを指すことが多い。これらの Environmental Footprint を定量的に評価するためにはライフサイクルアセスメント（LCA）を用いることが一般的である。LCA は製品製造分野における原材料調達，製造，輸送，販売，使用，廃棄，再利用までを含めた Environmental Footprint を評価するために発展してきた手法である。

LCA は，製品製造分野における各工程の環境負荷を明らかにし，環境負荷低減の方法を策定するためのツールとして用いられており，近年は建築や食品分野をはじめとして様々な分野においても利用が進んでいる。本節では詳細な説明を省略するが，LCA の手法は ISO14040 で定められており，①目的・評価範囲の設定，②インベントリ分析，③影響評価，④解釈の4つの段階から構成されている。

(2) 土壌・地下水汚染の対策活動における Environmental Footprint の評価

土壌・地下水汚染の対策活動における Environmental Footprint としては，調査時，措置施工時，管理・モニタリング時の各段階において，資材・建設機材・輸送機材等の製造・使用時に水・エネルギー・原料・再生資源等を使用（Input）すること，そして大気・水質汚染物質や温室効果ガス，廃棄物等を排出（Output）することで，様々な環境負荷をかけている。図16に土壌地下水汚染の対策過程における LCA の概念図を示す。

土壌・地下水汚染対策で重要な Environmental Footprint として，U. S. EPA[39] は表9に示すエネルギー，大気，水，原料と廃棄物，土地と生態系の5つの要素を挙げている。

土壌・地下水汚染の対策活動に伴う LCA を用いた Environmental Footprint の定量評価の試みは1990年代終り頃から研究が行われてきた[50〜54]。例えば，Volkwein ら（1999）は掘削除去，アスファルトによるキャッピング，熱／生物分解処理の3つの対策方法を対象に Environmental

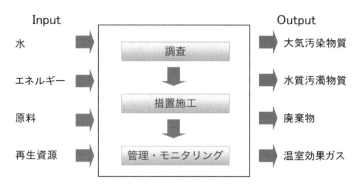

図16 土壌地下水汚染の対策過程におけるLCAの概念図

表9 グリーン・レメディエーションにおけるEnvironmental Footprintの評価項目[39]

項　目	目　　的
エネルギー	削減，効率化，そして再生可能エネルギーの使用
大気	大気環境保全と温室効果ガスの削減
水	水質の改善及び水使用量の削減
原料と廃棄物	使用量縮減，再利用，リサイクルの推進
土地と生態系	保全，保護そして修復

Footprintの定量評価・比較している[50]。また，U. S. EPA（2010）は，BP Wood Riverにおける閉鎖ごみ処理施設内の環境リスク管理の一環として必要な地下水位管理方法として，植物による吸水（原文にはファイトレメディエーションと記載），揚水処理，被覆による雨水浸透防止の3つの方法を採用した場合のエネルギー消費量，温室効果ガスの排出量を始めとしたEnvironmental Footprintの評価を行なっている[54]。

我が国における研究も幾つかある[55〜57]。例えば馬場ら（2008）は関東地方にある汚染サイトから1,000m^{3}の汚染土壌を掘削除去後，九州の管理型処分場に埋立を行う条件でCarbon Footprintの評価を行った。その結果，$LCCO_2$（CO_2排出量）は約222,000kg-CO_2，1m^{3}当りの$LCCO_2$は222kg-CO_2と評価され，そのうち汚染土壌の移動，埋立処理にかかる工程が大部分を占めることが示された（図17を参照）[57]。また，感度解析の結果，日本における掘削除去後，管理型処分場に埋立を行う場合の$LCCO_2$の原単位は，汚染土壌1m^{3}あたり概ね150〜280kg-CO_2/m^{3}の範囲に収まると試算している。

LCAを用いた土壌・地下水汚染の浄化に伴うEnvironmental Footprintの具体的な計算方法の詳細については上記文献を参照されたい。また，各研究のレビューはSURFのWhite Paper[58]が詳しいので参照されたい。

第1章　原位置浄化技術の現状と将来展望

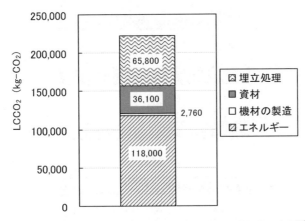

図17　掘削除去の汚染土壌の処理に伴う外部環境負荷の内訳[57]
汚染面積が1,000m^2，汚染深度が1m，汚染土量が1,000m^3，汚染土壌の処理に伴う移動条件；
陸路100km＋海上運搬1,000km，処理方法，管理型処分場での処分で算定した事例。

5.1.2　グリーン・レメディエーション

(1) グリーン・レメディエーションの定義

グリーン・レメディエーションでは，人の健康被害の防止等の土壌・地下水汚染の本来の目的を達成しつつ，その上で浄化に伴うEnvironmental Footprintを削減することが目的となる。

グリーン・レメディエーションという言葉は主にU. S. EPAで使用されている。U. S. EPAが2008年に発行した「Incorporating Sustainable Environmental Practices into Remediation of Contaminated Sites」[38]によると，グリーン・レメディエーションは「浄化による全ての環境影響を考慮すること，そして浄化活動に伴うEnvironmental Footprintを最小化するためのオプションを取り入れることの実践」と定義されており，U. S. EPAが2009年に発行した「Principles for Greener Cleanups」[39]では，グリーン・レメディエーションの原則として「従来からの法・規制における土壌・地下水汚染の浄化の要求事項である4点の遵守事項（人の健康被害の防止と環境保護，法・規制の順守，関係するコミュニティとの協議，将来の土地利用の考慮）を前提とした上で，Environmental Footprintの低減に取り組むこと」としており，表9に示した指標を対象としている[50]。

(2) グリーン・レメディエーションの概念

ここではグリーン・レメディエーションを実際の調査・浄化において実践する方法を述べる。現在U. S. EPAやASTMを中心にグリーン・レメディエーションに関する規格化の動きはあるものの，ガイドライン等は発行されていない。そのため，文献[46, 48]を参考にしつつ，筆者らの私見も交えながら，図18に示す流れに基づき概説する。

① 土壌・地下水調査

土壌・地下水汚染の調査におけるEnvironmental Footprintの低減方法の一例を表10に示

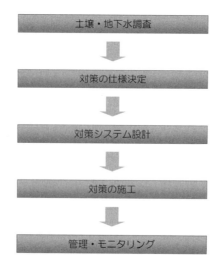

図18 土壌・地下水汚染の対策浄化のプロセス

表10 調査段階におけるEnvironmental Footprintの削減方法の一例[41]

方　　法	効　　果
適切な調査計画	無駄な調査によるEnvironmental Footprintの削減及び適切な浄化設計による浄化のEnvironmental Footprintの削減
掘削時のダイレクトプッシュ法	エネルギー消費削減，廃棄物量削減等
ダイレクトセンシング，現地分析	輸送に伴うエネルギー消費削減，廃棄物量削減等
ハイブリッド車の使用	エネルギー消費削減，SPM量削減等
ディーゼルフィルターの使用	SPM量削減
現場資機材の再活用	廃棄物量の削減

す[41]。ここでは，ボーリング掘削時のダイレクトプッシュ法の活用，ダイレクトセンシングや現地分析の活用，ハイブリッド車の使用などの調査資機材の適切な選定による調査段階でのEnvironmental Footprintの削減とともに，その後の対策工程におけるEnvironmental Footprintの削減を見据えた適切な調査計画の立案が重要となる。

② **対策仕様の決定**

対策仕様の決定においては，リスクアセスメントに基づく対策の意思決定，及び対策が必要と判断された場合における対策方法の選択から構成される。

まず，リスクアセスメントに基づく対策の意思決定は，環境リスクが許容レベル以下の汚染は対策の必要性がないと判断することにより，対策が必要な範囲等を狭めることが可能となり，結果として対策に伴うEnvironmental Footprint自体が低減できる。

また，対策が必要とされた場合には，事前に比較対象となる対策方法の施工に伴う

第1章　原位置浄化技術の現状と将来展望

Environmental Footprintを評価した上で意思決定を行うことで，対策によるEnvironmental Footprintを削減できる可能性が高まる。

　Environmental Footprintの算定については，複数の対策方法のEnvironmental Footprintを評価するために煩雑な計算が必要になるが，例えば米国のAir Force Center for Engineering and Environment (AFCEE)[59]やU. S. Navy, U. S. Army, U. S. Army Corps of Engineers, Battelle[60]は，表計算ソフト上でEnvironmental Footprintの計算が可能なモデルを公開しており，これらを使用することで比較的容易に行うことが可能である。例えば，AFCEEによるSustainable Remediation Tool (SRT)[59]は，揮発性有機塩素化合物（CVOC）や油による土壌・地下水汚染を対象としており，汚染土壌に対しては土壌ガス吸引法，掘削除去，熱脱着法の各対策方法の，汚染地下水に対しては地下水揚水，バイオレメディエーション，原位置化学分解，透過性浄化壁，モニタリング（自然減衰）の各対策方法のEnvironmental Footprintの計算が可能である。

　日本における措置方法間の比較をした事例は複数[56]があるが，例えば保高ら(2009)は重金属汚染土壌が存在するモデルサイトを対象とした掘削除去，不溶化，封じ込め，モニタリングなど複数対策方法のEnvironmental Footprint（$LCCO_2$）を評価した（図19に結果を示す）[56]。このように各措置間のEnvironmental Footprintの比較を行うことで，措置選択における意思決定に役立てるとともに，各工法内のEnvironmental Footprintの要因を探ることが可能となる。

　なお，これらのEnvironmental Footprintの評価に諸外国のモデルを利用する際には，各国によりエネルギーや原材料の原単位（例えば，1Wの電気を作る場合に発生するCO_2排出量など）

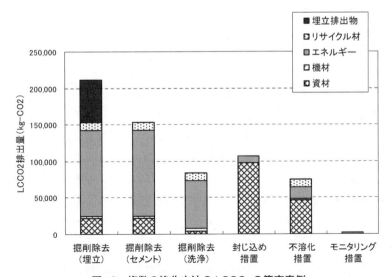

図19　複数の浄化方法の$LCCO_2$の算定事例

関東地区に存在し，汚染土量は900m³（30m×30m×深さ1m），地下水位はGL-3m，難透水層はGL-4.5mに存在しているとした。また埋立先，セメント処理先は北九州，洗浄は川崎で行うとした[56]。

等が異なる可能性があるため注意が必要である。

③ 対策システム設計，施工，管理

対策方法の選定後は，具体的な対策システムの設計，施工，そして維持・管理，モニタリングの段階に入る。この段階における Environmental Footprint の削減は，主に技術面からのアプローチで可能となる。

対策システムの設計段階においては，パイロットテストによる適切な対策設計，新技術の積極的な導入による対策方法の改良などにより，施工段階，維持・管理段階における Environmental Footprint を削減できる可能性が高まる。また，施工・維持・管理，モニタリングの各段階においては，省エネルギー化した車両・資機材の使用，資材調達先や廃棄物処分先のサイト近傍からの選択，再生可能エネルギー，再生可能材料の使用などにより Environmental Footprint を削減が可能となる。例えば米国イリノイ州の「Greener Cleanups : How to Maximize the Environmental Benefits of Site Remediation」には，システム設計，施工・管理の際に Environmental Footprint を低減する方法とそのコスト，期間などが定性的にまとめられている[61]。

原位置浄化における具体的な Environmental Footprint の削減方法については，U. S. EPA の BMP が参考になる。BMP は，2011 年 1 月現在で掘削除去，土壌ガス吸引（SVE）とエアスパージング（AS），バイオレメディエーション，地下水揚水処理が 4 つの浄化について公開されており[42～44]，対策システム設計，施工，そして維持＆管理における Environmental Footprint を削減する方法が具体的に記載されている。

表 11 に，BMP 等に提示されている原位置浄化である SVE・AS，バイオレメディエーション，地下水揚水処理の浄化システムの設計段階における Environmental Footprint の低減方法の一例を示す。施工，維持＆管理段階については原文を参照されたい。

また，BMP を実践する以外にも②で述べた Environmental Footprint の定量評価を行い，負荷が大きい部分に対して代替方法を検討するという方法によっても施工，浄化の運営，メンテナンスによる Environmental Footprint は削減可能である。

5.1.3 サステイナブル・レメディエーション

ここまでは浄化活動における環境負荷の低減を目的としたグリーン・レメディエーションについて概説してきた。一方で，土壌・地下水汚染の対策に伴う意思決定においては環境負荷以外の社会的，経済的な要素も重要となる。サステイナブル・レメディエーションの定義や評価指標は組織や団体により多少異なるものの，多くの場合このような社会的な要素（地域住民や労働者の人の健康影響，事故等の安全性，地域コミュニテイへの影響），経済的な要素（直接コスト，間接コスト，残存する経済的なリスク）も含めて評価し，全体として最適な対策を選択していこうという取り組みである。

サステイナブル・レメディエーションに対する取り組みとして，例えば欧州の汚染地管理に関するフォーラムである NICOLE は「NICOLE Road Map for Sustainable Remediation」[48]をリリースし，アセスメントとマネジメントの関係性，そして今後の方向性を示している。また，5.1.2

第 1 章 原位置浄化技術の現状と将来展望

表 11 原位置浄化手法の Environmental Footprint の低減方法の一例[42〜44]

工　　法	主な Environmental Footprint	浄化設計の段階における Environmental Footprint の削減方法
土壌ガス吸引法 エアースパジング法	・長期間の稼働に伴う電気及び燃料の消費 ・活性炭等の廃棄物の発生 ・大気中への VOC 等の拡散の可能性	・浄化の進捗に伴い能力を適切に変更できるポンプやブロワーの選定 ・圧力損失を最小化するための適切な配管径の選定 ・可変周波数駆動モーターの使用 ・継続的ではなく間欠的なガス吸引による汚染回収効率の FS の実施 ・地上施設の最小化，低電力化 ・AS 法における注入井戸設置本数の増加と必要風量の減少のトレードオフに関する FS の実施 ・SVE の吸引ガスの処理システムと他の排ガス処理施設の共同設計の可能性の検討
バイオレメディエーション法	・栄養剤の製造に係わる原材料の使用 ・井戸等の設置に伴う機材のエネルギー消費，温室効果ガスの排出 ・栄養剤注入や分解の副生成物発生伴う地下水環境への悪影響の発生 ・注入等に伴うエネルギー消費	・汚染源と汚染プルームを適切に評価できる概念サイトモデルの構築 ・透水係数，地下水の化学成分組成，土壌不均一性等の水文地質条件把握 ・注入による影響半径の把握と適切な井戸配置 ・親物質，子物質量，代謝物質量，存在菌量の把握 ・分解性の界面活性剤の投入などを含めた帯水層内での拡散状況の予測 ・最も適切な濃度の適切な試薬の使用， ・ホットスポットの汚染に関して他の浄化方法の必要性の検討 ・試験施工の実施（原材料量の削減だけでなく，バイオレメディエーションによる地下水環境への負の影響の事前評価が可能）
地下水揚水対策法	・井戸材料等の製造に係わる原材料の使用 ・井戸等の設置に伴う機材のエネルギー消費，温室効果ガスの排出 ・長期間の揚水井戸，プラント設備の稼働に伴うエネルギー消費，温室効果ガスの排出 ・地下水資源への影響 ・活性炭等の廃棄物の発生	・再生利用エネルギーの活用の可能性の検討 ・抽出効率を考慮した井戸は位置 ・間欠運転の検討 ・揚水処理した地下水の再注入の検討 ほか多数

で紹介した AFCEE による Sustainable Remediation Tool (SRT)[59] は，前述した Environmental Footprint だけでなく，措置費用，安全性，事故の危険性などの評価が可能としている。各国，自治体，団体等の取り組みについては SURF[49] のレビューである「Sustainable Remediation

White Paper」[58] が詳しいので詳細はそちらを参照されたい。なお，サステイナブル・レメディエーションについて，各国，自治体，団体等によりの定義，対象指標，統合評価方法などは統一されていないのが現状であると考えられる。

5.1.4 導入の障害

グリーン・レメディエーションやサステイナブル・レメディエーションの概念が世に受け入れられ，一般的に使用されるように至るためにはいくつかの障壁が存在することは想像に難くない。例えば，Favara ら（2010）は，これらの概念が一般化に対する障壁として以下の4つを上げている[62]。

① 標準的な規制，ガイドラインの欠如。例えば，意思決定やコンプライアンスの確保，リスクベースの規制という既存枠組に対して，持続可能性をどのように組み込むのか？
② 産業界，そして規制を行う行政に受け入れられる評価基準の欠如。例えば，二酸化炭素排出量，生態系への影響，廃棄物の発生，のどれを評価基準とするのか？
③ 企業の導入に対する動機が，GreenWashing（環境配慮をしているかのように装い，上辺だけの欺まん的な環境訴求をすること），そして浄化コストを低減することではないか，と考える懐疑論者の存在。
④ サステイナブル・レメディエーション（環境負荷だけでなく，社会，経済的な状況も含む）とグリーン・レメディエーション（主に環境負荷）のいずれに注目をするか，ということに対する合意の欠如。

我が国でも浄化に伴う Environmental Footprint が実際の措置の意思決定において考慮され，グリーン・レメディエーションやサステイナブル・レメディエーションが実践されるようになるためには，まず我が国における評価方法を確立する必要があるが，その上で上記の課題，特に①，②への取り組みが必要と考えられる。

5.1.5 規格化への動き

グリーン・レメディエーションやサステイナブル・レメディエーションに関しては，規格化をする動きがあるものの，現段階では評価モデルの提供，ガイドラインの提示に留まっている。

こうした中，最近の大きな動きの一つとして米国材料試験協会（ASTM）による規格化がある。ASTM は，USEPA と協力して ASTM WK23495 - New Guide for Green and Sustainable Site Assessment and Cleanup[47] において規格化の検討を始めている。WEB の公開資料によると，規格は4つのセクション，環境，経済，社会，そして統合と持続可能性の階層評価を含むフレームワーク内のバランスから構成されており，今後の動向が注目されるところである。

5.1.6 グリーン・レメディエーションにおける原位置浄化の優位性と課題

本節では，グリーン・レメディエーションの観点からみた，原位置浄化の3つの優位性と課題について述べる。

1つ目は，現在日本で主流である汚染土壌の掘削除去と比較して，原位置浄化は Environmental Footprint が低い可能性が高い，という点である。しかしながら日本においては

第1章　原位置浄化技術の現状と将来展望

　原位置浄化に伴う Environmental Footprint に関する定量的な評価の知見が少ないことや，サイト状況・汚染状況・工法により原位置浄化の Environmental Footprint は大きく変わる可能性があることを勘案すると，現段階では掘削除去と比較して有利であると断言できる状況ではない，と筆者は考えている。例えば，ディルドリン汚染土壌に対して掘削除去とバイオパイル法（生物学的処理），高温熱脱着法の $LCCO_2$ を比較した井上ら（2006）の研究によると，バイオパイル法の $LCCO_2$ 掘削除去の30％以下であるが，高温熱脱着法は掘削除去の1.4倍程度となっているケースもある[55]。そのため，今後，日本においてグリーン・レメディエーションの観点から原位置浄化の有効性を示していくためには，日本で採用されている原位置浄化法について Environmental Footprint を定量的に評価し，その結果を提示することで掘削除去等との差別化が図るために必要と考えられる。

　2つ目は，企業の持続可能な環境に対する関心が高まっている昨今，特に長期間にわたることが多い稼働中の事業所における土壌・地下水汚染の対策方法の選択においては，選択可能な浄化方法についての Environmental Footprint の定量評価に関する情報およびその情報も含めた中での意思決定に関する情報をステークホルダーに提供することが重視される可能性があることである。このようなグリーン・レメディエーション等を重視する社会の動きも，原位置浄化の差別化につながる重要なポイントの一つであると考えられる。

　原位置浄化においてグリーン・レメディエーションの考え方を採用する3つ目のメリットとしては，原位置浄化の適用においては，5.1.2で示した適切な対策設計，省エネルギー化した車両・資機材の使用，資材調達先や廃棄物処分先のサイト近傍からの選択，適合性試験の実施による栄養剤投入量の決定など様々な工夫を行うことで Environmental Footprint の低減が可能であり，結果として浄化コストの低減に繋がる可能性が高いことである。また，各原位置浄化工法に対してLCAを適用することで，各工法の環境負荷要因が明確になり，それを改善することで結果として浄化コスト低減に結びつくことも考えられる。今後，原油価格，エネルギー価格の上昇が起きた場合でも，低環境負荷型の技術のコスト上昇幅は少ないことからも，原位置浄化の優位性が高まるであろうと思われる。

　グリーン・レメディエーションやサステイナブル・レメディエーションの考え方を積極的に導入していくことは，日本の土壌汚染対策において，リスクベースの合理的な措置の導入とともに，持続可能な土地活用や地下水資源利用を考える上で重要なファクターになると考えられる。

5.2　今後の展望

　法制度の整備とともに，古典的技術や革新的技術を含めて調査対策技術が発展してきた。特に米国では，スーパーファンドサイトを中心に革新的浄化技術の開発が進み，わが国も先駆的な浄化技術を移入し，あるいは地域特性や社会経済状況に合った技術開発に努めてきた。結果として，土壌地下水汚染が社会的に認知され，しかもその修復がビジネスとして成立する現状にあって，浄化技術というと革新的技術を指すまでに発展している。さらに革新的技術が実証され，その成

功がより低コスト低負荷の技術開発を促進してきたことは事実である。しかも最近では，個別要素技術の開発はもちろんのこと，開発実証された技術の組み合わせとその最適化のレベルにまで高まっており，技術開発はハード・ソフトの両面から成熟段階に達しているとみられる。

ただ汚染物質濃度は減少したが，どのくらいの汚染物質が除去あるいは分解されたのか，物質収支を基にした議論のできる事例は極めて少ないのが現実であろう。新たな技術開発と実用化を目指すとき，例えば，化学物質や微生物の特性について，極めて詳細に室内実験が実施され，結果の解析も微に入っている。実際の汚染現地に適用する場合にも，現地の土壌試料や地下水試料を用いたトリータビリティ試験が盛んに行われる。もちろん事前調査や解析は不可欠であるが，現場での実証試験や対策で，どの程度の汚染物質が減少したのか，精緻でなくともある程度の精度でもって量的に推定できる計算手法や数値モデルを準備しておくことが重要である。

一例として化学薬剤を用いて汚染地下水を無害化するとき，どの位置から，どの程度の薬剤を投入すれば，環境基準を達成できるのか。大量に投入すれば，いとも簡単に目的は達成できようが，それでは敷地境界を越えて多量の薬剤が流出し，二次的な地下水質劣化を招きかねない。重要なことは，敷地境界において環境基準を達成できる程度の薬剤投入が求められており，物質収支が取れて初めて技術が開発され実用化できたといえる。

一口に物質収支といっても，簡単に見積もることはできない。こうしたとき，あくまでもモデルではあるが，数値解析手法を利用することも重要であろう。数値解析と言えば，拡散係数を用いた数値予測，あるいは数値合わせ，を想定する向きが多いと思う。その一面のあることは否定できないが，実測データは離散的であり，空間的に広がりを持つ汚染現場では，いくつかの点計測でしかない。これを補うのがモデルの構築と数値解析手法である[63]。実際の汚染現場で対策を行うに際して，入手可能な範囲でモデルを組み，ある程度の誤差は容認するとして地下水流れを解析しておけば，将来に実施する詳細調査の設計や汚染物質の流動について，事前に情報を得ることができる。

数値解析手法を有機ヒ素汚染のメカニズム解明に応用した事例を紹介しよう。有機ヒ素による地下水汚染は，近接した地区住民に神経症状がみられたことから，担当医が地元保健所に井戸水調査を依頼したことに始まる。その結果，飲用使用していた井戸水から4.5mg/Lのヒ素が検出された（2003年3月）。この飲用井戸の西方1kmに位置する井戸でも0.43mg/Lのヒ素が検出され，いずれのヒ素も有機ヒ素化合物（ジフェニルアルシン酸，DPAA）であることが判明した[63]。

さらに汚染メカニズム解明のため，地歴・DPAA等の情報収集，飲用井戸を中心としたボーリング調査，地下水・土壌調査を実施する過程で，当初から浅層より深層の地下水から高濃度のDPAAが検出された。しかも総ヒ素で30mg/Lを超える濃度であり，なぜ深い地層の地下水から高濃度ヒ素が検出されるのか，汚染機構解明の中心を成す課題であった。特に健康影響を発現した井戸周辺ではDPAAの汚染源絞り込みのボーリング調査を実施し，2005年1月に飲用井戸南東90m地点で極めて高濃度のDPAAを含むコンクリート様塊が発見された（図20）。このコ

第1章　原位置浄化技術の現状と将来展望

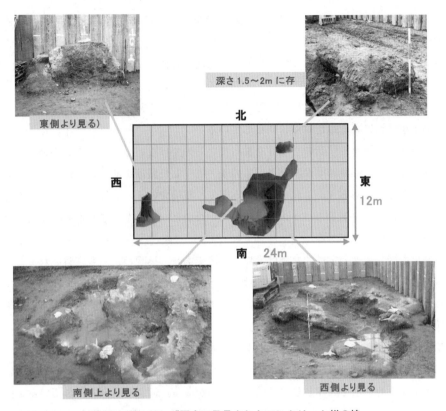

図20　ボーリング調査で発見されたコンクリート様の塊

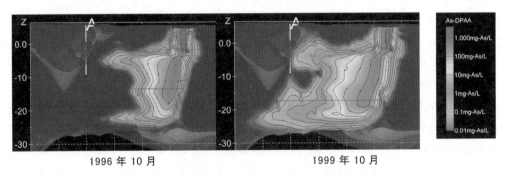

図21　地下水汚染機構解明のための数値解析結果
始点は1993年10月で，∧印は飲用井戸の位置を示す。

ンクリート様塊の掘削と詳細分析により汚染機構解明が飛躍的に進むこととなった。

利根川最下流域に位置する神栖地域特有の砂利採取跡の人工地盤と自然地盤を立体表現し，さらに3,200mg/Lという確認された溶出濃度を数値モデルに投入して，その後の汚染物質DPAAを数値的に追跡した結果が図21である．図に見るように，コンクリート塊から溶出したDPAA

を含む水は自重によって地下水中を降下浸透し，30m 付近の深層地下水にまで到達する。その後は透水性のよい深度 25～30m 付近を流れる地下水流れに運搬され，飲用井戸の地下水揚水効果もあって，徐々に浅層地下水にまで拡散しながら汚染範囲を拡大していく様子が再現されている[64]。こうした数値解析結果は，ボーリング調査の初期から最大の課題であった深層地下水で高濃度 DPAA が観測されるメカニズムを解明するとともに，現在実施（2011 年）している地下水揚水や汚染土壌洗浄による浄化対策に発展している。

　もちろん高度な数値解析技術の必要性を論っているのではない。どれくらいの期間対策を行えば，目的とする位置で環境基準が満たされるのか，こうした議論をあらゆる対策現場で展開することは非常に難しいであろう。これを承知のうえで，現場で使える計算手法の必要性を述べているのであり，ハードとソフトのバランスが取れていないと，全体を見通した有効な対策立案はできない，と言っているのである。

　さらに環境影響リスクの定量的評価は世界の潮流であり，早晩わが国も席巻されること必定である。もちろんリスク評価モデルは万能ではなく，未規制の有害物質も多々存在する。豊洲埋立地で見られたようなタールなどによる小規模パッチ状の汚染もあり，油類そのものの汚染形態や汚染機構の解明は，今後に望まれる重要な課題の一つであろう。

　汚染状況は，地質や地質依存の水理特性によって大きく異なり，リスクの形態も様々である。土壌摂取による直接暴露，揮発性物質であれば地下から気化した汚染物質の吸引，さらに気化する過程には土壌や地下水を媒体として考慮する必要がある。何より現象の生じている土壌空間そのものの評価が複雑である。土壌水分量はもちろん地下水面の深さ，不飽和土壌の空隙率や透気性，汚染物質の分配に関係する有機物量など，対象が多岐にわたる。こうしたパラメータは現地の地質特性に依存するが，土壌地下水空間を単純化し，モデル化するほど，選択するパラメータの重要度が増し，その裏返しとして恣意的な解析に陥るおそれがある。つまりリスク解析の透明性・公平性を高めることはもちろん，誰が評価するのか評価者の位置づけを明確にするなど，システムの客観性を如何に高めるのかが問われることになる。

　このようにシステムに内在する課題があっても，なおリスク解析に期待するのは，暴露経路を考慮したより現実的な対策の立案，特に浄化対策の発動や浄化目標，さらには浄化終了判定の合理的決定やブラウンフィールド化の回避に，相対評価のできる対策案や代替案を提供できると考えられるからである。言うまでもなくリスクコミュニケーションや合意形成に果たす役割は極めて大きい。

　繰り返しになるが，土壌や地下水の汚染は多様であり，画一的な思考や手法では，歯が立たない事象が身の回りで生じている。革新的な技術ばかりでなく，古典的な技術であっても改善すれば見違えるような効果をもたらすことも希ではなく，考えること，またその癖を付けることの大事さを再認識したい。

第1章　原位置浄化技術の現状と将来展望

文　献

1) 寺島　泰, 第6章アメリカ・ラブカナルの対策事例, 平田健正編著「土壌・地下水汚染と対策」, 日本環境測定分析協会（中央法規出版）, 85-102（1996）
2) Hirata, T. and K. Muraoka, Vertical migration of chlorinated organic compounds in porous media, *Water Research*, **22**（4）, 481-484（1988）
3) 環境省水・大気環境局, 平成16年度土壌汚染対策法の施行状況及び土壌汚染調査・対策事例等に関する調査結果, 69p（2006）
4) 平田健正, 地盤環境汚染のメカニズム解明から最新技術開発まで, 土と基礎, **52**（10）, 1-5（2004）
5) 環境省水・大気環境局土壌環境課, 油汚染対策ガイドライン－鉱油類を含む土壌に起因する油臭・油膜問題への土地所有者等による対応の考え方－, p.197（2006）
6) Senn, R. B *et al.*, Ground Water Monitoring Review, Winter 1987, 58（1987）
7) 中熊秀光ほか, 水環境学会誌, **17**, 315（1994）
8) 中島　誠ほか, 地盤工学会誌, **37**（4）, 255（1995）
9) 土壌汚染対策に関するあり方懇談会, 土壌汚染対策に関するあり方懇談会報告, p.18（2008）
10) 土壌汚染をめぐるブラウンフィールド対策手法検討調査検討会, 土壌汚染をめぐるブラウンフィールド問題の実態等について　中間とりまとめ（2007）
11) 中央環境審議会, 今後の土壌汚染対策の在り方について（答申）, p.11（2008）
12) 中島誠, 地盤工学会誌, **57**（10）, 70（2009）
13) 環境省水・大気環境局土壌環境課, 土壌汚染対策法に基づく調査及び措置に関するガイドライン改訂版2011年（2011）
14) 中島　誠, 武　暁峰, 土壌・地下水汚染リスク評価システムの開発と活用, 第13回地下水土壌汚染研究集会, S1-28（2007）
15) 環境省, 平成16年度　土壌汚染対策法の施行状況及び土壌汚染調査・対策事例等に関する調査結果, p.69（2006）
16) 環境省, 平成17年度　土壌汚染対策法の施行状況及び土壌汚染調査・対策事例等に関する調査結果, p.62（2007）
17) 環境省, 平成18年度　土壌汚染対策法の施行状況及び土壌汚染調査・対策事例等に関する調査結果, p.62（2008）
18) 環境省, 平成19年度　土壌汚染対策法の施行状況及び土壌汚染調査・対策事例等に関する調査結果, p.62（2009）
19) 環境省, 平成20年度　土壌汚染対策法の施行状況及び土壌汚染調査・対策事例等に関する調査結果, p.63（2010）
20) 環境省, 平成21年度　土壌汚染対策法の施行状況及び土壌汚染調査・対策事例等に関する調査結果, p.63（2011）
21) 土壌環境センター, 「土壌汚染状況調査・対策」に関する実態調査結果（平成16年度）, p.12（2005）
22) 土壌環境センター, 「土壌汚染状況調査・対策」に関する実態調査結果（平成17年度）, p.20

23) 土壌環境センター，「土壌汚染状況調査・対策」に関する実態調査結果（平成18年度），p.20 (2007)
24) 土壌環境センター，「土壌汚染状況調査・対策」に関する実態調査結果（平成19年度），p.21 (2008)
25) 土壌環境センター，「土壌汚染状況調査・対策」に関する実態調査結果（平成20年度），p.21 (2009)
26) 土壌環境センター，「土壌汚染状況調査・対策」に関する実態調査結果（平成21年度），p.21 (2010)
27) 土壌環境センター，「土壌汚染状況調査・対策」に関する実態調査結果（平成22年度），p.24 (2011)
28) 全国石油協会，SSにおける油漏洩土壌対策 明日の漏洩リスクに備えて，p.11 (2008)
29) 奥津徳也ほか，第17回地下水・土壌汚染とその防止対策に関する研究集会講演集，285 (2011)
30) 北島信行ほか，環境浄化技術，**10** (5), 28 (2011)
31) 三浦俊彦ほか，土壌環境センター技術ニュース，**15**, 25 (2008)
32) 片山美津瑠ほか，大成建設技術センター報，**43**, 57-1 (2010)
33) 中島 誠ほか，第13回地下水・土壌汚染とその防止対策に関する研究集会講演集，207 (2007)
34) 猪飼哲郎ほか，環境浄化技術，**10** (5), 86 (2011)
35) 海見悦子ほか，第17回地下水・土壌汚染とその防止対策に関する研究集会講演集，357 (2011)
36) 岡田正明ほか，第17回地下水・土壌汚染とその防止対策に関する研究集会講演集，562 (2011)
37) USEPA, Green Remediation, http://www.clu-in.org/greenremediation/, Accessed at 2008/10/15
38) USEPA, Green Remediation：Incorporating Sustainable Environmental Practices into Remediation of Contaminated Sites (2008)
39) U. S. EPA, Principles for Greener Cleanups (2009)
40) U. S. EPA, Green Remediation：Best Management Practices for Excavation and Surface Restoration (2008)
41) U. S. EPA, Green Remediation Best Management Practices：Site Investigation (2009)
42) U. S. EPA, Green Remediation Best Management Practices：Pump and Treat Technologies (2009)
43) U. S. EPA, Green Remediation Best Management Practices：Soil Vapor Extraction & Air Sparging (2010)
44) U. S. EPA, Green Remediation Best Management Practices：Bioremediation (2010)
45) U. S. EPA, Green Remediation Best Management Practices：Fact Sheets on Specific Remedies and Other Key Issues (2011)
46) U. S. EPA, Superfund Green Remediation Strategy (2010)

第 1 章　原位置浄化技術の現状と将来展望

47) ASTM, ASTM WK23495 - New Guide for Green and Sustainable Site Assessment and Cleanup http://www.astm.org/DATABASE.CART/WORKITEMS/WK23495.htm, Accessed at 2011/03.22
48) NICOLA, NICOLE Road Map for Sustainable Remediation（2010）
49) SURF, SURF Homepage, http://www.sustainableremediation.org/, Accessed at 2011/03/22
50) H. H. S Volkwein, W Klöpffer, Life Cycle Assessment of Contaminated Sites Remediation, *The International Journal of Life Cycle Assessment*, **4**（5）, 263-274（1999）
51) M. L. D. Cynthia A. Page, Monica Campbell, Stephen Mckenna, LIFE-CYCLE FRAMEWORK FOR ASSESSMENT OF SITE REMEDIATION OPTIONS CASE STUDY, *Environmental Toxicology and Chemistry*, **18**（4）, 801-810（1999）
52) C. A. P. Miriam L. Diamond, Monica Campbell, Stephen Mckenna, Ronald Lall, LIFE-CYCLE FRAMEWORK FOR ASSESSMENT OF SITE REMEDIATION OPTIONS METHOD AND GENERIC SURVEY, *Environmental Toxicology and Chemistry*, **18**（4）, 788-800（1999）
53) M. Cadotte, L. Deschênes, R. Samson, Selection of a remediation scenario for a diesel-contaminated site using LCA, *The International Journal of Life Cycle Assessment*, **12**（4）, 239-251（2007）
54) U. S. EPA, Environmental footprint analysis of three potential Remedies BP WOOD RIVER WOOD RIVER, ILLINOIS（2010）
55) 井上康, 片山新太, 地盤汚染浄化処理技術の包括的評価手法（RNSOIL）への LCA 概念の適用, 第 12 回 地下水・土壌汚染とその防止対策に関する研究集会　要旨集, pp.687-692（2006）
56) 保高徹生, 馬場陽子, 松本亨, 伊藤洋, LCCO2 適用による土壌汚染措置手法の比較評価, 土木学会論文集 G, **65**（4）, 226-236（2009）
57) 馬場陽子, 保高徹生, 松本亨, 伊藤洋, 掘削除去に関わる環境負荷に関する一考察, 土壌環境センター技術ニュース, **16**, 9-17（2009）
58) D. E. Ellis, P. W. Hadley, Sustainable Remediation White Paper-Integrating Sustainable Principles, Practices, and Metrics Into Remediation Projects, John Wiley（2009）
59) Air Force Center for Engineering and Environment, Sustainable Remediation Tool（SRT）
60) U. S. Navy, U. S. Army Corps of Engineers, Battelle, SiteWise User Guide（2010）
61) IllinoisEPA, Greener Cleanups：How to Maximize the Environmental Benefits of Site Remediation（2008）
62) P. Favara, J. Lovenburg, A Sustainability Assessment Framework for remediation decision-making suppor, ConSoil 2010 Proceeding（2010）
63) 環境省総合環境政策局環境保健部, 茨城県神栖市における汚染メカニズム解明のための調査地下水汚染シミュレーション等報告書, 平成 19 年 6 月
64) 渡辺俊一, 江種伸之, 平田健正, 横山尚秀, 山里洋介, 森田昌敏, 茨城県神栖市で起きた有機ヒ素化合物による地下水汚染機構の解明に関する数値解析, 地盤工学ジャーナル（地盤工学会）, **6**（2）, 384-394（2011）

第2章　原位置浄化の設計・実施・完了

川端淳一（Junichi Kawabata）

1　原位置浄化技術の基本的な進め方

1.1　原位置浄化技術とは

　土壌汚染対策法施行以降，原位置浄化技術は，汚染土を掘削除去後処理・処分する技術に比して低コストであること，また汚染土の場外搬出は化学物質を拡散させるおそれがある　という理由から，採用が奨励されるようになってきた。原位置浄化技術は，原理や施工方法の種類がたいへん多く，必要となる技術的バックグラウンドも地盤工学，化学工学，衛生工学，微生物工学，土壌学，地盤施工技術等々幅が広い。技術の適用にあたっては，こうした背景を認識した上で，対象物質，地盤状況浄化目標，浄化期間（コスト）によって，採用する工法を適切に選択する必要がある。以上のような認識を持たないまま原位置浄化を行おうとすれば，"化学的知識のみをよりどころに施工法の十分な検討をせずに現場で適用し十分な効果が得られない"，あるいは"効率的な施工方法の検討のみ先行して必要な地盤中の環境条件等を作れずに浄化が進まない"，といった不具合を招く事になる。すなわち，原位置浄化を行う上での重要なポイントは，様々な技術的観点からの検討を十分に行った上で実施することにあると言える。

　例えば図1は，原位置バイオレメディエーションを行うにあたっての検討手順とそれに必要な技術分野を示したものである。バイオレメディエーションには，現場の微生物を分析する技術，微生物を活性化してVOCが分解される条件を把握する技術，現場の透水性を把握する技術，汚染地下水と注入薬剤を混合させるための施工技術等々様々な技術が必要とされる。これらの技術

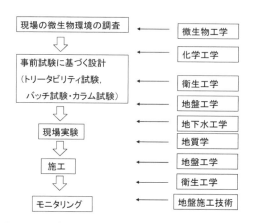

図1　バイオレメディエーションの検討と計画時に必要な技術分野

第2章　原位置浄化の設計・実施・完了

分野のうち一つでもおろそかにすれば，浄化は成り立たないことになる。

　原位置浄化は，目に見えない地盤内に存在する化学物質を効果的に減少させることを目的とするものであり，浄化目標，そのための工法の選択，浄化期間の予測，モニタリングに至るまで，浄化効果についての事前予測，効果の確認が求められる奥の深い技術である。逆に言えば十分な検討に基づいて浄化を実施すれば，かなり効率的に，低コストで短時間に浄化目標を達成できる可能性がある技術である。

1.2　原位置浄化の基本的な実施手順

　本項では原位置浄化を実施する一般的な手順を示す（図2）。前項で述べたように，目的にあった浄化を行うためには，事前に様々な現地情報を整理し，必要な検討プロセスを踏んだ上で施工することが重要である。その際に最も重要な事は，浄化目標とその達成までに必要な期間を想定して，可能性のある技術が何かを，なるべく早期に見極めることである。その時点で間違った選択をすれば，問題の解決には非常に多くの時間がかかることになる。

1.2.1　浄化技術の選択

　図2のフローは事前に地盤汚染調査が終了していることを前提としたものである。まずは地盤調査の結果を基に，その現場で求められる浄化目標，浄化期間，コスト等を考慮して，対象物質それぞれに対して適用すべき浄化技術の候補を選択する。このステップは原位置浄化の成否を握るものであり，適切な判断をしなければ，以降の設計，施工が無駄になると言っても過言ではな

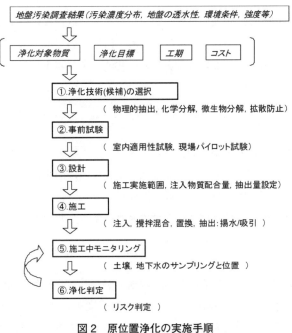

図2　原位置浄化の実施手順

い。正しい選択を行うためには，対象物質の地中での移行特性と，それぞれの技術の浄化特性を把握しておくことが重要である。

1.2.2　事前試験
(1)　室内適用性試験
現地の調査結果に基づき以下のステップに沿って室内適用性試験を進める。
- ・現地の地盤条件の把握（N値，土質，粒度，透水性等）
- ・現地の地盤環境条件の把握（地下水のpH，酸化還元電位等の水質）
- ・化学分解処理や微生物分解処理の場合，現地の土や地下水のサンプルを用いた浄化実験（バッチ試験もしくはカラム試験）による技術の適用性評価，浄化剤の設計必要量の把握
- ・微生物分解であれば汚染物質を分解できる菌の探索

上記の内，原位置分解浄化については，現地のサンプルを用いた浄化実験（バッチ試験，もしくはカラム試験）が最も重要であり，これらの実験より下記を決定する。
- ・当該浄化技術が現地の環境中で十分な適用性があるか
- ・浄化効果を発揮するための地盤条件（透水性，pH，酸化還元電位）は何か
- ・化学分解や微生物分解に必要な浄化剤や栄養塩の必要投入量はどれ位か

(2)　現場パイロット試験
室内実験で対象としている浄化技術の適用性が確認されたら，現場パイロット試験により浄化効果と浄化速度を確認することが望ましい。現場パイロット試験は，実際の汚染サイトにおいてその一部を利用して，試験的に実施するものであり，これで実際の浄化効果の確認と設計に必要なデータを取得するものである。

原位置抽出工法においては，地盤の透水性が浄化目標や目標達成に要する期間を満足する上で十分なものであることを確認すること，原位置分解工法については，所定量の浄化剤を計画した施工法により地盤内へ注入することによる実際の浄化速度を確認することが，パイロット試験の主目的となる。

具体的に確認すべき事項等については後述する。

1.2.3　設計
選択した浄化技術の浄化性能を定量的に把握できたら，土壌・地下水汚染調査の結果を元にして，実際の設計を行う。実際の設計において考慮すべき事項は浄化技術によって異なるが，例えばガス吸引の場合は井戸径，吸入量，吸入ガスの風量とガス浄化システム仕様等，井戸注入のバイオレメディエーションの場合には，井戸の設置範囲，深さ，井戸のピッチ，栄養塩の必要投入量等，を決定することとなる。

1.2.4　施工
実際の施工時においては，まずは設計どおりの施工ができているかどうかを確実に管理することが基本である。例えばガス吸引の場合の吸引量，ガス濃度モニタリングが実際に出来ているか，分解浄化方法の場合は浄化剤の投入量等の管理が基本的事項である。また汚染現場でもあり施工

第2章　原位置浄化の設計・実施・完了

時の周辺への汚染の拡散についても設計上の留意が必要である。

1.2.5　施工中モニタリング

実際の浄化を始めたら，適当な位置で観測井戸を設置して地下水濃度のモニタリングを行いながら想定どおりの浄化速度となっているかどうかを確認しながら浄化を行うことが重要である。そのためには事前に施工中のモニタリング計画を立案して，想定どおりの浄化速度となっているかどうかの確認。またならなかった場合を想定して，考えうる原因やその場合の対策等も含めた計画としておくことがのぞましい。例えば，特に原位置分解浄化工法においては，浄化剤等の注入材料と地中の汚染物質とを如何に効率的に接触させるかということが重要であり，この観点から見た事前試験，を行っておく必要がある。

1.2.6　浄化確認

最終的な浄化効果の確認の方法について予め決めておき，それを考慮した浄化計画，モニタリング計画の策定をする必要がある。

2　対策方法選定の考え方

2.1　汚染物質の地中での移行特性

対象とする汚染に対して，適切な工法，実現可能な浄化目標，浄化期間を設定するためには，対象物質の地中での移行特性に関する知識が必要である。

例えば，土壌溶出量，土壌含有量共に環境基準を大きく超える鉛汚染地盤を対象にして，工期3カ月で揚水処理を浄化方法として選択したとすれば，それは重金属の地中移行特性についての知識が不足しているということである。"鉛は一般には土への吸着性が高く，地下水中へ溶出する量は少ない"という基本的認識があれば，揚水処理を選択することはない。また，地下水環境基準の100倍程度の揮発性有機化合物（Volatile Organic Compound；以下VOC）地下水汚染があり，地盤の透水係数が10^{-4}cm/sであった場合，揚水処理のみで3カ月以内に地下水を環境基準以下とする計画を立てたとすれば，地下水の動き，VOCの地中挙動に関する知識が不足していたというべきであろう。地盤の透水係数が10^{-2}cm/sと10^{-4}cm/sとでは地下水の速度が他の条件が同じ場合，2オーダ違うということであり，地下水の移動による浄化を考えたとすれば，透水性の違いだけで，1カ月と数年，あるいは1年と100年程度の差が出るという認識を持たなければならない。

化学物質の地中での移行特性の詳細については他に優れた教科書類が多数出版されており[1〜4]，詳細は他書に譲るが，ここでは，基本的に持っておくべき技術認識と原位置浄化への適用性について述べる。

2.2　各汚染物質に対する原位置浄化の適用性

表1に各種汚染物質の地中での移行特性と原位置浄化技術への適用性についてまとめた。

表1 化学物質の地中での移動特性概要

汚染物質		原位置浄化技術の適用性	地中での移行特性に関するコメント
揮発性有機化合物（VOC）	有機塩素化合物	非常に大きい	・揮発性が高くガス相でも移動性高い。 ・水よりも重く，粘性や表面表力が低いため，大深度まで容易に汚染。 ・掘削除去のみでは地下水汚染への対処がしにくく，基本的に原位置浄化が必要。 ・地中微生物により嫌気的に分解される。
	ベンゼン	大きい	・揮発性が高くガス相でも移動性高い。 ・水よりは軽いため汚染は浅層の場合が多い。 ・燃料油中に含まれるため，燃料油として挙動する場合が多く，掘削後浄化が用いられるケースもある。 ・地中微生物により好気的に分解しやすい。
重金属類（鉛，カドミウム，砒素等）		小さい	・陽イオンとして存在する重金属類は，水溶性であっても土粒子に吸着しやすく移動しにくい。 ・原位置不溶化を原位置浄化技術と見なせば適用可能。
ふっ素，ほう素，シアン		比較的大きい	・陰イオンの水溶性物質であり，鉛等よりも土粒子へ吸着しにくく比較的移動しやすい。 ・汚染源が広がり，不確定な場合が多く，拡散防止の目的の処理が多い ・シアンは分解できる可能性がある。

　VOCは地中で移動しやすく拡散性が大きいことから，短期間に広範囲の土壌・地下水汚染を引き起こし社会問題化した。このうち有機塩素化合物は粘性が小さく，比重が水より重い事で知られ，いったん浸透すると，地中深くまで浸透し広範囲の地下水汚染を発生させる。したがって，掘削除去のみによる対処は逆に困難である場合が多く，なんらかの原位置処理技術が使用される場合がほとんどである。また，地中の微生物により自然に分解されている場合があり，このような場合には，バイオレメディエーションの適用性が高い。

　一方，ベンゼンは燃料油に多く含まれており，水より軽い事から浅層に滞留する場合が多い。有機塩素化合物と同様に揮発性であり，不飽和層での汚染を発生させる。また，燃料油に含まれる形で汚染されている場合には，油汚染土として掘削除去が併用される場合が多い。好気環境で微生物分解されやすく多くの場合でバイオレメディエーションが用いられる。

　鉛等の重金属は地中で陽イオンとして挙動するものが多く，土粒子の表面は一般的に負に荷電していることから，重金属は土への吸着性が高いものが多い。したがって，仮に地下水に溶解したとしても地中を容易には移動しないものが多い。また，他の物質と結合して，塩を形成して沈殿することはあっても，VOCのように分解されて対象物質自体が無くなるということはない。以上のことから重金属を原位置で浄化することは容易ではない。ただし水へ溶出しないようにする原位置不溶化工法を適用することは可能である。近年では自然由来で含有する重金属が建設工事等で問題となる場合も多い。

第2章　原位置浄化の設計・実施・完了

ふっ素やほう素は溶解性も高く，VOCほどではないが地中での移動性が比較的高いことから，鉛等の重金属に比べれば原位置浄化技術の適用性は比較的高いともいえる。ただし汚染源が広域的である場合や，地下水中に自然由来で含まれている場合も多く，VOCに比べれば原位置浄化が多く適用される機会は小さい。

以上述べてきたように，原位置浄化技術に適した汚染物質は，揮発性有機化合物と一部の溶解性の高い重金属に限られると言ってもよい。ただし，本書では触れられていないが，重金属の不溶化を原位置で行うことも原位置浄化の一つということであれば，重金属もまた原位置浄化の対象物質であると言える。

2.3　原位置浄化技術の種類と適用性

原位置浄化技術には様々な技術があり，対象物質，地盤条件，浄化目的に応じて適切な技術を選択する必要がある。表2には主な技術の種類と地盤条件に対する適用性を評価したものである。

井戸を用いた抽出工法は，文字どおり抽出用の井戸により，不飽和層（地下水位より上の部分）から汚染された土中ガス，もしくは飽和層（地下水層）より汚染地下水を抽出し，汚染を浄化しようというものである。この技術を適用する場合，最も浄化効果に影響を与えるのは地盤の透水性，透気性である。砂層すなわち透水係数で10^{-3}cm/s程度以上の地盤であれば，適用性が高く

表2　原位置浄化技術の種類と主な条件に対する適用性

種類	技術名称	適用可能な地盤	各汚染物質に対する適用性 VOC	各汚染物質に対する適用性 重金属	地盤環境（pH, ORP等）の影響
井戸等を用いた抽出技術	土壌ガス吸引	砂層主体，不飽和層	有	無	ほとんどない
	地下水揚水処理	砂層主体，飽和層	有	無	ほとんどない
	エアー/バイオスパージング	砂層主体 飽和層，不飽和層	有	無	ほとんどない
	原位置土壌洗浄	砂層主体，不飽和層	有	無	ほとんどない
	熱脱着＋土壌ガス吸引	砂層主体，不飽和層	有	無	ほとんどない
	動電的除去	砂層主体，飽和層	無	有	ほとんどない
抽出技術	ファイトレメディエーション	－	無	有	有
分解技術	化学的酸化分解	砂〜シルト*) 飽和層	有	無	有
	化学的還元分解	砂〜シルト*) 飽和層	有	無	有
	バイオレメディエーション	砂〜シルト*) 飽和層	有	無	有
汚染拡散防止技術	バリア井戸	砂層主体，飽和層	有	有	無
	透過性地下水浄化壁	砂層主体，飽和層	有	無	有
	バイオバリア	砂層主体	有	無	有

*) 施工法により，対応できる地盤の透水係数は異なるが，概ね10^{-4}cm/s以上の透水係数を持つ地盤で実施することがのぞましい。

比較的短期間で浄化効果を得ることができると考えられる。10^{-4}cm/s 程度の地盤でも用いられる場合もあるが，その場合は粗砂を含むような砂層（透水係数 10^{-2}cm/s 程度の場合）に比べれば，少なくとも透水係数の差と同程度すなわち，2オーダ以上の多くの時間を要するということに留意するべきである。また，抽出工法は重金属のような地中での移行性が小さく，常温での揮発性もない物質については，基本的に適用できない。

原位置分解工法は有機汚染物質のみに適用され，分解に必要な浄化剤を地中に注入して直接分解するものである。適用できる地盤の透水係数は採用する施工方法によって異なり，例えば酸化剤を井戸注入により適用する場合には，透水性は概ね約 10^{-3}cm/s 以上の場合での適用がのぞましいが，撹拌工法を用いればより低い透水係数の地盤でも適用可能であるということになる。また原位置分解工法は地下水のpH，酸化還元電位等の環境条件によって，浄化効果が大きな影響を受けることに留意しておく必要がある。

3 原位置抽出技術

3.1 浄化特性

表2でも紹介したように井戸を用いた抽出工法は概ね砂層において用いられる。

選定にあたっては，透水係数が低い地盤には適用性が低いこと，またこれらの抽出技術はすべて図3に示すようなテーリング現象[*]と呼ばれる浄化特性を持つことに留意が必要である。テーリングとは時間とともに浄化速度が遅くなっていく性質であり，浄化目標と期間について余裕をみて計画すること，また事前試験により浄化速度について現場毎に目安を得ておくことが重要である。

3.2 各抽出技術の特徴

図5はVOCに適用される抽出技術であるガス吸引抽出の概念図である。VOCは揮発性が高いため，不飽和層から抽出することにより揮発を促進しつつ引くことができるため，地下水の揚

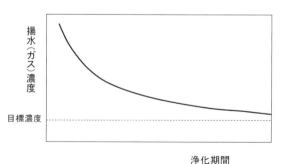

図3　井戸等からの抽出工法の浄化特性

第2章　原位置浄化の設計・実施・完了

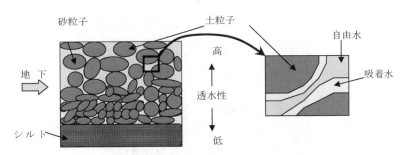

図4　地盤中の不均質性と流体（水，ガス）の動き

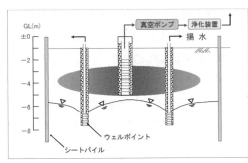

図5　ガス吸引法概念図

ウェルポイント揚水を併用して地下水位を下げた状況

写真1　状況写真

---

*) テーリングについて

　土壌ガス吸引，エアースパージング，揚水処理などを実施すると揚水や抽出ガス中の濃度は当初は順調に低下するものの，やがて濃度低下の速度（浄化速度）が鈍り一定値に近づいていくような挙動となるのが一般的である（図6参照）。この現象は地盤が本来持っているミクロあるいはマクロ様々なレベルでの透水性の不均質性に起因するものである。

　図4は地盤中の状況を模式的に拡大したものである。図中底部にはシルト層，その上部が砂層となっており，シルト層及びその近くの砂層は比較的透水性が低く，そこから離れた図中上部では高い透水性となっていることが示されている。このような地盤が汚染地下水で満たされている場合に，揚水処理等により水を動かしてきれいな水で入れ替わりながら浄化を行うことを想定すると，上部の透水性の高いところは流れが速く浄化も進むが，下部の透水性の低いところはあまり浄化されず，上部が浄化された後，拡散により汚染物質が上部へ移動することになる。すなわち下流側で観測される汚染濃度としては，当初は高透水性部分の濃度低下が全体濃度の結果に反映されるが，全体濃度が低下するとともに低透水性領域における濃度低下速度が律速になり，浄化速度は遅くなっていく。

　また，図4の右図は地盤状況をミクロに表現したものである。土の間隙中で浄化される水は，自由水のみであり，粒子周辺の吸着水は動かないことを示している。したがって地下水が清浄水に直接入れ替わりながら浄化されるのは自由水の部分のみであり，吸着水中の汚染は自由水部分への拡散のみによって移動する。したがって，いったん自由水が浄化されれば原理的には浄化速度が遅くなることになる。一般に砂層中の自

最新の土壌・地下水汚染原位置浄化技術

写真2　ウェルポイント工法を用いた地下水揚水とガスの同時吸引実施事例

水工法よりは効率的に抽出することができる。写真1は矢板で区切られた地盤内に吸引井戸を設置している状況の写真である。写真2はウェルポイント工法により地下水を抽出しつつガスも同時に抽出している状況である。これらの工法による浄化効果は基本的には，図3のような浄化特性を持ち，浄化期間は地盤の透水性に大きく依存する。

　図6は揚水処理による地下水の浄化の状況を平面2次元でシミュレーションしたものである。浄化特性は基本的には図3と同様であるが，このように平面的な濃度分布を経時的にシミュレーションして，場所によって異なる浄化の状況をシミュレーションによって求めることができる。この濃度分布の経時変化を各モニタリングポイントでの実際の濃度変化とを比較検証することにより，実際の浄化状況を確認しながら浄化を行うことが可能である。

　図7はエアースパージングの概念を，図8にエアースパージングによる浄化の状況と原位置分解技術であるバイオスパージングに途中で切り替えた場合の実際の浄化特性を示す。エアース

由水の割合は，粗砂で70％，細砂では40〜60％，粘土に至っては10％以下と言われており，透水性が小さくなれば，汚染地下水が清浄水に入れ替わる速度のみならず，自由水の割合が減少して，浄化速度は遅くなる。また，汚染物質が土粒子に吸着する効果も考慮すれば，浄化速度はさらに遅くなる。このことからも，抽出工法による浄化を行う上で，まずは，地盤の透水性が決定的役割を果たすことがわかるであろう。また地盤自体が本質的に持つ不均質性，土粒子と化学物質との吸着性等も浄化効果には大きな影響がある。

　一般的に抽出技術による地下水濃度やガス濃度の変化は，地下水やガスが清浄な水や空気によって自由水の部分が入れ替わった量の指数関数で表される（式(1)参照[5]）。すなわち揚水浄化を例にとれば，移動可能な地下水量がすべて入れ替われば浄化が完了するというわけではなく，土粒子周辺の吸着水の割合や土粒子への吸着，脱着による遅れの効果により，浄化には相当の入れ替わり回数が必要であること，また透水性自体も不均質であることからこれらの浄化効果も場所により不均質であり，平均的な濃度として浄化の程度が把握されるとすれば，テーリング現象は抽出技術の浄化特性として，当然のこととして理解されよう。なお実際には，さらに汚染物質が土粒子へ吸着・脱着することによる遅延効果もあるため，浄化時間についてはこの吸・脱着効果も合せて考える必要がある。

$$\text{No. of PV} = -R \, \text{Ln}\,[C(t)/C_o(t)] \tag{1}$$

　　PV：清浄水の入れ替わり回数，R：遅延係数　C(t)：地下水濃度　$C_o(t)$：地下水の初期濃度

第2章　原位置浄化の設計・実施・完了

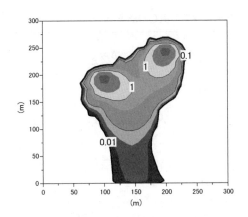 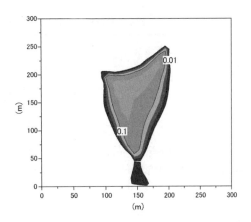

　　汚染の初期平面濃度分布(数字は濃度 mg/L)　　　　　３年後の濃度分布

図6　地下水揚水処理による地下水汚染浄化シミュレーション事例[6]

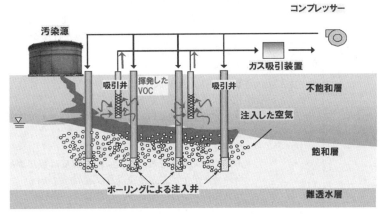

図7　エアースパージング概念図

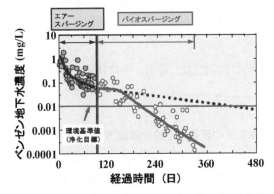

図8　エアスパージングとバイオスパージングの浄化効果

55

表3 井戸による抽出工法の特徴と事前試験での主な確認事項

	対象地盤	浄化対象物質	備考 事前現場試験での留意事項
土壌ガス吸引	不飽和層	VOC	・飽和層の浄化は不可能 ・地下水位が高い場合は適用性低い 　・初期の浄化速度を確認する。浄化速度は当初が速いので、その時点で濃度低下が見込めなければ適用性はない。 　・地盤の透気係数等を把握しておく
エアー/バイオスパージング	飽和層＋不飽和層	VOC	・飽和層、不飽和層を同時に浄化 ・ベンゼンの場合は栄養塩を注入しバイオスパージングとして好気分解を促すことにより効率が高まる 　・エアースパージングは当初の濃度が高いほど浄化効果が高い。汚染濃度に比較して初期濃度が低ければ、適用性は低い。
地下水揚水処理	飽和層	VOC 重金属類	・揚水のみで環境基準までの浄化は難しい。 ・重金属類の場合、浄化は難しいが地下水の拡散防止策として使われる 　・揚水試験により透水係数、限界揚水量等を把握しておく 　・地盤沈下等の影響を把握しておく 　・初期の浄化速度を確認する。浄化速度は当初が速いので、その時点で濃度低下が見込めなければ適用性はない。
原位置土壌洗浄（揚水・注水）	飽和層	VOC, 重金属類	・揚水処理＋注水を同時に行って地下水を循環させることにより浄化を促進する。 ・対象物質によりVOCや油類の場合には溶出促進剤を注入して、浄化を促進する方法がある。 　・揚水試験、注水試験により透水係数、適正揚水量、適正注水量等を把握しておく 　・地盤沈下等の影響を把握しておく 　・初期の浄化速度を確認する。浄化速度は当初が速いので、その時点濃度低下が見込めなければ適用性はない。 　・注入物質有害性、物質移行特性について把握しておく。

パージングは図3と同様のテーリングが見られるが、栄養塩を供給して分解浄化技術（バイオスパージング）に切り替えることにより分解浄化が促進し、浄化速度が一気に速くなり、浄化目標を容易に達成したことが示されている。このことからは抽出技術の浄化特性と分解浄化技術の必要性を理解することができる。

表3は主な抽出技術についての適用性、特徴、事前試験において考慮するべき基本的事項を整理したものである。

3.3 各抽出技術の設計・施工上の留意点と浄化確認方法

まず、抽出技術の事前試験として実施すべき事項について表3中に示した。事前試験によってどの抽出技術についても対象地盤の透水性（透気性）、適正抽出量（揚水量、吸引ガス量、注入量）、初期の浄化性能の3点を確認することが重要となる。実際にはそれらの情報を把握した上

第 2 章　原位置浄化の設計・実施・完了

表 4　抽出技術設計検討事項とモニタリング上の留意点

	設計における検討事項，施工時確認事項	モニタリング・浄化確認　考慮すべき事項
土壌ガス吸引	・吸引井戸の径，ピッチ，深度 ・吸引流量 ・ガス浄化装置の緒元（活性炭量等）	・ガス濃度のモニタリング頻度 ・モニタリング項目 ・土壌溶出量のチェック方法，頻度 ・浄化確認位置，項目
地下水揚水処理	・揚水井戸の径，ピッチ，深度 ・適正揚水量 ・汚染揚水の処理	・地下水濃度のモニタリング頻度 ・モニタリング項目（含む反応生成物） ・モニタリング位置，頻度 ・浄化確認位置（地下水濃度のみでよいか）
エアー/バイオスパージング	・スパージング井戸，吸引井戸の径，ピッチ，深度 ・設定空気圧量（空気流量） ・吸引流量	・ガス濃度のモニタリング頻度 ・モニタリング項目 ・土壌溶出量のチェック方法，頻度 ・浄化確認位置，項目
原位置土壌洗浄	・揚水井戸の径，ピッチ，深度，配置 ・注入井戸の径，ピッチ，深度，配置 ・適正揚水量，適正注入量 ・注入材料とその量（濃度）	・地下水濃度のモニタリング頻度 ・モニタリング項目（含む注入材料） ・モニタリング位置，頻度 ・浄化確認位置（地下水濃度のみでよいか）

で，設計を行うこととなる。表 4 中には各技術の設計時に必要な確認事項，またモニタリングと浄化確認方法の留意事項を整理した。

「ガス吸引」や「エアースパージング」においては，吸引ガスの濃度の経時変化のモニタリングによる浄化効率とその変化をモニタリングすることが必要である。ただし，吸引ガス濃度がかなり低下したとしても，浄化目標である土壌溶出量や地下水濃度が浄化目標に達しているかどうかはわからない。したがって観測井戸においてモニタリングする必要がある。このモニタリング位置や方法についても事前試験終了時にどこで，どの程度の頻度でモニタリングすればよいかを検討の上決定しておく必要がある。

また「揚水処理」や「原位置土壌洗浄」においても基本的には揚水濃度のモニタリング，周辺の浄化確認用の観測井におけるモニタリングについて同様に計画し，施工する必要がある。

4　原位置分解技術

4.1　分解浄化技術の原理的特徴

原位置分解技術は主として揮発性有機化合物のような物質を原位置分解するための浄化剤を注入して，原位置で分解させるための技術である。前述した抽出工法の持つ"テーリング"という欠点を解消し，汚染物質を原位置で消失させるという特長を持つ原位置浄化技術である。原理的から見た分類と特徴を下記に示す。最近では実施例も多くなり，状況に応じて各種の原位置分解法が使い分けられており，酸化剤や鉄粉等の注入物質の品質も安定してきている。図 9 及び表 5 中にはそれぞれの原位置分解の浄化特性とそれぞれの浄化方法が適合する汚染形態についてまと

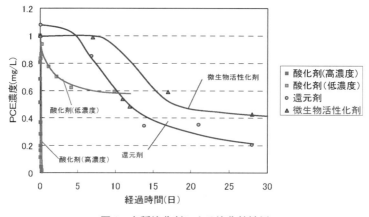

図9　各種浄化剤による浄化特性例

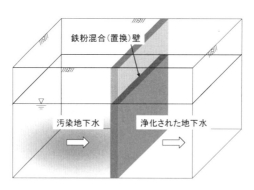

図10　透過性浄化壁の概念図

めた。

　まず酸化剤はすべての有機物に有効であることから，有機塩素化合物とベンゼン等の燃料系有害物質の複合汚染に対して良く使われる。高濃度向けの技術であると言われることもあるが，反応が終了するまでの時間が短いことから，高い濃度の汚染に適用する場合には必要に応じて何度も注入することが必要となる場合が多い。原液が存在するような汚染源部への適用には，目的を明確にして慎重に検討することが望ましい。

　主に還元鉄粉を用いる還元分解は有機塩素化合物を，地下水中の嫌気環境下において比較的確実に浄化することができる。鉄粉が残留することから効果の持続性が高く，その寿命は数年以上であるのが一般的であり，持続的な浄化を行う場合や透過性浄化壁（拡散防止）への適用性にすぐれる。この方法も原液があるような汚染源部へ直接適用することは難しく，一般には地下水に溶解した地下水汚染（～十数 mg/L 程度まで）に対して用いられる（図10）。

　嫌気バイオレメディエーションは，主として低濃度（～数 mg/L）の有機塩素化合物汚染地下水に対してよく用いられる。井戸等から微生物活性剤を繰り返し注入して地下水中を一定環境に

第2章 原位置浄化の設計・実施・完了

表5 原位置分解浄化技術とその特徴

	主な浄化材料	反応時間	主な対象物質	特徴
化学的酸化分解	過酸化水素 過硫酸ナトリウム	速いが持続性短い（数時間～数日）	有機塩素化合物，燃料系物質，ベンゼン等すべてのVOC	・VOC複合汚染に向いている。 ・反応が速いため1回の注入による効果の持続性は低い ・すべての有機物と反応するため反応阻害物質に留意が必要。 ・酸化剤自体の拡散にも留意が必要
化学的還元分解	還元鉄粉	比較的速く持続性も長い 数日～10年以上	有機塩素化合物	・効果の持続性が高いことから，透過性浄化壁に用いられる。 ・嫌気環境であることの確認が必要 ・地下水中の環境条件によって鉄粉の効果に影響がある。 ・現場条件に合った鉄粉の選択が必要。 ・鉄粉の効果には寿命がある（数年～十数年と言われている）
バイオレメディエーション	嫌気バイオ	1カ月～注入期間	有機塩素化合物	・様々な浄化剤があり，効果の速さや持続性は様々である。 ・地下水中の環境条件が浄化効果に大きな影響を与えることから，十分な事前調査，事前試験が必要。 ・事前に嫌気分解する菌を探索することが有用 ・低濃度汚染に対して効率的
	好気バイオ	数日～注入期間	燃料系物質，ベンゼン等	・栄養塩と十分な酸素により，比較的安定した効果が得られる。 ・スパージング工法と組み合わせる例が多い

保つことにより，時間をかけて処理したい場合に向いている。地下水中の環境条件（酸素濃度，酸化還元電位，pH等）が微生物活動が活発となる条件が保たれるようにモニタリングし，必要に応じて浄化剤を効果的な量だけ注入する事が浄化を行う上で最も重要である。

　好気バイオレメディエーションはベンゼン，燃料油系のみのサイトの場合で用いられる。エアスパージングにより揮発を促進させ，地下水面上の不飽和層の吸引井戸から汚染空気を除去すると同時に，地下水中の酸素濃度を数mg/L程度に上昇させ，同時に栄養塩を供給して好気微生物による分解を促進する。嫌気バイオレメディエーションに比べれば比較的地盤中の条件のコントロールが簡単であるが，油分が同時に存在する場合等，有機物が多い場合には想定以上の時間がかかることに留意が必要である。

4.2 分解浄化技術における浄化剤の地盤中への注入技術とその特徴

　浄化剤が地盤中で効果を発揮するには，適度な濃度で地盤中の汚染物質と接触する必要がある。酸化剤や還元鉄粉の注入による化学分解技術を用いる場合には，浄化剤と汚染物質がなるべ

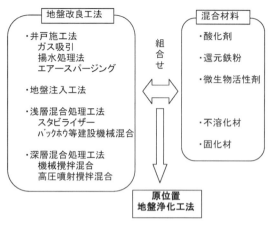

図11 原位置浄化技術の要素技術

写真3 酸化剤の注入

く均質に直接接触する事が重要である。また微生物分解技術の場合には当該汚染地下水の全体の環境条件を変化させるための適度な量の浄化剤を，なるべく均質に注入することが必要である。

図11は原位置浄化技術の要素技術を整理したものである。ここに示すように原位置浄化技術は地盤改良に使われる施工技術と抽出方法や浄化剤の注入技術を組み合わせたものであり，原位置浄化技術としての特徴は，前項に示した原理的な特徴のみならず，組み合わせる施工技術との組み合わせによって決まる。以下にはそれぞれの施工技術について，原位置浄化技術の一技術として見た場合の特徴について簡単に整理するものとする。

4.2.1 薬液注入工法

薬液注入工法は攪拌工法等に比較して低コストで，地盤中に液体状の浄化剤等の材料を注入することができることから，環境対策が開始された初期の頃においては様々な材料の注入に使われた。薬注工法を地盤環境対策に用いる場合，浄化剤と汚染物質が混合されにくいことに留意する必要があり，地盤の透水性を事前に十分考慮する必要がある。酸化剤等の液体浄化剤を多点でかつ繰り返し注入が必要な場合には効率的な方法である。写真3は酸化剤を地盤中に注入している状況を示すものである。

4.2.2 機械攪拌工法とバイオレメディエーションへの適用例

機械攪拌工法は，各種の浄化剤を原位置で混合する場合に最もよく使われる工法である。注入工法と比べれば，浄化剤や不溶化材を地盤と均質に混合することが可能であり，様々な方法が実用化されている。写真4は機械攪拌工法を使って低透水性のシルト層に微生物活性剤を混合している状況を示すものである。図12はその際の浄化効果を示すものであり，井戸からの注入によって砂層部のみにおける濃度低下が観察され，その後の機械攪拌によりシルト層における濃度低下が明確に観察された事例である。機械攪拌混合を利用した方法としては還元鉄粉を粉体のままであるいはスラリーとして攪拌混合する場合も多く見られる。機械攪拌混合工法を環境対策に用い

第2章　原位置浄化の設計・実施・完了

写真4　機械攪拌混合による微生物活性剤の地盤への投入

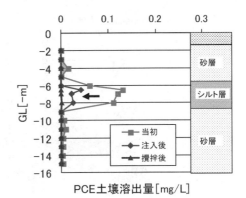

図12　生物活性剤の機械攪拌混合による浄化効果の発現事例

る事例は多いが，以下のような点にも配慮が必要である。
- 攪拌混合範囲の土層を鉛直方向に（砂層，シルト層等）を攪拌してしまうため，砂層の透水性が低下する等，土層構成を乱す。
- 攪拌混合により地盤強度が低下する。

上記より機械攪拌混合は透水性の保持が必要な地下水浄化に対してというよりは，土の土壌溶出量を減らすことを目的とした浄化に用いられる場合が多い。また，地盤の軟弱化は混合攪拌工法を環境対策に使う場合の共通の課題となっている。これに対しては，浄化後に地盤改良が行われる場合もあるが，環境対策に使われる浄化剤，不溶化材はpH管理が必要な場合が多く，地盤改良材としては，中性固化材が用いられる。

4.2.3　高圧噴射攪拌工法とその実施例[7, 8]

高圧噴射攪拌工法は大深度地盤であっても深度別に地盤改良を行うことができる特徴があり，砂層だけ，あるいはシルト層だけに浄化剤等を混合することが可能である。したがって，有機塩素化合物のように水より重く，深いところに汚染が分布している場合には効率的にその能力を発揮でき，地盤の軟弱化に対しては土層構成を考慮したきめ細かい対応を行う必要がある。一方，この工法ではスライムの管理が工法の成立上大きな課題となりうるので注意が必要である。高圧噴射攪拌工法を利用した方法としては二つの方法が考えられる。

まず，図13左側に示す除去・置換工法については，原汚染地盤中の粘性土，シルト層中に存在する高濃度汚染部を部分的に置換除去する方法である。ウォータジェットによりシルト層を部分的に切削した後，高比重となるように調整したモルタルを別工程で注入し，スラリー状になった汚染スライムは抽出除去される。置換体の強度は固化材量で調整する。置換効果は充填量や，コアサンプリングによる置換率，土壌溶出量値の測定により確認することが可能となる[2]。

また，浄化材の噴射混合に用いられる場合もある。図13右側は還元鉄粉水等を噴射攪拌しながら原地盤の砂層と混合し，円柱状の混合体を造成するものである。地中深い帯水層内に，鉄粉

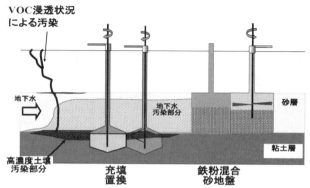

図13 高圧噴射攪拌工法を用いた地盤浄化技術

混合地盤を高い精度を確保しながら造成することが可能であることが実証されている[3]。施工時には原地盤中の土粒子の一部がスライムとして,地上に上がってくるためのその処理が必要となる。

―高圧噴射攪拌工法を用いた原位置地盤浄化の実施例―

①汚染状況と地盤条件

　当現場はテトラクロロエチレンによる汚染現場であり,施工開始後1年以内に全域で地下水汚染を環境基準以下とすることが求められた。地盤状況と地下水汚染の状況を図14,図15に示す。汚染物質が漏洩した汚染源においては表層から帯水層下面(粘土層上面)GL-10mまで高濃度の土壌汚染が存在し,汚染源の地下水下流側においては,帯水層の底面に高濃度の土壌汚染があり滞留している。これに伴って地下水汚染は,図中のほぼ全面に広がっており,汚染源付近では環境基準の100倍以上であり,下流にいくにしたがって地下水濃度は低くなっている。帯水層の透水係数は10^{-2}cm/sオーダであった。

②対策方法と結果

　対策立案にあたっては10m区画に1箇所ずつ帯水層上面粘性土の土壌サンプリングを行ってその土壌溶出量を把握し,それを基に以下のような対策計画を立案した。

- ・汚染漏洩箇所:GL-10mまでの全面掘削。
- ・帯水層上部の粘性土の高濃度土壌汚染箇所:高さ1mの置換(高圧噴射攪拌工法を用いた汚染地盤の置換)工法(図16中黒枠内)
- ・地下水対策:濃度に応じた施工ピッチで鉄粉混合工法(高圧噴射攪拌工法を用いた浄化鉄粉の攪拌)を施工
- ・下流側敷地境界では高圧噴射攪拌工法を用いた浄化鉄粉の攪拌による透水性浄化壁を構築する。

鉄粉混合工法のピッチについては現地の地下水流速,地下水汚染濃度,造成体の浄化性能,環境基準以下とするまでの目標工期を勘案して設計した。

第2章 原位置浄化の設計・実施・完了

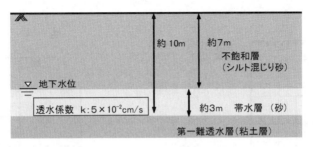

図14 地盤概要図

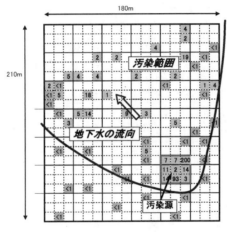

図15 汚染状況

③浄化の状況及び品質管理方法

　高圧噴射攪拌工法を用いた汚染地盤の置換工法，高圧噴射攪拌工法を用いた浄化鉄粉の攪拌工法ともに現場実験を事前に実施し精度を確保するための施工スペックを決定した。表6には実施工時の品質管理項目を示す。これらの品質管理項目を満足できなかった場合には，再施工等の方策をとるものとして施工を実施した。施工はほぼ3カ月にわたって実施され，その後のモニタリングにより，8カ月後には当該区域内の地下水濃度が全面的に環境基準値以下（ほとんどが不検出）であることが確認された。図17はそのデータの一部を示すものである。

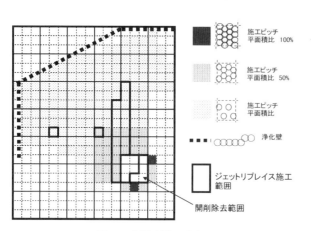

図16 汚染対策の概況　　　　図17 浄化状況

表6 施工管理項目

	施工時	施工後 コアサンプル採取
置換工法	スライム性状 モルタル充填量	・密度測定 ・土壌溶出値
混合工法	施工速度 鉄粉濃度・噴出量 鉄粉残置量	・VOC分解能力試験

文　　献

1) 土壌・地下水汚染の調査・予測・対策，地盤工学会（2002）
2) 地盤工学会，続・土壌・地下水汚染の調査・予測・対策，地盤工学会，p.41-42（2008）
3) 藤縄克之，環境地下水学，共立出版，pp.55-56（2010）
4) W. キンツェルバッハ，パソコンによる地下水解析，森北出版，pp.162-176（1990）
5) EPA, Ground Water Issue Design Guidelines for Conventional Pump-and-Treat Systems Robert M. Cohen1, James W. Mercer1, Robert M. Greenwald1, and Milovan S. Beljin2
6) 伊藤圭二郎，川端淳一，移流分散解析による揚水浄化効果の評価とモニタリング手法について，第4回環境地盤シンポジウム論文集（2004）
7) 川端淳一，伊藤圭二郎，ウォータジェット工法を用いた地盤汚染浄化技術－エンバイロジェット工法－，基礎工　Vol.33, 384号2005年7月
8) 川端淳一，伊藤圭二郎，河合達司，上沢進，ウォータージェットを用いた汚染地盤の修復技術について，土と基礎，Vol.50, No.10, pp.25-27（2002）

第3章　原位置浄化の設計・評価における解析技術

江種伸之（Nobuyuki Egusa），平田健正（Tatemasa Hirata）

1　はじめに

コンピュータの高速・大容量化と解析技術の進歩により，実現場を正確に表現した3次元モデルによる土壌地下水汚染の挙動解析（数値解析）が一般的になってきた。野外調査で得られる情報は，観測井の本数やサンプリング間隔などの制約を受け，どうしても離散的になってしまう。これに対し，モデル上で土中における汚染物質の動きを再現する数値解析では，空間的そして時間的に連続した情報が得られる。このため，土壌地下水汚染問題では，汚染の実態解明，浄化対策の設計・評価などに数値解析が利用されている。本章では，土中の水分と溶質の動態に関する数学モデルと数値解析法の基本事項を整理するとともに，原位置浄化対策の設計や評価における解析技術について解説する。

2　数学モデル

2.1　支配方程式

土中の水分移動および溶質輸送に関する基礎式は，水平方向に x, y 軸（x 軸が主流方向），鉛直上方に z 軸をとり，総和規約に従って表示すると次式のようになる。

・水分移動に関する基礎式（浸透流方程式）

$$\theta \frac{\partial \rho}{\partial t} + \rho S \frac{\partial h}{\partial t} = \frac{\partial}{\partial x_i}\left\{\rho k_{ij}\left(\frac{\partial h}{\partial x_j} + \frac{\rho}{\rho_w}\frac{\partial z}{\partial x_j}\right)\right\} + \rho q \quad (i, j = 1, 2, 3, (1:x, 2:y, 3:z)) \tag{1}$$

・溶質輸送に関する基礎式（移流分散方程式）

$$\theta \frac{\partial c}{\partial t} = \frac{\partial}{\partial x_i}\left(\theta D_{ij}\frac{\partial c}{\partial x_j}\right) - \theta v_i \frac{\partial c}{\partial x_i} + s \quad (i, j = 1, 2, 3, (1:x, 2:y, 3:z)) \tag{2}$$

ここに，t は時間，θ は体積含水率，ρ は水分密度，ρ_w は基準となる水分の密度（汚染物質を含まない地下水密度などで，1,000kg/m³ とすることが多い），S は土中の水分貯留量変化率（飽和帯では比貯留係数 S_s，不飽和帯では比水分容量 C_w），h は圧力水頭，k_{ij} は透水係数テンソル，q は水分の生成・消滅量（揚水，注水など），c は溶質濃度，D_{ij} は分散係数テンソル，v_i は実流速（間隙内平均流速），s は溶質の生成・消滅量（微生物代謝，化学反応，吸脱着など）である。

すなわち，土壌地下水汚染の挙動解析では，浸透流方程式と移流分散方程式を解いて，圧力水

頭と溶質濃度の時間変化および空間変化を求め，地下水流向・流速の変化，汚染物質濃度の変化といった必要な情報を導き出すことになる。そこで，ここからは両方程式の理解を深めるために，土中における水分移動（浸透過程）と溶質輸送（移流分散過程），および透水係数などの物性値について解説する。

2.2　土中の水分の形態と流れ

　土中の水分は土粒子への結合の強弱により，結合水と自由水に分けられる。結合水は土粒子表面に吸着している水分のことで，吸着水ともよばれ，土中をほとんど移動しない。その吸着力は電場の力やファン・デル・ワールス力などである。一方，自由水は結合水の周辺に存在している水分のことで，水に働く毛管力や重力によって土中を移動する。

　土の間隙が水分で満たされている土を飽和土，満たされていない土を不飽和土とよぶ。地下水とは飽和土中の水分を指し，地下水が存在する領域を飽和帯または帯水層とよぶ。一方，地表面から地下水面までの間隙は水分で満たされておらず，この領域を不飽和帯とよぶ。不飽和帯の水分は地下水と区別して土中水とよばれる。

　土中の水分（土中水と地下水）が持つ主な水頭（長さの次元で表わしたエネルギー）は圧力水頭と位置水頭である（図1）。圧力水頭は，水分移動を対象とした場合，飽和帯では水圧，不飽和帯では毛管圧となる。大気圧を基準としたゲージ圧で考えると，圧力水頭は地下水面でゼロ，地下水面より下の飽和帯では正（大気圧より大きな水圧），不飽和帯では負（毛管圧により大気圧より小さな圧力をもつ）で表わされる。動いている水は圧力水頭と位置水頭のほかに速度水頭を持っているが，流れの遅い土中の水分の速度水頭は他の水頭と比べて非常に小さいので通常は

式(1)と式(2)を簡略せずに表示すると次のようになる。
浸透流方程式

$$\theta \frac{\partial \rho}{\partial t} + \rho S \frac{\partial h}{\partial t} = \frac{\partial}{\partial x}\left\{\rho\left[k_{xx}\frac{\partial h}{\partial x} + k_{xy}\frac{\partial h}{\partial y} + k_{xz}\left(\frac{\partial h}{\partial z} + \frac{\rho}{\rho_w}\right)\right]\right\} + \frac{\partial}{\partial y}\left\{\rho\left[k_{yx}\frac{\partial h}{\partial x} + k_{yy}\frac{\partial h}{\partial y} + k_{yz}\left(\frac{\partial h}{\partial z} + \frac{\rho}{\rho_w}\right)\right]\right\}$$

$$+ \frac{\partial}{\partial z}\left\{\rho\left[k_{zx}\frac{\partial h}{\partial x} + k_{zy}\frac{\partial h}{\partial y} + k_{zz}\left(\frac{\partial h}{\partial z} + \frac{\rho}{\rho_w}\right)\right]\right\} + \rho q \tag{1}$$

移流分散方程式

$$\theta \frac{\partial c}{\partial t} = \frac{\partial}{\partial x}\left(\theta D_{xx}\frac{\partial c}{\partial x} + \theta D_{xy}\frac{\partial c}{\partial y} + \theta D_{xz}\frac{\partial c}{\partial z}\right) + \frac{\partial}{\partial y}\left(\theta D_{yx}\frac{\partial c}{\partial x} + \theta D_{yy}\frac{\partial c}{\partial y} + \theta D_{yz}\frac{\partial c}{\partial z}\right)$$

$$+ \frac{\partial}{\partial z}\left(\theta D_{zx}\frac{\partial c}{\partial x} + \theta D_{zy}\frac{\partial c}{\partial y} + \theta D_{zz}\frac{\partial c}{\partial z}\right) - \theta v_x\frac{\partial c}{\partial x} - \theta v_y\frac{\partial c}{\partial y} - \theta v_z\frac{\partial c}{\partial z} + s \tag{2}$$

第3章　原位置浄化の設計・評価における解析技術

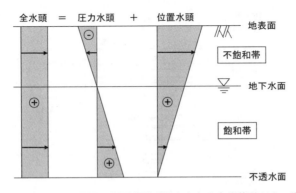

図1　全水頭，圧力水頭，位置水頭（鉛直方向の水分移動がない場合）

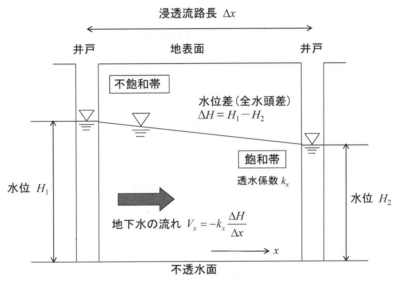

図2　ダルシーの法則の概念図

無視できる。

　一般に地下水は地下水位（全水頭）の高いところから低いところに向かって流れる（図2）。間隙中を流れる水分の流速は，水位差に正比例し，通過する土の長さ（浸透流路長）に反比例する。この法則はダルシーの法則とよばれ，地下水流れが水平で，流れ方向に x 軸をとると，流速 V_x は次式で表される。

$$V_x = -k_x \frac{\partial H}{\partial x} \tag{3}$$

このダルシーの法則は飽和帯の水分（地下水）を対象としたものであるが，不飽和帯の水分（土

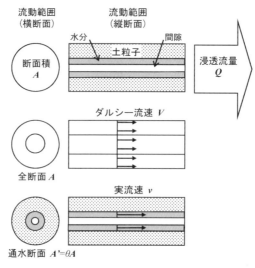

図3 ダルシー流速と実流速

中水)の移動にも成り立ち，透水係数kは，飽和帯では飽和透水係数k_s，不飽和帯では不飽和透水係数k_uとなる。

式(3)で定義した流速は間隙と土粒子を含めた全断面Aを水が流れていると仮定したもので，ダルシー流速とよばれている。ただし，実際の水分は間隙部分のみ（不飽和帯では間隙内の水占有部分のみ）を通過するので，その流速はダルシー流速よりも大きくなる。このような間隙内の水の平均流速は実流速（間隙内平均流速）とよばれ，ダルシー流速との間には次の関係が成り立つ。

$$v_x = V_x / \theta \tag{4}$$

地下水の量が対象となる水収支解析においてはダルシー流速を用いても不都合はない。しかし，溶質の動態を対象とする汚染の挙動解析では，実流速を用いなければならない。図3はダルシー流速と実流速の関係を模式的に示している。

2.3 透水性（透水係数 k，飽和透水係数 k_s，不飽和透水係数 k_u）

土の透水性の大小は透水係数で表わされる。飽和土の透水係数（飽和透水係数k_s）は，一般に粒径の大きなレキや砂で大きく，シルトや粘土で小さくなる（表1[1]）。飽和透水係数の測定には，原位置試験（例えば，地盤工学会基準 JGS1314-2003[2] や JGS1315-2003[3]）や室内試験（例えば，日本工業規格 JIS A1218：1998[4]）がある。ただし，原位置試験で得られるのは通常は水平方向の透水係数である。この場合，水平方向の異方性は考えていない。鉛直方向（z方向）に異方性を持つ地層では，鉛直方向の透水係数は水平方向より小さくなるが，その測定法はまだ確立されていない。また，室内試験で得られるのは使用した試料のみの値であり，実現場の代表値を表わしていないこともあるので注意を要する。

第3章 原位置浄化の設計・評価における解析技術

表1 土の種類と透水係数（参考文献1）を基に作成）

透水係数(cm/sec)	10^{-9}	10^{-7}	10^{-5}	10^{-3}	10^{-1}	10^{1}	10^{2}
透水性	実質上不透水	非常に低い		低い	中位	高い	
土の種類	粘性土	微細砂 シルト 砂，シルト，粘土の混合土			砂 礫	礫	

　一方，不飽和土の透水係数（不飽和透水係数）k_uは，土粒子径だけでなく，間隙内の水分の割合（体積含水率）によっても変化し，飽和透水係数よりも数桁小さくなる。不飽和透水係数の測定にも原位置試験[5,6]と室内試験[6,7]があるが，飽和透水係数のように規格化や基準化はされていない。さらに，原位置試験の適用範囲は表層部のみ，得られる数値は飽和水分状態に近いものに限られるなどの制約が多い。室内試験の場合は，水分依存性を考慮した不飽和透水係数が得られるが，飽和透水試験と同様に使用した試料のみの値である。そのため，浸透流解析では土の不飽和浸透特性に基づいた数学モデルを利用して不飽和透水係数を表わすことが一般的である。不飽和透水係数k_uは飽和透水係数k_sを用いて次式で表わされる。

$$k_u = k_r k_s \tag{5}$$

ここに，k_rは相対透水係数で，飽和帯で1，不飽和帯で$0 < k_r < 1$となる。

2.4 不飽和浸透特性（比水分容量 C_w，相対透水係数 k_r）

　不飽和帯は毛管水帯と懸垂水帯に区分される（図4a）。毛管水帯は毛細管現象によって水分が地下水面よりも上昇した領域で，その間隙はほとんど飽和状態にある。このような不飽和帯における土中水のもつ圧力水頭と体積含水率の関係を表す曲線は水分特性曲線とよばれている（図4b）。ただし，吸水過程と排水過程では異なる曲線をたどることが多く，このような現象は水分特性曲線のヒステリシスとよばれている。ヒステリシスの説明およびその数学モデルについては他書（文献[8]など）に譲る。

　水分特性曲線の数学モデルはいくつも提案されているが[9]，ここでは浸透流解析で広く利用されている van Genuchten の式[10]を示す（次式）。

$$\theta_e = \frac{\theta - \theta_r}{\theta_s - \theta_r} = \left[1 + (\alpha|h|)^n\right]^{-m} \tag{6}$$

ここに，θ_eは相対体積含水率，θ_sは飽和体積含水率，θ_rは残留体積含水率，α, n, m（$=1-1/n$）は土ごとに決まるパラメータである。

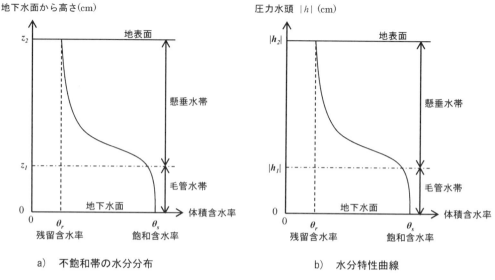

a) 不飽和帯の水分分布　　　　b) 水分特性曲線

図4　不飽和帯の水分分布と水分特性曲線

また，式(1)に含まれている比水分容量 C_w は不飽和帯の圧力水頭変化によってもたらされる体積含水率の変化率，すなわち水分特性曲線の勾配であり，式(6)の体積含水率を圧力水頭で微分することで得られる（次式）。

$$C_w = \frac{am(\theta_s - \theta_r)\theta_e^{1/m}(1-\theta_e^{1/m})^m}{1-m} \tag{7}$$

また，前項で述べた相対透水係数は相対体積含水率 θ_e を使って次式で表わされる。

$$k_r = \theta_e^{1/2}\left[1-(1-\theta_e^{1/m})^m\right]^2 \tag{8}$$

すなわち，対象となる土の水分特性曲線（式(6)）を決定すれば，それを利用して浸透流解析に必要な比水分容量と相対透水係数を得ることができる。土の水分特性曲線の測定方法は，地盤工学会基準 JGS0151-2000[11] や土壌物理環境測定法[12] などに示されている。

2.5　飽和帯における水分貯留量変化（比貯留係数 S_s）

飽和帯における水分の出入りを考えた場合，水分の生成や消滅がなくても，単位時間・単位体積あたりの水分の流入量と流出量は等しくならない。これは，圧力水頭の変化によってもたらされる水分貯留量の変化率として，比貯留係数で表わされる。被圧地下水の場合，水分貯留量の変化は土の骨格と間隙中の水の弾性変化によって生じ，比貯留係数は次式で表される。

$$S_s = \rho g(\gamma + n\eta) \tag{9}$$

第3章 原位置浄化の設計・評価における解析技術

ここに，γ は土の圧縮率，η は水の圧縮率，n は間隙率である。水の圧縮率 η は土の圧縮率 γ に対して2桁程度小さいので，飽和帯における水分の貯留量変化は主に土の骨格構造変化（間隙の大きさの変化）によって生じる。

一方，不圧地下水の比貯留係数は有効間隙率 n_e を飽和帯厚 m で除した値にほぼ等しくなる。

$$S_s = n_e / m \tag{10}$$

比貯留係数は，土の透水性を調べる原位置試験（2.3項）から算定される。また，被圧地下水の値は，土の圧縮率を室内試験（日本工業規格 JIS A 1217：2000，JIS A 1227：2000[13] など）で求めれば，式(9)を使って計算することが可能である。式(10)に含まれる有効間隙率については次の2.6項で述べる。一般的な土の比貯留係数は，文献[14]を参考にすると，被圧している粘性土層で 10^{-3} (m^{-1}) 程度，砂や砂礫層で 10^{-4} (m^{-1}) 程度，不圧地下水層で $10^{-2} \sim 10^{-3}$ (m^{-1})（層厚10mとして計算）と見なせる。

2.6 不動水（有効間隙率 n_e）

土の間隙部分のうち，水分が動き得ない程小さいか孤立した間隙および結合水が占める間隙を除いた部分，すなわち水分移動に有効な間隙の割合を有効間隙率という。粒径の大きな砂礫や砂では間隙サイズが大きく，また結合水が少ないため，有効間隙率は間隙率にほぼ等しい。それに対し，粒子の細かなシルトや粘土では間隙サイズが極めて小さいうえに孤立したものが多く，また結合水も多いので，間隙率は砂や礫より大きいが，有効間隙率は逆に非常に小さくなる。例えば，文献15)には砂層では間隙率0.3にたいして有効間隙率が0.3，ローム層では間隙率 0.5〜0.7 に対して0.2，粘性土層では間隙率0.45〜0.7に対して0.05〜0.2と示されている。ただし，原位置における有効間隙率の実測は困難で，その測定法は確立されていない。そのため，移流分散解析では文献値などから推定して利用することも多い。

通常の浸透流解析や移流分散解析では，土中の動かない水分（不動水）は有効間隙率 n_e を導入することで解析対象から除外している。しかし，溶質が不動水部分に移動する過程を無視すると，浄化対策中に汚染物質濃度がゆっくりと低下する傾向（テーリング現象）を再現できないことがある。このようなテーリング現象を再現可能なモデルとして，式(2)の生成・消滅項 s に可動水－不動水間の溶質の移動を組み込んだ二重間隙モデル（Two-Region モデル）[16] が提案されている。二重間隙モデルについては2.12項で解説する。

2.7 密度流（水分密度 ρ）

水の密度は，温度，圧力，溶存物質量などにより変化するが，地下開発工事や土壌地下水汚染対策などを対象とした浸透流解析や移流分散解析では，等温状態かつ土中の水分は非圧縮性流体と考え，水の密度は溶質濃度の大小のみで変化すると仮定することが多い。通常は，水分密度と溶質濃度との間に線形関係を仮定して，$\rho = \rho_w + c$（体積変化を生じさせない程度の固体分が溶

け込む場合）や $\rho = \rho_w + (1 - \rho_w/\rho_s)c$（アルコールのような完全混和液体分が溶け込む場合。ρ_s は完全混和液体の密度）で表している。また，濃度 c を飽和溶解度に対する比濃度で表わした場合には，水分密度は $\rho = \rho_w + (\rho_s - \rho_w)c$（$\rho_s$ は飽和溶解時の液体密度）となる。

2.8 土中における溶質輸送過程

土中の溶質は，水分移動により生じる移流，溶質のブラウン運動に起因する分子拡散，および流速の不均一性により生じる分散（機械的分散）によって拡がる。またその過程において，土への吸着や脱着，イオン交換，微生物などによる分解，気液界面での揮発・溶解など，それぞれの物質に固有の反応をともない，溶質輸送はかなり複雑なものになる。

図5は，時刻 $t=0$ に矩形状の濃度分布を持つ汚染物質が，地下水流速 v を持つ一次元飽和帯の中に投入された場合の輸送機構を示している。同図に示すように，流れによる移流効果しか作用しなければ，物質は矩形状を保ったまま下流に運ばれる。実際には，分子拡散と機械的分散の効果によって，物質に空間的な広がりが生じる。この場合，濃度は低くなるが，総量に変化はない。なお，一般的な観測で分子拡散と機械的分散を分けることは難しいため，通常は両者を合わせて単に分散と呼んでいる。一方，物質が生化学反応によって分解される，または土に吸着する場合には，総量が減って濃度分布の面積は小さくなる。逆に土に吸着している物質が溶脱したり，生化学反応によって生成すると，総量が増えて濃度分布の面積は大きくなる。

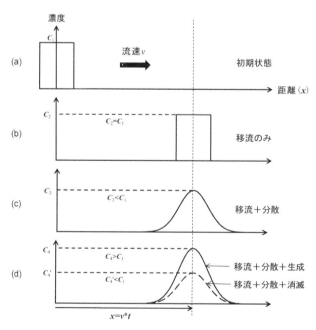

図5 水平1次元飽和帯における溶質輸送の概念図

第3章 原位置浄化の設計・評価における解析技術

2.9 分散過程（分散係数 D_{ij}）

土中における溶質の分散過程は，微視的スケールと巨視的スケールに分けて説明される。粒径の小さい砂やシルトを多く含む土，粒径の大きい砂礫を多く含む土，およびそれらが混在する土など，土の持つ粒度特性により，微視的スケールにおける物質の分散特性（微視的分散）は変化する。微視的分散は，土の間隙径の変化（間隙径が大きいほど流れやすい），間隙内の流速変化（土粒子表面付近では摩擦により流速が遅くなる），および土粒子の存在による流線の変化（土粒子間隙を曲がりくねって水が流れることによって生じる流速分布）によってもたらされる（図6[17]）。このような微視的分散係数は，流速と物質が迂回しなければならない土の代表長さとの積で規定される[17]。

一方，たとえ同一とみなされる地層範囲で捉えたときでも，その中に透水係数の分布があれば，全体の分散過程はその影響を受ける。このような同一地層における透水係数分布は，対象とする空間スケールとともに増大する。すなわち，溶質の移行距離が大きくなればなるほど，流速の空間分布が大きな分散現象をもたらすことになり，これを巨視的分散と呼ぶ[17]。

以上のような分散過程は，移流分散方程式の中では分散係数として表現されている。式(2)の分散係数は，式(1)の透水係数と同様にテンソルである（次式）。

$$D_{ij} = \alpha_T |v| \delta_{ij} + (\alpha_L - \alpha_T)\frac{v_i v_j}{|v|} + \tau D_M \delta_{ij} \quad (i, j = 1, 2, 3, (1:x, 2:y, 3:z)) \tag{11}$$

ここに，D_{ij} は分散係数テンソル，α_L は縦分散長（流れ方向の分散長），α_T は横分散長（流れと垂直方向の分散長），τ は屈曲率，D_M は水中における分子拡散係数，$|v|$ は実流速の絶対値 $(=\sqrt{v_x^2+v_y^2+v_z^2})$，$\delta_{ij}$ はクロネッカーのデルタ（$i=j:1, i \neq j:0$）である。

しかし，テンソルでは微視的および巨視的分散過程と分散係数の関係を理解しにくいので，土中の水分の流速が一定かつ流れが水平の一様流場で生じる3次元の移流分散過程を考えてみる。水分移動方向を x 軸とした場合の3次元移流分散方程式は次式で表わされる。

$$\theta \frac{\partial c}{\partial t} = \frac{\partial}{\partial x}\left(\theta D_x \frac{\partial c}{\partial x}\right) + \frac{\partial}{\partial y}\left(\theta D_y \frac{\partial c}{\partial y}\right) + \frac{\partial}{\partial z}\left(\theta D_z \frac{\partial c}{\partial z}\right) - \theta v_x \frac{\partial c}{\partial x} + s \tag{12}$$

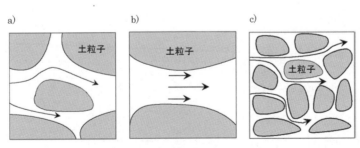

図6 微視的分散の発生メカニズム

ここに，D_x, D_y, D_z は x, y, z 方向の分散係数である。微視的分散過程は前述したように流速と土の代表長さとの積で規定される。換言すると，微視的分散過程は流速に比例し，その比例係数が土の代表長さである。通常の移流分散解析では，巨視的分散過程も流速に比例するとして，分散係数は一般的に次式で表わされる。

$$D_x = \alpha_L |v_x| + \tau D_M \tag{13a}$$
$$D_y = \alpha_T |v_x| + \tau D_M \tag{13b}$$
$$D_z = \alpha_T |v_x| + \tau D_M \tag{13c}$$

縦分散長 α_L は流れ方向への濃度の拡がり度合，横分散長 α_T は流れに直交する方向への濃度の拡がり度合を表しており，通常は $\alpha_L > \alpha_T$ である。微視的分散しか生じない場では，縦分散長は土の代表長さとほぼ等しく，土粒子の平均粒径程度になる。

一方，巨視的分散過程を考慮する場合は，対象とする空間スケールに応じて，適切な分散長を与えることになる。図7[17]は，縦分散長の現地観測結果を整理したものである。同図より縦分散長の値は，対象とする移行距離（観測規模，空間スケール）とともに大きくなることがわかる。一般に，縦分散長は移行距離の1/10から1/100程度，横分散長は縦分散長の1/10から1/100程度と言われている[17]。なお，鉛直方向の異方性が大きな地層では，鉛直方向の横分散長が水平方向の横分散長より小さくなることもある。巨視的分散長は原位置トレーサー試験[18]によって求めることができる。ただし，トレーサー試験が実施できない現場を対象とした移流分散解析では，上述した既存の知見に基づいて分散長を決めていることが多い。

なお，近年は巨視的分散過程に関する研究が進み，透水係数分布に基づいてその不均質性を統

式(11)を簡略せずに表示すると次のようになる。

$$D_{xx} = \alpha_L \frac{v_x^2}{|v|} + \alpha_T \frac{v_y^2}{|v|} + \alpha_T \frac{v_z^2}{|v|} + \tau D_M$$

$$D_{yy} = \alpha_T \frac{v_x^2}{|v|} + \alpha_L \frac{v_y^2}{|v|} + \alpha_T \frac{v_z^2}{|v|} + \tau D_M$$

$$D_{zz} = \alpha_T \frac{v_x^2}{|v|} + \alpha_T \frac{v_y^2}{|v|} + \alpha_L \frac{v_z^2}{|v|} + \tau D_M$$

$$D_{xy} = D_{yx} = (\alpha_L - \alpha_T) \frac{v_x v_y}{|v|}$$

$$D_{yz} = D_{zy} = (\alpha_L - \alpha_T) \frac{v_y v_z}{|v|}$$

$$D_{zy} = D_{xz} = (\alpha_L - \alpha_T) \frac{v_z v_x}{|v|}$$

第3章　原位置浄化の設計・評価における解析技術

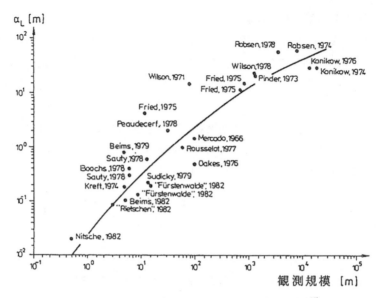

図7　巨視的縦分散長の観測規模（空間スケール）依存性[17]

計的に解析して，場の巨視的分散長を微視的分散長と区別して表現する方法が提案されている[19]。またその一方では，現在の移流分散解析に関する解釈も進みつつある。実現場における地下水中の溶質が，特定の水みちによって帯状に拡がり，通常の移流分散解析では再現困難なケースもある。齋藤らは，透水係数分布の統計的性質が同じでもその分布形状によって濃度分布は変化するため，巨視的分散長を用いた移流分散解析で正確に再現することはできないが，濃度の期待値を表現することは可能と指摘している[20]。

式(13)の右辺第2項（式(11)の右辺第3項）は分子拡散項で，分子拡散係数と屈曲率の積で表わされている。水の分子拡散係数は $1 \times 10^{-9} \mathrm{m}^2/\mathrm{sec}$ で，主な土壌地下水汚染物質の分子拡散係数も同程度である（RBCAデータベースより）。一方，屈曲率は物理・化学的な流路の屈折の比（実際の流路長に対する直線流路長の比）であり，0.56〜0.8などが示されている[21]。すなわち，土中の溶質の分子拡散による輸送は，流路の屈折による迂回により，水中の分子拡散（直線的に運ばれる）よりも遅れることになる。

ここで，移行距離が100mで地下水流速（実流速）が0.1m/dayの現場における分散係数を求めてみる。ただし，流速一定かつ水平流れの一様流の場を考えて，式(13a)を利用する。移行距離100m程度の現場における巨視的な縦分散長は10m程度と推定できるので，縦方向の機械的分散係数は $1.0 \mathrm{m}^2/\mathrm{day}$（$\fallingdotseq 1 \times 10^{-5} \mathrm{m}^2/\mathrm{sec}$）となる。この値は土中における分子拡散係数の1万倍である。流速が1cm/day（$\fallingdotseq 0.01\mathrm{m/sec}$）程度でも，機械的分散係数は分子拡散係数の千倍である。このように，分子拡散は機械的分散より数桁小さいことが多いので，実現場の数値解析では，分子拡散係数 τD_M を水と同じ $1 \times 10^{-9} \mathrm{m}^2/\mathrm{sec}$ で代用したり（$\tau = 1.0$ としている），分子拡散項自体を無視しても，解析結果にほとんど影響しないと考えてよい。

2.10 土粒子への吸脱着過程（遅延係数 R_d）

　土中における物質の吸脱着過程は，土のろ過機能，分子間力や電気的力にもとづく物理的吸着，荷電にもとづく化学的結合になる。また吸着性は，物質の大きさや形，水への溶解度，荷電特性などによって異なる。したがって，物質に固有の吸脱着過程を正確に表現しようと思えば，非常に複雑なモデルになる。

　しかし，一般的な移流分散解析では吸脱着過程の詳細にはふれずに，対象物質の土粒子への吸着量が土中の水分の溶存濃度のみで決まると仮定することが多い。この場合，水中の物質濃度 c と土粒子表面に吸着されている物質濃度 q の関係式は，次のようなフロイントリッヒ型の吸着等温式でよく表される。

$$q = K_d c^n \tag{14}$$

ここに，K_d は分配係数，n は定数である。水中の物質濃度が低い場合には $n=1$ となり，線形吸着型の吸着等温式（ヘンリー型吸着等温式）とよばれる。吸着等温式には，これら以外にも次のようなラングミュアー型が提案されている。

$$q = \frac{q_m \alpha c}{1 + \alpha c} \tag{15}$$

ここに，q_m は最大吸着量，α は定数である。なお，これら3式で表わされる吸着等温線は，低濃度域では似たような傾向を示す。土中の汚染物質は，汚染源直近を除けば比較的低濃度で拡がっていることが多く，また数値解析の容易さから，汚染の挙動解析ではヘンリー型の吸着等温式がよく用いられる。

　ヘンリー型の吸着等温式を用いた場合には，式(2)は遅延係数を用いて次式で表わすことができる。

$$\theta R_d \frac{\partial c}{\partial t} = \frac{\partial}{\partial x_i}\left(\theta D_{ij} \frac{\partial c}{\partial x_j}\right) - \theta v_i \frac{\partial c}{\partial x_i} + s' \tag{16a}$$

$$R_d = 1 + \frac{\rho_d}{\theta} K_d \tag{16b}$$

ここに，ρ_d は土の乾燥密度，s' は溶質の土への吸脱着以外の生成・消滅量である。遅延係数は土粒子への吸脱着により物質の移流と分散が遅れる過程を表す係数で，非吸着性物質では $R_d=1$，吸着性物質では $R_d>1$ となる。遅延係数が溶質の動態に与える影響は，式(16a)の両辺を遅延係数 R_d で除すとよくわかる。遅延係数 $R_d=2.0$ は，溶質の移流と分散の大きさが2分の1になることを意味している。図8は遅延係数が1.0と2.0の場合の解析例を示しているが，遅延係数 $R_d=2.0$ の解析例（右図）では，溶質の下流への移動が遅く（移流効果が小さく），また濃度勾配が大きく（分散効果が小さく）なっており，溶質の移流と分散が遅れている様子がわかる。

第3章 原位置浄化の設計・評価における解析技術

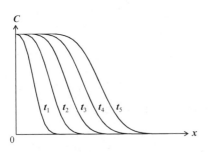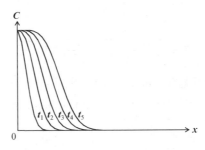

図8 物質輸送に及ぼす遅延係数の影響（左：遅延係数1.0，右：遅延係数2.0）

一方，フロイントリッヒ型とラングミュアー型の吸着等温式を適用した場合の遅延係数は次のようになる。

フロイントリッヒ型　　　$R_d = 1 + \dfrac{\rho_d}{\theta} nK_d c^{n-1}$　　　　　　　　　　　　　(17)

ラングミュアー型　　　$R_d = 1 + \dfrac{\rho_d}{\theta}\left[\dfrac{\alpha q_m}{(1+\alpha c)^2}\right]$　　　　　　　　　　　(18)

これらは，ヘンリー型と違い，両式に溶質濃度cが含まれていることに留意して解く必要がある。なお，分配係数K_dや最大吸着量q_mなどは通常は室内バッチ試験で求められる。

式(16)から式(18)に示した遅延係数は，土粒子表面への吸着と脱着が瞬時に行われ（局所的平衡），また可逆的であると仮定して誘導されている。したがって，土粒子表面への吸脱着に時間を要する場合や，吸脱着が不可逆の場合には，遅延係数を使えない。

2.11　微生物代謝や化学反応による生成・分解過程（一次反応モデルなど）

土中における物質の分解や生成を表すモデルには，次のような一次反応モデルがよく利用される。

$s = -\theta \lambda c$　　　　　　　　　　　　　　　　　　　　　　　　　　　　　　　(19)

ここに，λは一次反応速度定数で，半減期$T_{1/2}$との間には次の関係がある。

$\lambda = \log_e 2 / T_{1/2}$　　　　　　　　　　　　　　　　　　　　　　　　　　　(20)

一次反応モデルは式が簡単なうえ，水中における物質の減衰が一次反応過程に従うとみなせることも多いので，土中の汚染物質の分解や生成を表すモデルとして広く利用されている。式(2)に一次反応モデルを組み込むと次式のようになる。

$$\theta \frac{\partial c}{\partial t} = \frac{\partial}{\partial x_i}\left(\theta D_{ij}\frac{\partial c}{\partial x_j}\right) - \theta v_i \frac{\partial c}{\partial x_i} - \theta \lambda c \tag{21}$$

一次反応過程以外にも,汚染物質の分解や生成を表すモデルがある。例えば,土中の微生物分解過程に対しては,次のようなモノー型反応モデルが使用されることもある。

$$s = -\frac{\theta k X c}{K+c} \tag{22}$$

ここに,k は最大分解速度定数,X は微生物濃度,K は半飽和定数(分解速度が k の半分になる濃度)である。

なお,微生物濃度が一定($X=$一定)で,かつ $K \gg c$ の場合には,式(22)は次式で近似できる。

$$s = -\theta \lambda_1 c \tag{23}$$

ここに,$\lambda_1 = kX/K =$一定で,一次反応モデルと同型になる。一方,$K \ll c$ の場合には次式で近似できる。

$$s = -\theta \lambda_2 \tag{24}$$

ここに,$\lambda_2 = kX =$一定である。この式は,汚染物質の濃度に関係なく分解速度が一定であることを示しており,ゼロ次反応モデルと呼ばれている。

図9はゼロ次反応モデル,一次反応モデル,モノー型反応モデルによる一般的な濃度低下の傾向を示している。3つのモデルを見比べてみると,モノー型反応モデルは,濃度が高いと直線,低いと曲線を示しており,ゼロ次反応モデルと一次反応モデルの両者の特性を有していることがわかる。

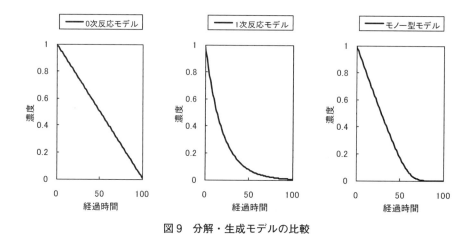

図9　分解・生成モデルの比較

なお，微生物分解には色々な反応過程があり，それぞれに応じて修正されたモノー型反応モデルが提案されている[22]。例えば，好気条件下で汚染物質が基質（電子供与体）となって直接酸化される場合には，電子受容体としての溶存酸素濃度も重要になる。このように2種類の物質が反応に関与する過程は，次式のようなダブル・モノー式を用いて表すことができる。

$$s = -\theta kX \frac{c_1}{K_1+c_1} \frac{c_2}{K_2+c_2} \tag{25}$$

ここに，下付き1：汚染物質，2：溶存酸素である。なお，この場合には，汚染物質だけでなく溶存酸素に関する移流分散方程式も解くことになる。

また，代表的な土壌地下水汚染物質である，テトラクロロエチレン（PCE）は，還元的条件下でトリクロロエチレン（TCE），ジクロロエチレン類（DCEs），塩化ビニルモノマー（VC），エチレンと順次脱塩素化していく。これらのうちPCEからVCまでが地下水環境基準物質なので，汚染の挙動解析ではPCE，TCE，DCEs，およびVCの4物質を対象とする。このような連鎖反応過程を一次反応モデルで表わすと次式のようになる。

$$s_P = -\theta \lambda_P c_P \tag{26a}$$
$$s_T = \theta Y_{T/P} \lambda_P c_P - \theta \lambda_T c_T \tag{26b}$$
$$s_D = \theta Y_{D/T} \lambda_T c_T - \theta \lambda_D c_D \tag{26c}$$
$$s_V = \theta Y_{V/D} \lambda_D c_D - \theta \lambda_V c_V \tag{26d}$$

ここに，下付きPはPCE，TはTCE，DはDCEs，VはVCを示し，$Y_{i/j}$は親物質jに対する子物質iの分子量比である。TCEを対象とした場合，親物質がPCE，子物質がTCE，孫物質がDCEsとなる。すなわち，式(26b)の右辺第1項は親物質（PCE）の分解により生成する子物質（TCE）の量，右辺第2項は子物質の分解量（これが孫物質（DCE）の生成量に関係する）である。

なお，一次反応速度定数は室内バッチ試験より求められるが，実現場が室内バッチ試験と同じ環境条件下にあることは少ないので，実現場を対象とした数値解析では，室内バッチ試験で得られた値を基にして，実測濃度に合うように値を調整することもある。

2.12 界面における物質移動過程（境膜モデル）

土中に存在する汚染物質原液（DNAPL）の水への溶解や土中ガスへの揮発，揮発性物質の気液界面における揮発と溶解，可動水と不動水の間の溶質移動（2.6項参照）といった界面における物質移動過程は境膜モデルで表わされる。境膜モデル[23]は相間が薄い膜で分けられ，物質移動はフィックの拡散法則に従うとする仮定に基づいており，通常は次式で与えられる。

$$s = \varepsilon(c_1 - c_2) \tag{27}$$

ここに，εは界面の物質移動率係数（単位は時間の逆数），c_1, c_2は界面を通して接している流体

1（例えば可動水）と流体2（例えば不動水）の物質濃度である。$s>0$ は流体1から流体2への溶質移動，$s<0$ は流体2から流体1への溶質移動を表す。このモデルでは，適切な物質移動率係数を用いることが重要である。しかし，物質移動率係数の実測は難しいので，DNAPLの溶解に関しては，数学モデルを使って計算で求めること[24]やフィッティングパラメータとして室内実験結果から算定すること[25]が行われている。

ここで，界面における物質移動過程として，2.6項で述べた可動水と不動水の間の溶質移動を考慮した移流分散方程式を以下に示す。

$$\theta_1 R_{d1} \frac{\partial c_1}{\partial t} = \frac{\partial}{\partial x_i}\left(\theta_1 D_{ij}\frac{\partial c_1}{\partial x_j}\right) - \theta_1 v_i \frac{\partial c_1}{\partial x_i} - \varepsilon(c_1 - c_2) \tag{28a}$$

$$\theta_2 R_{d2}\frac{\partial c_2}{\partial t} = \varepsilon(c_1 - c_2) \tag{28b}$$

$$R_{d1} = 1 + \frac{f \rho_d}{\theta_1}K_d \tag{28c}$$

$$R_{d2} = 1 + \frac{(1-f)\rho_d}{\theta_2}K_d \tag{28d}$$

ここに，下付き1は可動水，下付き2は不動水，f は可動水が土粒子に接している割合である。なお，このモデルでは不動水内の溶質に移流分散過程は発生しないとしている。このモデルを使えば室内カラム試験でよく見られる溶質濃度のテーリング現象の再現が可能になると指摘されている[26]。また，式中に含まれる ε や f などのフィッティングパラメータの推定方法についての提案も行われている[26]。ただし，実現場に適したフィッティングパラメータの設定など実用面での課題は多く境膜モデルを実現場に適用した例はほとんどない。

3　支配方程式の解法

土壌地下水汚染の挙動解析では，式(1)および式(2)で示した浸透流方程式と移流分散方程式を解いて，圧力水頭および溶質濃度の時間変化と空間変化を求める。通常は解析領域を設定し，この領域内で初期条件と境界条件を与えて解くことになる。具体的には，解析領域を部分領域に分割して（解析モデルを構築して），支配方程式の離散化を行い，差分法や有限要素法などの数値解法を用いて解く。ただし，数値解析で得られる解（数値解）は近似解であり，数値解法にともなう誤差（離散化誤差）やコンピュータで計算するさいの丸め誤差を含むため，計算の安定性や収束性などに注意を払う必要がある。

現在は，コンピュータの高性能化に加え，土壌地下水汚染の挙動解析に適用可能な数値解析ソフトウェア（Visual MODFLOW, GMS, HYDRUS3D, G-TRAN/3D, G-TRAN/3D for Dtransu3D-EL, GETFLOWS など）が登場してきたので，複雑な地盤構造を正確に表現した3次元モデルを

用いた解析が簡単に行えるようになってきた。これらのソフトウェアの中にはソースプログラムが公開されているものもあるので，自らプログラムを改良することも可能である。

4 初期条件・境界条件

4.1 初期条件

解析領域全体に対して，浸透流解析では初期水頭分布を，移流分散解析では初期濃度分布を設定する。実測データが十分揃っていれば，それを利用して初期条件を決定する。ただし，限られた数のボーリングデータや観測井データしか利用できない場合には，実測データから初期条件を決めることが難しくなる。このような場合には，実測データや収集資料から汚染発生時期，汚染物質量などを推定して，数値解析によって現況再現を行い（現況再現解析），この結果を初期条件として利用することもある。

4.2 境界条件

浸透流方程式に対しては，既知水頭境界（地下水位観測井の水位など）や境界面に対する既知流量境界（降雨浸透など）を与える。また，移流分散方程式に対しては，既知濃度境界（汚染源濃度など）や境界面に対する既知濃度フラックス境界（汚染源からの一定量の汚染物質の供給量など）を与える。ただし，正確な境界条件を与えることは容易ではないので，境界条件が簡単になるように，解析対象範囲（例えば，浄化対象範囲）に対して解析領域を広く設定することがしばしば行われる。例えば，地下水揚水処理を実施している現場では，地下水揚水処理の影響範囲外で地下水位の変動が少ないところを解析境界に設定すればよい。また，汚染の挙動解析結果に最も影響するのは地下水流動場なので，解析領域内の水収支が取れるように，地下水位観測点，河川，難透水層，基盤など明確な水文境界を考慮して設定することも効果的である。一方，移流分散方程式に対しては，汚染物質濃度がゼロの地点（汚染物質が到達していない地点）に境界条件を設定すると，境界条件の厳密性をあまり意識せずに済む。

5 簡略化

5.1 次元

土壌地下水汚染の原位置浄化の設計・評価のための数値解析では 3 次元モデルが基本となる。しかし，帯水層全体にストレーナーを設けた井戸から注入した薬剤の拡がりなど，水分や溶質の動態が 3 次元的でない状況もあり得る。このような 3 次元的な挙動を考えなくてもよい場合には，解析目的に合わせて，準 3 次元モデル，疑似 3 次元モデル，断面 2 次元モデル，水平 2 次元モデル，円筒 2 次元モデル，垂直 1 次元モデル，水平 1 次元モデルなどに簡略化してもよい。また，現場データの制約もモデル簡略化の要因になる。例えば，現場データが少なくて汚染の鉛直方向の拡がり

が不明な場合には，3次元モデルを構築して鉛直方向の溶質輸送を解析する意義は小さくなる。

5.2 解法

第3節では支配方程式の解法として数値解法について述べたが，得られる解は近似解であり，その精度については十分な注意を払う必要がある。浸透流方程式や移流分散方程式は偏微分方程式なので，数学的な方法で解いて解析解（理論解，厳密解）を求めることも可能である。ただし，解析解を求める場合には，通常はいくつかの簡略化が必要になる。例えば，移流分散方程式の場合は，土質の均質性，一定速度の平行流，一定の遅延係数，一次反応速度定数，分散係数，および汚染物質の投入が一様な流れ場に影響を与えないことなどである。解析的手法ではこのような簡略化をともなうので，実現場の複雑な地質構造や地下水流動を考慮した解を得ることはできない。しかし，野外調査で得られた汚染源濃度や平均地下水流速を使って，下流に位置する観測井の汚染物質濃度が環境基準値を超えるおおよその時期が知りたいなど，問題設定を明確にすれば十分利用可能である。

5.3 支配方程式

土中における水分移動や溶質輸送に関する数値解析では，対象物質の動態を表現可能な支配方程式を使用しなければならない。揮発性有機化合物や油などによる土壌地下水汚染の現場では，原液（NAPL）が地下浸透して汚染を引き起こしていることが多い。また，これらの物質は揮発性を持つため，不飽和帯ではガス態としても存在する。さらに，微生物などによって分解されるので，汚染物質は，水に溶解した状態（溶存態），気化したガスの状態（ガス態），および原液状態で存在し，揮発，溶解，吸脱着，分解，生成などの様々な反応を伴いながら移動していく。したがって，数値解析では，3種類の流体（原液，水，ガス）の移動を解析する多相流モデル[27, 28]を利用することになる。

揮発性有機化合物以外では，重金属類や硝酸性および亜硝酸性窒素などが汚染の挙動解析の対象物質になる。土に吸着しやすい重金属類は移動性が低いので，その輸送解析では土への吸脱着特性のモデル化が重要になる。一方，土中における窒素の動態では，無機化，有機化，硝化，脱窒，アンモニア揮散など，様々な反応過程を伴う。したがって，これらの反応過程を組み込んだモデル[29]を構築しなければならない。

ただし，現場の状況によっては支配方程式に組み込む過程を限定することも可能である。例えば，揮発性有機化合物による汚染では，原液が存在しない場合，原液が移動せずに汚染源と考えればよい場合，不飽和帯を考慮しなくてもよい場合などには，モデルを簡略化できる。

6 解析手順

土壌地下水汚染に対する原位置浄化の設計・評価のための数値解析の一般的な手順は以下のよ

第3章　原位置浄化の設計・評価における解析技術

うになる。

① **解析目的の明確化**

例えば，揚水井や注入井の配置，薬剤投入量や影響範囲，汚染物質濃度が目標値に達するまでの期間（浄化期間）の予測，微生物分解促進効果の確認などが，土壌地下水汚染の原位置浄化の設計・評価のための数値解析の目的と考えられる。

② **解析プログラムの選定**

既存の数値解析ソフトウェアを利用する場合と自分でプログラムを構築する場合がある。既存のソフトウェアを利用する場合には，その特徴を理解して解析目的に合ったものを選ぶ。

③ **現場データの収集**

現場の地形，地質，地下水位，汚染物質濃度などの情報を収集・整理し，水理地盤構造，地下水流動場，汚染範囲を明らかにする。ただし，現場データだけでは解析に必要な全ての情報が得られないこともあるので，その場合には室内試験，予備数値解析，文献調査などによって補足情報を集める。

④ **解析領域の設定**

解析目的，水理地盤構造，地下水流動場，汚染範囲を考慮して解析領域を設定する。

⑤ **解析モデルの作成，物性値や初期・境界条件の設定**

設定した解析領域についてメッシュ分割を行って解析モデルを作成し，現場データに基づいて物性値や初期条件・境界条件を設定する。

⑥ **現況再現解析（必要に応じて実施）**

使用した解析プログラムや構築した解析モデルの妥当性を検証するために，地下水流動や汚染状況の再現解析を行う。

⑦ **本解析**

原位置浄化の設計・評価のための数値解析を実施する。

7　数値解析の適用例

本章の最後に，原位置浄化の設計・評価のために数値解析が適用された事例を紹介する。

7.1　井戸配置計画，最適揚水・注水量の算定（地下水揚水処理，化学的分解処理）

図10は，汚染物質の工場敷地外への流出防止を目的とした地下水揚水処理に関する数値解析結果である。ここでは，揚水井（バリア井戸）の配置と最適揚水量が検討されている。井戸の本数と配置は同じで揚水量が異なる解析結果を示しているが，これより各井戸の揚水量を20L/minにすれば汚染物質の流出を防止できることがわかる。

同様の数値解析は，バイオレメディエーションや化学的分解といった原位置分解技術に対しても実施されている。図11は，化学的分解を対象とした数値解析結果である[30]。ここでは，薬剤（過硫酸ナトリウム）の注入井の配置と薬剤注入量が検討されており，特に薬剤が工場敷地外に

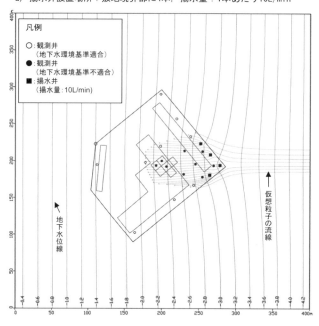

a) 揚水井設置場所：敷地境界部に4本，揚水量：1本あたり10L/min

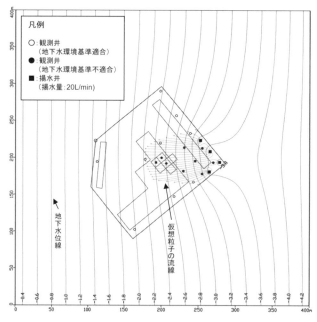

b) 揚水井設置場所：敷地境界部に4本，揚水量：1本あたり20L/min

図10 地下水揚水処理による汚染流出防止効果に関する数値解析結果
　　（仮想粒子を用いて分散項を無視した解析）
（国際環境ソリューションズ株式会社提供）

第3章　原位置浄化の設計・評価における解析技術

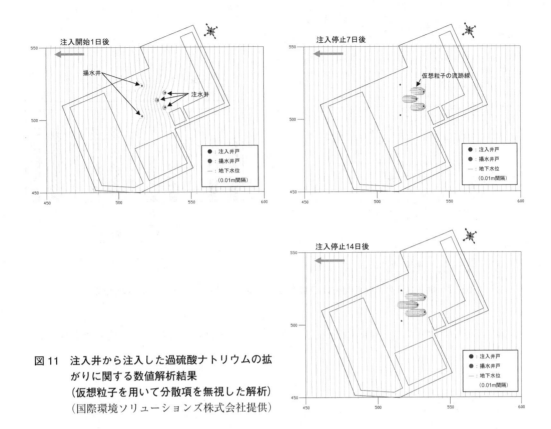

図11　注入井から注入した過硫酸ナトリウムの拡がりに関する数値解析結果
（仮想粒子を用いて分散項を無視した解析）
（国際環境ソリューションズ株式会社提供）

流出しないように注意している。数値解析では，地下水中での寿命（効果の持続期間）が1週間から10日の過硫酸ナトリウムの拡がりは非反応性トレーサーよりも小さくなることを踏まえて，非反応性トレーサーが14日間で敷地境界に到達しない条件（井戸配置と注入量）を求めている。

また，伊藤・川端は，地下水揚水処理時のモニタリング方法とその結果に基づく原位置浄化対策のフローを示している[31]。この中では地下水流れの停滞部や速い場所への観測井の設置や揚水井の配置換え基準などを提案している。ただし，このような判定を野外調査だけに頼ることは難しいので，数値解析が有効なツールになると指摘している。

7.2　分解効果の評価（バイオレメディエーション，MNA）

図12は薬剤を添加した地下水を揚水井と注水井を使って循環させながらPCEなどの塩素化エチレン類による地下水汚染の浄化を図る原位置バイオレメディエーションに関する実証試験結果を評価した事例[32]である。ここでは，式(2)の移流分散方程式に式(26)で示した一次反応モデルを組み込んだ方程式を使って塩素化エチレン類の一次反応速度定数を逆解析している。その結果，算定された一次反応速度定数は自然減衰より2桁以上大きく，本技術による十分な分解促進効果が確認されている。

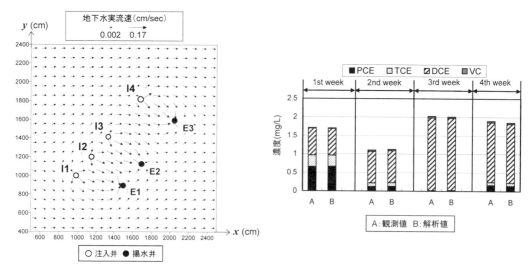

図12　地下水流動解析結果および塩素化エチレン濃度の実測値と解析値の比較[32]

またこの現場では，次式のような分散過程を考えない一次元定常モデルを使った簡易解析[33]も行われている。

$$v_x \frac{\partial c_P}{\partial x} = -\lambda_P c_P \tag{29a}$$

$$v_x \frac{\partial c_T}{\partial x} = Y_{T/P} \lambda_P c_P - \lambda_T c_T \tag{29b}$$

なお，DCEs と VC の式は TCE と同型のため省略している。ここでは，地下水流速 v_x を求めるために，浸透流解析は実施されている。この簡易解析で算定された一次反応速度定数は，移流分散方程式を使って求めた数値とほぼ同じであった。この実証試験は狭い範囲（11m×4m）で実施されており，分散の影響が大きくなかったため，同じような結果が得られたと推察される。すなわち，この結果は現場の条件次第では支配方程式を簡略化しても十分な解析精度が得られることを示唆している。同様な簡易解析は塩谷ほかによっても行われている[34]。ここでは，塩化ビニルモノマーの分解促進効果（一次反応速度定数）が実測された硫酸イオン濃度や *Dehalococcoides* 属細菌数などに基づいて評価されている。

これら以外にも，TCE と DCEs の自然減衰効果を評価した事例がある[35]。この現場では地下水流れが水平方向に一様と見なせたので，式(12)の3次元移流分散方程式に式(26)で示した一次反応モデルを組み込んだ方程式の解析解を利用して一次反応速度定数（半減期）を逆解析している。ここでは，地下水流速が異なる2つの現場で評価が行われており，流速が大きく溶存酸素濃度が高い現場の半減期が短いこと，流速が大きな現場ではDCEの半減期がTCEより短いことなどが示されている。

第3章　原位置浄化の設計・評価における解析技術

7.3　将来予測（地下水揚水処理，MNA）

　燃えがら，金属くず，汚泥，廃油などが不法投棄された安定型最終処分場およびその周辺地域を対象領域として，汚染の将来予測を行った事例がある[36]。ここでは，地下水揚水処理のみ，または地下水揚水処理と遮水壁の併用による流出防止効果が検討され，後者の効果が大きいことが示されている。また，遮水壁を設置することによって地下水流動が制限されるため，吸着性の高いPCEの揚水井からの回収がTCEより遅れることも確認されている。

　これ以外にも，塩素化エチレン類によって地下水が汚染された現場にMNAを適用した数値解析例もある[37]。ここでは，生物的および非生物的作用による分解過程に一次反応モデル，吸脱着過程と原液溶解過程に境膜モデルが使われている。また，溶質の土粒子への吸脱着モデルとしては遅延係数が一般的であるが，ここで採用されたのは非平衡モデルである。数値解析結果では，現状で下流2 kmまで拡がっている汚染が，自然減衰により28年後には下流1 kmまで縮小することが示されている。

文　　献

1) 地盤工学会，地盤工学ハンドブック，地盤工学会，p.17（1999）
2) 地盤工学会，地盤調査の方法と解説，地盤工学会，pp.377-393（2004）
3) 上記2），pp.394-412（2004）
4) 地盤工学会，土質試験の方法と解説，地盤工学会，pp.334-347（2004）
5) 上記2），pp.418-421（2004）
6) 中野政詩，宮崎毅，塩沢昌，西村拓，土壌物理環境測定法，pp.115-136（1995）
7) 上記4），pp.417-418（2004）
8) 藤縄克之，環境地下水学，共立出版，pp.55-56（2010）
9) 日本地下水学会 地下水流動解析基礎理論のとりまとめに関する研究グループ編，地下水シミュレーション，技報堂出版，p.84（2010）
10) van Genuchten, A closed-form equation for predicting the hydraulic conductivity of unsaturated soils, Soil Science Society of America Journal, Vol.44, pp.893-898（1980）
11) 上記4），pp.118-135（2004）
12) 上記6），pp.65-88（1995）
13) 上記4），pp.348-414（2004）
14) 上記9），pp.89-90（2010）
15) 上記9），pp.86-88（2010）
16) 地盤工学会，続・土壌・地下水汚染の調査・予測・対策，地盤工学会，p.41-42（2008）
17) W. キンツェルバッハ，パソコンによる地下水解析，森北出版，pp.162-176（1990）
18) 日本地下水学会 原位置トレーサー試験に関するワーキンググループ，地下水のトレーサー試験，技報堂出版，383p.（2009）

19) 地盤工学会：土壌・地下水汚染の調査・予測・対策, 地盤工学会, pp.140-141（2002）
20) 齋藤雅彦, 川谷健, 移流分散現象における分散長と透水係数の空間分布特性の関係について, 水工学論文集, Vol.49, pp.133-139（2005）
21) P. A. ドミニコ, F. W. シュワルツ, 地下水の科学 I, p.163（1995）
22) 藤田正憲編著, バイオレメディエーション実用化への手引き, REALIZE INC., pp.19-32（2001）
23) 海野肇, 白神直弘, 補訂「化学の原理を応用するための工学的アプローチ」入門, 信山社サイテック, pp.63-67（1999）
24) 上記16), p.46（2008）
25) 江種伸之, 山本秀一, 平田健正, トリクロロエチレンの溶解特性に関する物質移動係数の特性, 地盤の環境・計測技術に関するシンポジウム2005論文集, pp.25-28（2005）
26) 棚橋秀行, 佐藤健, 湯浅晶, 宇野尚雄, Two-Regionモデルによる砂層中の溶質の輸送構造とパラメータの評価, 土木学会論文集, No.499/III-28, pp.107-116（1994）
27) ライナー・ヘルミック, 地下環境での多相流と輸送現象, シュプリンガー・フェアラーク東京, 270p.（2004）
28) 登坂博行, 地圏水循環の数理, 東京大学出版会, pp.285-309（2006）
29) 日本地下水学会, 地下水・土壌汚染の基礎から応用, 理工図書, pp.139-160（2006）
30) 瀬野光太, 鈴木誠治, 佐藤徹朗, 原位置酸化分解における過硫酸塩の特性に関する考察, 第16回地下水・土壌汚染とその防止対策に関する研究集会講演集, pp.292-295（2009）
31) 伊藤圭二郎, 川端淳一, 移流分散解析による揚水浄化効果の評価とモニタリング手法について, 第5回環境地盤工学シンポジウム報文集, pp.133-138（2003）
32) 江種伸之, 山本秀一, 平田健正, 川原恵一郎, 小沢哲史, 中杉修身, バイオレメディエーション技術を用いた塩素化エチレン類の原位置分解効果, 地盤の環境・計測技術に関するシンポジウム2005論文集, pp.41-48（2005）
33) 江種伸之, 平田健正, 川原恵一郎, 小沢哲史, 中杉修身, 原位置バイオレメディエーションによるテトラクロロエチレン汚染地下水の浄化実験, 水工学論文集, Vol.49, pp.145-150（2005）
34) 塩谷剛, 上野俊洋, 石田浩昭, 橋本正憲, 嫌気性バイオレメディエーション法による塩化ビニルモノマー汚染地下水の浄化, 土壌環境センター技術ニュース, Vol.18, pp.1-6（2011）
35) 伊藤圭二郎, 河合達司, 川端淳一, TCE汚染地盤での地下水濃度による自然減衰評価について, 第10回地下水・土壌汚染とその防止対策に関する研究集会講演集, pp.82-85（2004）
36) 石井一英, 古市徹, 小林哲也, 今井紀和, 森下兼年, 数値シミュレーションによる廃棄物不法投棄現場の修復対策の検討, 第7回地下水・土壌汚染とその防止対策に関する研究集会講演集, pp.215-218（2000）
37) 渡邉英治, 大岩敏男, 駒井武, 川辺能成, VOCによる地下水汚染の科学的自然減衰（MNA）について, 第11回地下水・土壌汚染とその防止対策に関する研究集会講演集, pp.114-118（2005）

【第2編　原位置浄化技術】

第4章　原位置浄化技術の概要

1　原位置における汚染物質の分離・抽出技術

1.1　土壌ガス吸引（SVE）

浅田素之（Motoyuki Asada），江種伸之（Nobuyuki Egusa）

1.1.1　技術の概要

　土壌ガス吸引法は，地下水面上の不飽和帯に設置した井戸（以下，吸引井戸）から真空ポンプやブロアなどを使用して土中ガスを吸引し，ガスに含まれる揮発性の汚染物質を回収する技術である（図1）。土中ガスを吸引することで不飽和帯に負圧が発生するので，汚染物質原液，土粒子に吸着した汚染物質，土中水に溶存した状態の汚染物質の揮発が進む。揮発を促進するために，地盤に空気や水蒸気を送気したり，地盤を加熱したりすることもある。汚染が帯水層までおよんでいる場合は，井戸内部に揚水ポンプを設置し，地下水の揚水も併せて行う二重吸引法が適用されるか，エアスパージングが適用される。

　William（ウイリアム）らの文献[1]を参考に土壌ガス吸引法の原理について説明する。土単位体積あたりの汚染物質iの含有量は次式で表される。

$$T_i = \theta_{oi} C_{oi} + \theta_w C_{wi} + \theta_g C_{gi} + \rho_b S_i \tag{1}$$

　ここに，θ_{oi}：土単位体積当たりの汚染物質iの体積，C_{oi}：汚染物質iの原液中濃度，θ_w：土単位体積あたりの水の体積，C_{wi}：汚染物質iの水中濃度，θ_g：土単位体積あたりのガスの体積，

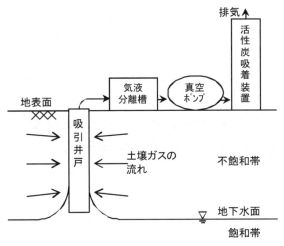

図1　土壌ガス吸引法

C_{gi}：汚染物質 i のガス中濃度，ρ_b：土の湿潤密度，S_i：土単位質量あたりの汚染物質 i の吸着量である。すなわち，T_i が土単位体積から土壌ガス吸引で回収できる汚染物質の総量になる。

汚染物質原液が土中ガスと接している場合，温度 T における汚染物質 i の平衡ガス濃度 C_{gei} は，ラウール（Raoult）の法則に支配される。

$$C_{gei} = \chi_i \frac{M_i P_i}{RT} \tag{2}$$

ここに，x_i：汚染物質 i のモル分率，M_i：汚染物質 i の分子量，P_i：汚染物質 i の温度 T における蒸気圧，R：気体定数である。この式によれば，温度一定条件下では，原液-土中ガス間の平衡濃度は一定値になる。また，蒸気圧の大きな物質ほど揮発しやすく，土壌ガス吸引が適していることがわかる。

土中水が土中ガスと接している場合，汚染物質 i の水中濃度と平衡ガス濃度 C_{gei} は，ヘンリー（Henry）の法則に支配される。

$$C_{gei} = H_i C_{wi} \tag{3}$$

ここに，H_i：汚染物質 i の無次元のヘンリー定数である。この式から，ヘンリー定数の大きな物質ほど揮発しやすく，土壌ガス吸引法に適していることがわかる。

土単位体積当たりに吸着する汚染物質 i の吸着量と汚染物質 i の水中濃度の関係は次式のような線形で表されることが多い。

$$S_i = k_i C_{wi} \tag{4}$$

ここに，k_i：汚染物質 i の分配係数である。土に吸着した汚染物質 i が全てガスになった場合，汚染物質 i の土中ガス濃度は式(3)と式(4)から次式で表される。

$$C_{gi} = \frac{H_i}{k_i} S_i \tag{5}$$

この式から，ヘンリー定数の大きい物質や分配係数の小さい物質ほど揮発しやすいことがわかる。

対策の進捗とともに土中の汚染物質量 T_i が減り，例えば原液がなくなったとする。各相間の物質移動が常に平衡状態に保たれているとした場合，汚染物質 i の土中ガス濃度は次式で表される。

$$C_{gi} = \frac{H_i T_i}{\theta_g H_i + \theta_w + \rho_b k_i} \tag{6}$$

この式から，汚染物質 i の土中ガス濃度は汚染物質量 T_i に比例することがわかる。すなわち，

汚染の浄化が進むほどガス濃度が低くなり，土壌ガス吸引法の効率が悪くなることを意味している。

　土壌ガス吸引法では，汚染物質の揮発速度を高めれば，効率的になる。そのためには，地盤に空気を吹き込んで汚染物質に接する空気量を増やすことが考えられる。また，汚染物質の蒸気圧やヘンリー定数は温度とともに高くなるので，地盤の温度を上げれば汚染物質の揮発量が増える。このため，地盤に水蒸気を吹き込むなどして，地盤を加熱する場合がある。佐藤ら[2]は，水蒸気と空気の混合気体を地盤に注入し，70〜80℃に加熱することで，ベンゼンや油の回収効率を高めたことを報告している。

1.1.2　システム設計

　土壌ガス吸引法のシステム設計では，吸引井戸配置，吸引量，吸引圧を決める。このため，通常は透気試験を実施して，地盤の透気係数，土中ガス透過度や土壌ガス吸引時の影響半径を算定する。地盤工学会では，不飽和地盤の透気試験方法（JGS 1951-2006）を制定している[3]。

　所定のガス吸引流量 Q で吸引を開始し，吸引開始後の経過時間 t と吸引井での吸引圧力 P_w，および各観測井での発生圧力 P_i を経時的に測定する。また，一定流量で吸引していることを確認するために土中ガス吸引流量 Q_p を測定する。

　地盤の透気係数は，定常時の土中ガス吸引流量，吸引井における吸引圧力および各観測井の発生圧力から算定される。ただし，設置する井戸の構造や地表面の被覆状態により，算定に用いる式が異なる。例えば，地表面を通した空気の流入がなく，吸引井のスクリーン設置深さが対象不飽和地盤全体に設置されている地表不透気完全貫入法では次の算定式を利用する。

$$k_a = \frac{2.3 Q_p P_0 \mu}{\pi b (P_i^2 - P_1^2)} \log\left(\frac{r_i}{r_1}\right) \tag{7}$$

$$K_a = \frac{k_a \rho g}{\mu} \tag{8}$$

ここに，k_a：土中ガス透過度（m²），K_a：任意の体積含水率における土中ガス透気係数（m/s），Q_p：定流量吸引時の土中ガス吸引流量（m³/s），P_o：常圧（101.325kPa），P_1：吸引井に最も近い観測井における発生圧力（kPa），P_i：観測井 i における発生圧（kPa），r_1：吸引井の中心から吸引井に最も近い観測井の中心までの距離（m），r_i：吸引井の中心から観測井 i の中心までの距離（m），μ：空気の粘性係数（常温・常圧で$1.82×10^{-8}$kPa·s），b：対象不飽和地盤の厚さ（m），ρ：流体の密度（kg/m³），g：重力加速度（m/s²）である。このほか，地表不透気部分貫入法や地表透気部分貫入法などもあり，現場の状況に合った式を用いることが重要である。図2のように結果を整理し，勾配 E から土中ガス透過度を求める。

　土壌ガス吸引の影響半径は，吸引井から圧力がゼロになる地点までの距離と考えるので，吸引井からの距離と圧力の関係の回帰式を求め，圧力がゼロになる地点を求めればよい。影響半径は

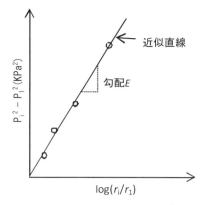

図2　透気試験結果の整理例[3]

地質ごとに異なり，シルトで6m未満，火山灰質粘性土で7～12m，砂質土で8～20m，礫質土で30～40mという報告がある[4]。

透気試験の結果と汚染分布をもとに，吸引井の配置や運転吸引圧，吸引量などの設計を行う。吸引井は，原則として土中ガス濃度が最も高濃度の地点またはその近傍に設置する。ただし，一本の吸引井で対象範囲をカバーできない場合には，影響半径を考慮して複数の吸引井を設ける。吸引井のスクリーンは単一層に設置し，透気性の異なる層にまたがらないようにすることが重要である。また，不飽和帯での負圧発生にともなう地下水面の上昇を抑えるために，スクリーンを地下水面から離したほうがよい。地下水面付近に汚染がある場合には，地下水面近くにスクリーンを設けなければならないが，この場合には地下水揚水を同時に行って，水位を下げる必要がある。また，地表面付近に汚染がある場合や地表面を通した大気流入で影響半径が小さくなってしまう場合には，地表面を被覆しなければならない。

1.1.3　実施例[5]

対象地域は，標高80m程度の台地とその南北に分布する標高20～30mの沖積低地から構成されている。台地部では，地表面から2～3mまでは黒ぼくと赤ぼくのローム層，その下位には火砕流堆積物が50m以上の厚さで分布している。この堆積物は空隙の多いほぼ均質な地層であり，不圧地下水が形成されている。地下水面は地表面下約40mの深さにある。

図3はボーリング調査から得られた土中トリクロロエチレン（TCE）含有量の鉛直分布を示している。最大値は地表面下46m地点の138mg/kgに達し，地下水濃度も同じ地点で294mg/Lを観測した。調査時点の地下水面は地表面下42mにあったことから，TCEが地下水まで達していることがわかる。

現場では，吸引井を汚染源のほぼ中心付近に2本（K-1，K-2）と汚染源の上下流部にそれぞれ1本（K-3，K-4）の計4本設置した。今回は不飽和帯と飽和帯の両方が汚染されていたので，二重吸引法を採用した。そのため，スクリーンは汚染源に設置した2本（K-1，K-2）は地表面下31～59.5m区間に，それ以外の2本は32.5～60m区間に設けた。運転開始前に吸引井K-2と

第4章 原位置浄化技術の概要

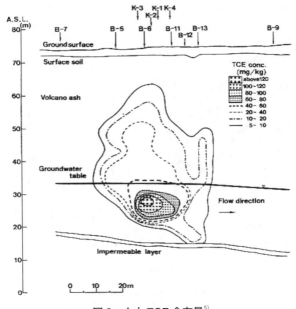

図3　土中TCE含有量[5]

K-3で透気試験を行って土中ガス吸引の影響半径を調べたところ，それぞれ10.9mと10.1mが得られた。上下流部に設置した2本の吸引井の間隔が13.8mであることから，4本の吸引井による総影響範囲は33.8mに及び，10mg/kgを超える汚染範囲（約40m）の80％以上をカバーしている。

　土中ガス吸引圧は4本の井戸全てで0.6気圧とした。定常状態の吸引ガス流量は，吸引井ごとに違いはあったがおおよそ100L/minであった。地下水揚水量は，高濃度の汚染地下水が回収される開始当初は，ばっ気処理装置の能力を考慮して4本で合計2～3 m^3/hrの汲み上げを行った。その後は合計16.5m^3/hrに上げ，全体的に地下水濃度が低下してからは合計28.9m^3/hrまで揚水量を増やした。回収した土中ガスは活性炭処理して汚染物質を取り除いてから大気に排出した。一方，地下水をばっ気してTCEを除去し，排ガスを土中ガスと同様の設備で活性炭処理した。

　図4に吸引ガス中のTCE濃度の時間変化を示す。いずれの吸引井からも吸引初期には数千volppm（以下，ppm）のTCEが除去されており，中でも汚染源付近に設置したK-2では10000ppmの値が観測されている。K-4の吸引初期を除いて，いずれの吸引井でもTCE濃度は両対数紙上で時間に対して直線的に減少しているので，指数関数を当てはめて濃度の将来予測を行ったところ，例えばK-2では5000ppmから500ppmまで1桁減少するのに101日，さらに500ppmから50ppmまでは2420日かかると見積もられた。

　図5は揚水された地下水中のTCE濃度の時間変化を示している。揚水量は7060時間後と10100時間後に2回増やしたので，7000時間後を過ぎる当たりから濃度の減少率が大きくなっている。地下水中のTCEについても，土中ガスと同じように濃度の将来予測を行った。濃度減少

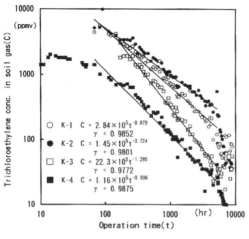

図4 土中ガス濃度の時間変化[5]

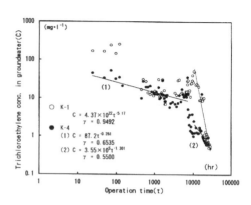

図5 地下水中TCE濃度の時間変化[5]

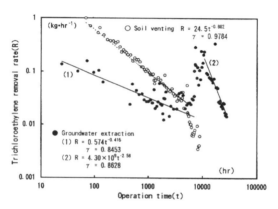

図6 土壌ガス吸引と地下水揚水の除去率の時間変化[5]

率が増す10100時間以降のデータを使い，地下水濃度が環境基準値の0.03mg/Lにまで減少するのに要する時間を求めると31.3年となった。

図6に土中ガス吸引と地下水揚水による汚染物質除去率の時間変化を示す。地下水揚水に関しては，7000時間以降の揚水量増加の影響で除去率が一旦上がるが，浄化が進むにつれてガス吸引，地下水揚水とも除去効率が落ちている様子が理解できる。

文　　　献

1) William, C. and Anderson, E., Innovative Site Remediation Technology Vol.8/ Vacuum

第4章 原位置浄化技術の概要

  Vapor Extraction, Springer-Verlag (1994)
2) 佐藤幸孝, 伊藤久敏, 馬場宇久, 手塚裕樹, 小幡博志, 赤神元英, 加熱土壌ガス吸引法によるVOCs地下水汚染サイトの浄化事例, 地下水・土壌汚染とその防止対策に関する研究集会第16回講演集, 493-496 (2010)
3) 地盤工学会, 新規制定地盤工学会基準・同解説 (2008年度版) 不飽和地盤の透気試験方法 (JGS1951-2006) (2008)
4) 長藤哲夫, 今村聰, 日下部治, 平田健正, 揮発性有機塩素化合物の土壌ガス吸引法における浄化影響要因に関する研究, 土木学会論文集, No.594/Ⅶ-7, 35-44 (1998)
5) 平田健正, 江種伸之, 中杉修身, 石坂信也, 土壌ガス吸引と地下水揚水を併用した地下環境汚染の修復, 土木学会環境工学研究論文集, Vol.33, 47-55 (1996)

1.2 地下水揚水処理

浅田素之（Motoyuki Asada）

1.2.1 はじめに

地下水揚水処理は，地下水汚染に対する応急的な対策技術である。無機化合物，有機化合物どちらにも対応可能であるが，対象物質は主に揮発性有機塩素化合物を代表とする DNAPL（Dense Non Aqueous Phase Liquid）である。

汚染物質が VOC（Volatile Organic Compounds；揮発性有機化合物）である場合，地下水あるいは汚染物質原液をポンプあるいはブロアで汲み上げ，ばっ気処理装置などを用いて，地下水中に溶け込んだ汚染物質をガス化・分離し，浄化する技術である。地下水からガス体として分離した汚染物質は，活性炭吸着装置などにより別途処理を行う。地下水浄化技術として実績が多く，土壌ガス吸引法と併用されることも多い。地下水揚水の概念を図1に示す。地下水揚水は以下を目的として行われる。

① 汚染物質の回収—汚染物質が原液として存在する地点や，濃度の高い地点の地下水を重点的にくみ上げる

② 汚染物質の下流への流出防止（バリア井戸）—汚染地下水の流動を制御することによって，汚染範囲の拡大を防止する

地下水揚水の浄化効率は時間とともに低下する[1]。完全な浄化は難しく，浄化作業は長期にわたる場合が多い。一方，わが国では15年間の揚水で27tにのぼるトリクロロエチレンを除去し，当初10mg/Lを超えていた工場内の浅層地下水を環境基準値0.03mg/L以下にまで回復させた実績がある[2]。

一方，わが国では，地下水の注入に関して非常に厳しい基準が定められており，いったん揚水した地下水を水処理装置で浄化した上で放流することが必要である。処理水量を減少させるため，遮水壁等による遮水工法と併用される場合も多い。

1.2.2 地下水揚水処理の設計手法

地下水揚水の基本技術は，建設現場での地下掘削時に行われる，ドライエリアを確保するための地下水位低下排水方法と同様の技術が用いられる。しかし，地下水汚染対策で実施される地下

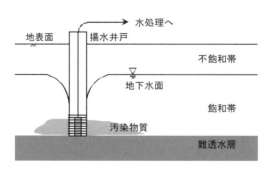

図1 地下水揚水処理の概念

第4章　原位置浄化技術の概要

水揚水は，汚染区域から区域外への汚染物質の移動防止，汚染物質の回収を目的としており，地下水位低下方法と目的が異なるため，設計手法が異なる。地下水汚染対策では，いかに少ない揚水量で効率的に汚染物質を除去できるか，汚染範囲を拡散させないかが，設計の鍵をにぎる。したがって，地下水揚水の設計にあたっては，揚水量と対象区域外部への漏洩を防ぐ目的を達成するために，周辺井戸でのモニタリング及び汚染物質の移行シミュレーションによる浄化効果の確認を行うことが望ましい。畠ら[3]は，地下水揚水量を低減するために，ファジー推論による制御手法について検討している。あいまいさを許容し，過度な精密性の追求を避けることで，最適なシミュレーションを可能とし，技術者が自分で制御するよりも揚水量を低減できる可能性を示している。

地下水揚水工法の設計の流れを図2に示す。

はじめに考慮すべき事項は，十分な透水性があり，地下水を揚水できる地盤かどうかという点である。地下水位低下工法は，通常透水係数が 10^{-6}m/s 以上の地盤に適用され[4]，基本的に砂層が対象であり，地下水揚水処理技術も，10^{-6}m/s 以上の地盤に適する。透水係数が 10^{-6}m/s 以下の難透水性地盤については，集水能力が著しく減少し，浄化効率が減少する。また，シルト，粘土層には，地下水汚染で問題となる揮発性有機塩素化合物が吸着しやすく，いったんシルト，粘土層に吸着された VOC は，地下水を揚水しても地盤から除去することが困難となる。したがって，シルト，粘土層が多い地盤条件では，掘削除去，あるいは原位置浄化技術等を検討すべきである。

地下水揚水による浄化対策では，難透水性地盤がどの深度にあるかを知ることが重要となる。DNAPLs（dense non-aqueous phase liquids, 高比重非水溶性液体）は水より比重が大きく（例

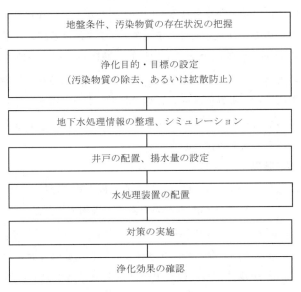

図2　地下水揚水処理技術の流れ

えばトリクロロエチレンの密度は 1.46g/cm^3）、地下水面を通過して、難透水層にまで達し、滞留、さらに深部へ浸透するため、スクリーンを難透水層の直上に設置することで回収効率を高められるためである。設計に際しては、難透水層の上部までスクリーンを設置できるよう考慮する。

地下水揚水処理工法では、ウェルポイント工法とディープウェル工法が利用できる。ディープウェル工法は、掘削部の内側ないし外側に深井戸（ディープウェル）を設置し、ウェルに流入する地下水を水中ポンプにより排水する工法で、特に、透水性の良い地盤（通常、砂地盤〜礫地盤）の地下水処理に有効である。ウェルポイント工法は、長さ約 0.7〜1 m、径 6 cm 程度のストレーナーをもつ吸水管に径約 4 cm の揚水管を取り付け、これを 0.7〜2 m ピッチで帯水層に打設してヘッダーパイプを通じ真空度をかけて、地下水を吸引する工法である。透水係数の比較的大きい砂層から小さい砂質シルト層程度までの地盤に適用できる。1 本あたりの揚水量は土質によるが、数〜数十 L/min である。理論的にはヘッダーパイプから約 10m の水位降下が得られるが、実際の可能水位降下は 4〜6 m である[4]。そのため、ウェルポイントは汚染範囲が 4〜6 m の地盤条件に限られる。

また、ディープウェルとウェルポイントの長所を組み合わせ、真空ポンプと、水中ポンプを 1 つの井戸で併用したバキュームディープウェル工法も活用されている[5]。

1.2.3 バリア井戸

バリア井戸工法は、汚染源の下流側に揚水井戸を設置して、汚染源から流れてきた地下水を揚水し下流域への拡散を防止する工法である。揚水された地下水が汚染されている場合には、浄化して放流する。また、地下水低下障害に対応するため、下流側に注水井戸を設置して、揚水した地下水を復水する場合もある。

バリア井戸が、揚水井の設置場所・スクリーン位置、揚水量などが綿密な調査に裏打ちされたものであれば汚染拡散防止の効果が見られるものの、調査が不完全な場合には、汚染を拡大させることにもなりかねないので、注意が必要である[6]。バリア井戸工法の設計にあたって、対象地盤の透水係数と揚水井戸の影響範囲の関係を把握し、適切な井戸の配置を行うことが重要である。バリア井戸工法の実施にともなって汚染された地下水が揚水される可能性があり、特定有害物質の種類及び揚水量に見合う水処理設備も必要である。また、揚水にともなう地盤沈下にも留意する。バリア井戸の揚水条件は、地盤の透水性と水理勾配によって異なり、敷地境界を通過する汚染地下水を汲み上げて、水を浄化し放流する。

1.2.4 地下水揚水処理の限界

地下水揚水の効果に過度に期待するのは危険である。揚水処理だけでは、地盤中に存在する有害物質を完全に除去できない可能性があるためである。米国では、地下水浄化の目標が、MCL（Maximum Contaminant Levels）や MCLGs（MCL Goals）と呼ばれる国あるいは州の飲料水基準に設定されていたが、達成が困難なため、リスクを評価した達成可能な目標値を定めている[7]。

汚染物質、特に DNAPL が残存するのは、テーリングやリバウンドと呼ばれる現象が見られる。テーリングとは、地下水揚水対策を実施中、揚水地下水中の汚染物質濃度が予想よりも低く

第4章　原位置浄化技術の概要

なる現象をいう。リバウンドとは，揚水対策を終了した後に，地下水中の汚染物質濃度が上昇する現象をいう。テーリングやリバウンドは，浄化期間の長期化，あるいは浄化目標の達成を困難にする原因となりうる。テーリングとリバウンドの概念を図3に示す。

テーリングやリバウンドの原因は以下のように考えられる。

① DNAPLだまりの存在　空隙や難透水層の上部に汚染物質が滞留し，徐々に地下水に溶解する現象が見られる

② 汚染物質の土粒子への吸着　土粒子表面に汚染物質が吸着する。

③ 難透水層への拡散　DNAPLのような汚染物質は，シルト，粘土層に，移流ではなく拡散により拡がっていく性質を持つ。一度拡散により難透水層に入り込んだ汚染物質は，地下水揚水で抽出することは困難である。

④ 地盤の透水性の不均一性　帯水層の透水係数の違いにより，透水性の良い地盤に含まれる汚染物質がまず抽出され，透水性の比較的悪い地盤中の汚染物質の井戸への到達が遅れる。

勝見ら[8]は，トリクロロエチレン（TCE）の飽和溶解度1100mg/L程度の汚染地下水を対象に，地下水揚水のテーリング現象について数値解析で検討している。粘土層を含む汚染地盤では，おおむね10年の揚水で10～100mg/Lまで浄化することは可能であるが，10mg/L以下の低濃度域では浄化効率がきわめて低くなる。これは，TCE原液が存在し徐々に水に溶解する，あるいは粘土地盤にTCEが吸着し，テーリングを引き起こすためと考えられる。

1.2.5　地下水再注入時の注意点

水質汚濁防止法（昭和45年法律第138号）により，有害物質を使用する特定事業場から地下に浸透する水で有害物質使用特定施設に係る汚水（これを処理したものを含む）等を含むものを特定地下浸透水という。同法第12条3項により，有害物質使用特定事業場から水を排出するもの（特定地下浸透水を浸透させるものを含む）は，有害物質を含む特定地下浸透水を浸透させてはならないと定められている。特定地下浸透水に有害物質が含まれているかどうかの要件は，「水質汚濁防止法施行規則第6条の2の規定に基づく環境大臣が定める検定方法」に基づき，汚染物

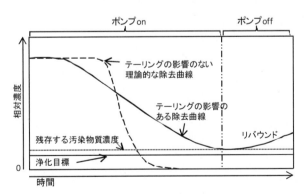

図3　テーリングとリバウンド[7]

質の濃度が検出限界以上のものと定められており,実質,特定事業場での地下水浸透は禁止される厳しい基準である。特定事業場は特定施設を設置する工場又は事業場をいう。土壌汚染対策を行う現場が特定事業場であれば,揚水した地下水の浸透は制限される。特定事業場でない場合であっても,上記の法律に準拠して,揚水処理した地下水の注入を控えるケースもある。

文　　献

1) 平田健正,江種伸之,中杉修身,石坂信也,土壌ガス吸引と地下水揚水を併用した地下環境汚染の修復,土木学会環境工学研究論文集,33,47-55(1996)
2) 平田健正,地盤環境汚染のメカニズム解明から最新技術開発まで,土と基礎 Vol.52, No.10, 1-5(2004)
3) 畠俊郎,宮田喜壽,木暮敬二,揮発性有機化合物で汚染した地下水を修復するための地下水揚水の制御手法,土木学会論文集,No.769/Ⅶ-32, 19-26(2004)
4) 土質工学会,根切り工事と地下水-調査・設計から施工まで-,現場技術者のための土と基礎シリーズ 19(1991)
5) 尾崎哲二,高橋茂吉,中山比佐雄,神野健二,真空ポンプを利用した新しい地下水低下工法,土木学会誌 Vol.92, No.8, 68-69(2007)
6) 長瀬和雄,粟谷徹,村田正敏,山井忠世,前川統一郎,平山利晶,有機塩素系化合物による地下水汚染に対する調査と対策,地下水学会誌,第 37 巻第 4 号,267-296(1995)
7) U. S. Environmental Protection Agency (EPA). Pump-and Treat Ground-Water Remediation- A Guide for Decision Makers and Practitioners. EPA/625/R-95/005. Office of Research and Development, National Risk Management Research Laboratory, Center for Environmental Research Information, Cincinnati, Ohio, 19-23 (1996)
8) 勝見武,石森洋行,吉川雅美,深川良一,難透水層を含んだ地盤への汚染地下水揚水処理の適用性について,地下水・土壌汚染とその防止対策に関する研究集会第 10 回講演集,392-395(2004)

1.3 エアスパージング法

浅田素之（Motoyuki Asada），江種伸之（Nobuyuki Egusa）
塙　隆之（Takayuki Hanawa），稲田ゆかり（Yukari Inada）

1.3.1 技術の概要

エアスパージング法は，井戸から空気を帯水層に吹き込んで汚染物質を揮発させ，不飽和帯でガスとして回収する技術である（図1）。水に溶解している揮発性物質は空気と接触することで容易に揮発するので，短期間で高い浄化効果（回収効率）が期待できる。また，地下水中に空気を注入することで溶存酸素濃度が上がるため，汚染物質の好気性微生物分解を促進させる方法としても利用できる。この場合はバイオスパージングとも呼ばれる。

エアスパージングの浄化効果は帯水層における注入空気の流れ，地盤の不均一性に大きく左右される。川端ら[1]は，砂地盤内で汚染領域全域に空気を注入できれば，70〜90%以上の除去率を短期間で期待できること，しかし，それ以下のレベルまで浄化する際にあらゆるレベルの不均一性が顕在化し，回収効率が悪くなることを指摘している。低濃度域では，汚染物質の除去とともに，微生物分解の有効性を確認する必要がある。バイオスパージングによる微生物分解を促進するために，揚水処理と栄養塩を投入するための注水併用処理が行われており，燃料油[2]，ベンゼン[3,4]，およびシアン化合物[5]の浄化効果が確認されている。

1.3.2 地盤内の空気の移動形態と影響範囲

図2は帯水層を模擬した水分飽和多孔体に注入された空気の移動形態を示している。多孔体が均一粒径のガラスビーズで形成されているとすると，注入空気は粒径の大きい，すなわち間隙径の大きい場合には気泡となって上昇し，粒径の小さい，すなわち間隙径の小さい場合には流路を形成して上昇する。粒径が1〜2mmより大きい場合，浮力が毛管力よりも大きくなるので気泡

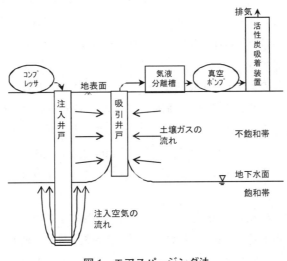

図1　エアスパージング法

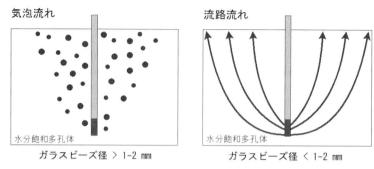

図2　水分飽和多孔体に注入した空気の移動形態

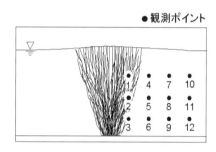

図3　1mmのガラスビーズで構成した水分飽和多孔体中の注入空気の流れ[6]

は多孔体内を移動できる。しかし，それ以下の粒径では毛管力が浮力よりも大きくなるので気泡は多孔体内を移動することができない。したがって，粒径が1〜2mm以下の多孔体中を空気が移動するためには，浮力以外の力が必要になる。空気が多孔体に進入するときに働く圧力（空気進入圧）がこの力に相当する。すなわち，粒径が1〜2mm以下の多孔体では，空気進入圧と浮力の合計が毛管力よりも大きくなると空気の移動が始まるので，空気が多孔体中を移動し続けるためには空気進入圧が常に空気に作用していなければならない。その結果，注入した空気は連続した流路を形成して移動する。

　自然地盤は様々な粒径の土粒子で構成されている。扇状地や旧河道などの粗礫を中心とした場所を除けば，多くは細粒分を含んでおり，間隙サイズは1〜2mmの均一粒径のガラスビーズで形成された多孔体よりも小さいと考えられる。したがって，帯水層に注入された空気は流路を形成して流れている場合が多いと判断できる。図3に1mm径のガラスビーズを用いた2次元水槽実験における注入空気の流れ[6]を示す。帯水層に注入された空気は多数の流路を形成して流れていることがわかる。

　エアスパージングでは注入空気の影響範囲が浄化可能領域になるので，現場では注入空気の影響半径を特定することが重要である。一般に，均質な地層を上昇して地下水面に達した注入空気の影響半径は，注入井から地下水面までの距離に等しい半径をもった同心円になると報告されて

第4章 原位置浄化技術の概要

いる。しかし，図3で示した室内実験では均質な多孔体を用いているにもかかわらず，水面地点における空気の水平方向の拡がりは注入深度の半分程度であった。高畑ら[3,7]は，シルト混じり細砂における原位置試験において，深度7mの注入井戸の影響半径は3～4mの範囲と推定しており，室内試験の結果と整合性がある。

影響半径を大きくするために，水平井戸を用いて地盤に空気が注入される幅を大きくし，効率を上げる工夫が行われている。川端ら[8]は，深度7m付近に注入範囲長さ50cmの水平井戸と鉛直井戸を設置し，影響半径がそれぞれ約7m，4mと，水平井戸の影響半径が鉛直井戸より大きくなることを確認した。また，微生物分解が期待できるDO（溶存酸素）濃度が1mg/L以上の領域は，鉛直井戸で7～8m，水平井戸で13m程度と，微生物分解が期待できる物質については，影響半径より大きな範囲で浄化が期待できることを報告している。

また，江種ら[9]は，空気を連続的に注入するよりも，間欠的に注入することで，地下水がかくはんされ，影響範囲を広げることができることを示している。

1.3.3 実施例[10～12]

対象現場は約7000m^{2}の化学工場跡地である。地盤状況（図4）は，地表面からG.L-4mまでは表土とローム層，G.L-5m過ぎまでが凝灰質粘土層，その下は砂質粘土，砂質シルト，シルト質細砂と移行し，G.L-8m過ぎから砂層となっている。凝灰質粘土層の上には宙水が存在しており，その下は不飽和帯をはさんでG.L.-11.5m付近から地下水帯を形成する。G.L-17.5m付近に固結した砂層があり，ここを境として地下水帯上部と下部に分かれる。汚染物質の土中含有量（図4）は，トルエンとテトラクロロエチレン（PCE）が多く，G.L.-6m付近で最大値をとり，それぞれ30mg/kgと7mg/kgであった。地下水濃度はG.L-12m付近で高く，それぞれ10mg/Lと1mg/Lを示した。

現場では，井戸本数，運転方法などが異なる5つのステージごとに，約3年にわたりエアスパージングを実施した。土壌ガス吸引井戸，空気注入井の最終本数はそれぞれ，18本と40本で

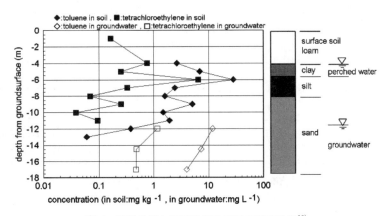

図4 現地地質と汚染物質含有量の鉛直分布[10]

ある。

　図5に，エアスパージングによる地下水中のトルエン，PCE濃度の時間変化を示している。Md30井戸では約半年，Md29井戸では約2年という短い期間で影響範囲内の汚染物質濃度が検出限界以下になっており，浄化効果の非常に高いことがわかる。ただし，影響範囲内はどこでも同じように汚染物質濃度が低下したわけではなく，Md25やMd31井戸のように，井戸を追加しないステージ1の段階では汚染物質濃度の十分低下しなかった地点も一部見られた。エアスパージングの浄化原理から考えれば，注入空気はこの汚染部分を流れていなかった可能性が高い。このように，エアスパージングの浄化効果は帯水層における注入空気の流れに大きく左右されるので，帯水層における注入空気の移動特性を理解しておくことは非常に重要である。

　また，Md29やMd30井戸の結果に見られるように，トルエンの浄化効果は，トルエンより揮発しやすいPCEより大きかった。この地点では，溶存酸素濃度の上昇が確認されているが，注入空気への揮発によってトルエン濃度が低下したわけではない。好気条件下で微生物分解されやすいトルエンの濃度は，溶存酸素濃度の上昇による好気分解によって低下したと考えられる。

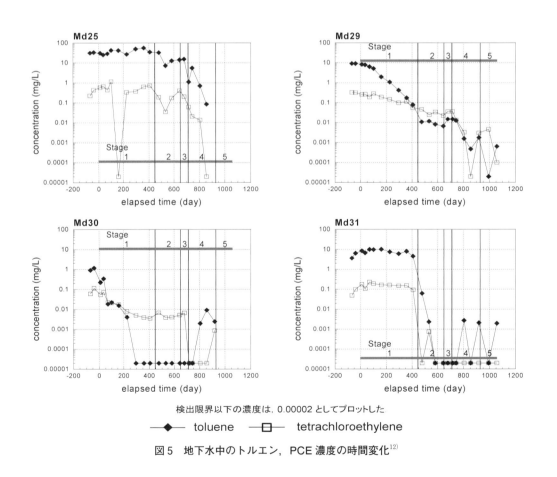

検出限界以下の濃度は，0.00002 としてプロットした

◆ toluene　　□ tetrachloroethylene

図5　地下水中のトルエン，PCE濃度の時間変化[12]

第4章　原位置浄化技術の概要

1.3.4　微細気泡を利用した原位置浄化の効率向上可能性検討

　揮発性有機塩素化合物や油類で汚染された土壌・地下水に対して，微細気泡を用いて原位置浄化の効率を高める工夫が試みられている。微細気泡は水に溶解させて利用できるため，地盤にブロアで空気を注入せずに，酸素量を高めた水を注入し，地盤に空気を供給することができる。また，バイオスパージングで行われるような，空気の供給と栄養塩の供給を並行して行う必要がなくなり，操作を簡便化することができる。

　エアスパージングのように微細気泡の明確な定義はないが，気泡の物性などから図6に示すように直径50μm以下が微細気泡（マイクロ，ナノバブル）とされている。微細気泡の特徴[13]としては，水中での上昇速度が遅い，気泡内の圧力が高い，気液面積が大きい，気泡表面が負に帯電していることなどが知られており，医療分野，農・水産分野，水処理分野などで幅広く利用されている。また，微細気泡の数や粒径分布などは発生原理[14]によって異なっており，圧力変動による気泡の析出を利用する加圧溶解式，高速旋回流を利用した旋回液流式，微細な孔から吐出させる極微細孔式などがある。今回は加圧溶解式，旋回式で製造した微細気泡水を用いて実験を実施した。

(1)　製造方法の違いによる溶存酸素濃度

　加圧溶解式，旋回式の発生装置を用いて空気から製造した微細気泡水と，エアストーンで空気を吹き込んだ曝気水および真空ポンプで吸引処理した脱気水の溶存酸素濃度をウィンクラー–アジ化ナトリウム変法（滴定法）で測定した結果を表1に示す。微細気泡水は，白濁して見えるミ

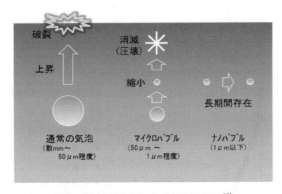

図6　粒径の違いによる気泡の挙動[13]

表1　溶存酸素濃度の比較

試料	溶存酸素濃度（mg/L）	製造方法
微細気泡水①	13.4	加圧溶解式
微細気泡水②	12.3	旋回式
曝気水	10.2	空気バブリング
脱気水	1.1	真空脱気

リサイズの気泡を除去するために5分間以上静置したものを測定に供した。

曝気水の溶存酸素濃度は10.2mg/Lと飽和溶存酸素量（8.1mg/L，25℃）より高い値を示していたが，微細気泡水は曝気水に比較してさらに1.2～1.3倍多量の溶存酸素を含有していることが確認された。加圧溶解式はポンプ内で加圧することにより大気中よりも空気の溶解度を上げ，吐出する際に大気圧に戻ることで過飽和状態から微細な気泡を自然発生させる原理であるため，溶存酸素濃度が旋回式より高くなったと考えられる。以降は加圧溶解式で製造した微細気泡水を対象に報告する。

(2) 溶存酸素濃度の保持特性

微細気泡水における溶存酸素の保持特性を検討するために，超純水から製造した以下の6種類の試料水を対象に溶存酸素濃度を測定した結果を図7に示す。

試料水は①微細気泡水（純酸素で製造），②微細気泡水（空気で製造），③曝気水（純酸素で製造），④曝気水（空気で製造），⑤脱気水，⑥超純水である。微細気泡水は製造時間によって溶存酸素濃度が変動することから，製造開始から5分後のものを実験に供した。また，溶存酸素濃度は，試料水を600mLずつ容器に分注し，20℃の恒温室で，大気開放の状態で，50rpmで回転振とうさせながら，隔膜電極式溶存酸素計で測定した。

①微細気泡水（純酸素）と③曝気水（純酸素）の溶存酸素濃度を比較すると，初期値は③曝気水（純酸素）の方が高い値を示したが，その後の1時間程度は逆に①微細気泡水（純酸素）の方が高い値を示した。それ以降は両試料水とも同様な減少傾向を示して，8時間を経過した時点で7.9mg/L程度に収束した。一方，②微細気泡水（空気）における溶存酸素濃度の初期値は11.1mg/Lで④曝気水（空気）に比較して1.4倍大きな値を示しており，8時間程度は②微細気泡水（空気）の方が④曝気水（空気）に比較して高い値を示していた。

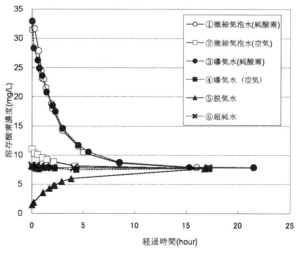

図7　溶存酸素の保持特性（20℃）

第4章　原位置浄化技術の概要

(3)　微細気泡によるトルエン分解効果の確認

　純酸素で製造した微細気泡水，曝気水および脱気水に，微生物源（黒土をグルコースとトルエンで3日間培養した培養液），栄養塩（窒素・リン）および人工的に作製したトルエン飽和水溶液を添加・混合した後，100mLのふらん瓶に分注し20℃の恒温室に静置した。定期的にトルエン濃度，溶存酸素濃度およびpHを測定した結果を図8〜10に示す。

　実験開始から4日程度までは，トルエン濃度，溶存酸素濃度およびpH値に顕著な変化は確認されなかった。しかし，実験開始4〜7日にかけて微細気泡水および曝気水においてトルエンの分解および溶存酸素の消費による濃度低下が確認された。また，pH値も4日以降に低下しており，トルエンの分解に伴って発生した有機酸が原因であると考えられる。

　一方，トルエンの分解効果に関しては，微細気泡水の方が曝気水に比較して分解量は若干大きい傾向が認められることから，微細気泡含有水の方が，若干浄化効果は大きいと考えられる。

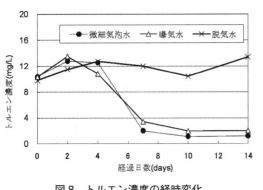

図8　トルエン濃度の経時変化

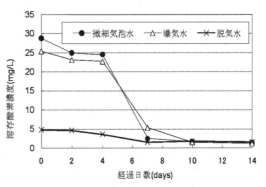

図9　溶存酸素濃度の経時変化

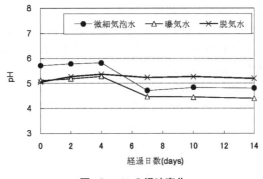

図10　pHの経時変化

文　　献

1) 川端淳一，河合達司，小澤一喜，小林弘明，曾我健一，エアースパージングの浄化効果に与える不均一性の影響に関する考察，地下水・土壌汚染とその防止対策に関する研究集会第10回講演集，194-197（2004）
2) 中村嘉元，阿部裕，都市部における燃料油汚染を対象としたバイオスパージング工法の適用事例，地盤工学会誌，57-7（618），24-27（2009）
3) 桐山久，高畑陽，大石雅也，有山元茂，今村聰，佐藤健，揚水循環併用バイオスパージング工法によるベンゼン汚染帯水層の浄化特性，土木学会論文集F，Vol.65，No.4，555-566（2009）
4) 桐山久，高畑陽，大石雅也，有山元茂，今村聰，佐藤健，ベンゼン汚染帯水層に対する揚水循環併用バイオスパージング工法の適用と効果の検証，土木学会論文集F，Vol.66，No.4，612-622（2010）
5) 片山美津瑠，高畑陽，須藤泰幸，帆秋利洋，藤原靖，シアン化合物汚染地盤のバイオレメディエーション技術による浄化適用性評価，大成建設技術センター報，No.39，20-1～20-4（2006）
6) 江種伸之・中藤康拓・生原功一・平田健正，水分飽和多孔体へ注入した空気の移動と溶解特性，地下水学会誌，Vol.44，No.4，285-294（2002）
7) 高畑陽，藤原靖，有山元茂，原位置試験によるエアスパージング工法の最適設計手法に関する検討，土木学会第58回年次学術講演会予稿集，Ⅶ-15，29-30（2003）
8) 川端淳一，河合達司，中山等，小澤一喜，宮崎信，中下兼次，上澤進，水平井戸を用いたエアースパージング工法の実施例（注入，浄化特性について），土木学会第58回年次学術講演会予稿集，Ⅶ-308，611-612（2003）
9) 江種伸之，中藤康拓，平田健正，水分飽和多孔体へ注入した空気の移動に関する室内試験，土木学会水工学論文集，Vol.45，319-324（2001）
10) 江種伸之・平田健正・福浦清・松下孝，地下水中への長期間の空気注入による汚染物質濃度変化について，土木学会水工学論文集，Vol.43，pp.193-198（1999）
11) 江種伸之・塩谷剛・平田健正・福浦清・松下孝，地下水中への空気注入による揮発性有機化合物の除去効果について，土木学会環境工学研究論文集，Vol.37，pp.279-286（2000）
12) 中藤康拓，水分飽和多孔体へ注入した空気の移動と溶解特性について，和歌山大学大学院システム工学研究科修士論文（2002）
13) 高橋正好ほか，微細気泡の最新技術，㈱エヌ・ティー・エス（2006）
14) 寺坂宏一，マイクロバブル発生法と工業装置への適用，環境浄化技術，vol.6（11），13-17（2007）

1.4 原位置土壌洗浄

熊本進誠 (Shinsei Kumamoto)

1.4.1 はじめに

土壌汚染対策法(平成22年一部改正)には地下水の摂取等によるリスクに対する措置としての原位置浄化と,直接摂取リスクに対応する措置としての原位置浄化に原位置土壌洗浄法が位置づけられている。「土壌汚染対策法に基づく調査及び措置に関するガイドライン」[1]には地上から散水する方法をソイルフラッシングとしているが,EPAの資料[2]では掘削土壌を対象とした浄化施設で行われる狭義の土壌洗浄法に対して原位置で行う土壌洗浄法をソイルフラッシングとしている。

原位置土壌洗浄法は揚水法(pump and treat)の発展的方法として,清水もしくは脱離促進化薬剤を添加した水を対象域に注水して地下水の揚水により汚染物質を抽出(溶出,分散)除去する方法である。原位置浄化法の一つであり,掘削などの土木工事や運搬を伴わないために処理コストは安いが,狭義の土壌洗浄法や他法に比べて適用範囲が狭く,処理期間も長くかかるとされ,実施には十分な事前調査やトリータビリティ試験及び地下構造の把握が必要である。

1.4.2 処理プロセス

図1に基本的なシステムの概念図を示す。同図において注水用井戸により清水と脱離促進化薬剤を注入して汚染土壌から対象物質を通過地下水に抽出させる。揚水用井戸から対象物質を含有した水を回収して地上に設置した処理設備で対象物質を分離回収する。また図2にはソイルフラッシングシステム模式図[2]を示す。

洗浄水(抽出水)は自然地下水流をそのまま利用する場合もあるが,多くの場合それでは流量不足であり,地上から清水を供給するのが一般的である。対象域への水の供給方法には①地表面

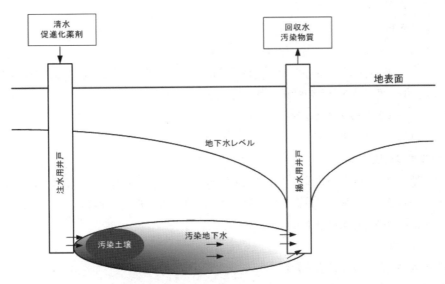

図1 原位置土壌洗浄基本システム概念図

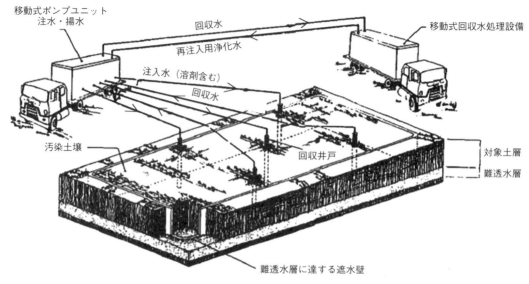

図2 ソイルフラッシングシステム模式図

湛水②掘削溝③注入井戸④地表スプレー等が用いられる。抽出した水は揚水して地上設備で汚染物質を分離浄化した後に放流せず，水を有効活用するために再注入する場合が多い。地中の透過性地下水浄化壁で浄化するシステムも試みられている[3]。

1.4.3 適用可能な対象物質

適用可能な汚染物質は，溶解あるいは分散させて液相に抽出可能な物質であれば良く，無機系，有機系汚染物質が共に適用対象となる。対象となる主な物質をあげると以下のようになる。

- 重金属（六価クロム，砒素，鉛，カドミウム，水銀等）
- シアン化合物
- 無機イオン（ふっ素，ほう素，硝酸，リン酸等）
- VOCs, SVOCs／BTEX等の低分子芳香族炭化水素からTCE, PCE等の塩素系有機物質等
- NAPL／油（ガソリンなどの軽質油から重質油）
- フェノールなど水溶性有機物質
- 農薬，PCB，ダイオキシン

1.4.4 回収水の処理設備

回収水は地下に設置した浄化壁のように地中で処理を行うシステム以外では図2にあげたように回収井戸から揚水して地上に設置した設備により汚染物質を分離，回収処理する。地上で回収水を浄化する場合の処理法を以下に示す。

①比重差分離法

②凝集沈殿法（硫化物沈殿法を含む）

③砂濾過法，活性炭吸着法

第4章　原位置浄化技術の概要

④キレート樹脂吸着法，イオン交換樹脂吸着法

⑤生物分解法

⑥化学分解法　等

汚染物質により①から⑥に示した方法を単独あるいは複合して用いる。

1.4.5　促進化薬剤

原位置土壌洗浄法では，汚染物質が易溶性である場合には清水のみで除去することが可能である[4]。汚染物質を土壌から分離・溶出させあるいは分散させるのが困難である場合には脱離を促進化させるための薬品を添加して除去効率の向上を図る。促進化薬剤は汚染物質の種類，形態，濃度などを考慮して選択される。促進化薬剤として使用される薬品を以下にあげる。

(1) 酸（無機酸と有機酸）と塩基

重金属には酸（無機酸，有機酸）[5〜8]が効果的である。ある種の有機酸では錯化効果も期待でき著効が得られる場合がある。希酸は無機金属塩例えばニッケル，亜鉛，銅などの炭酸塩の洗浄に効果がある。塩基はフェノール等や一部の重金属に有効である。有機酸は地中での生物分解等により環境への残留負荷が低減される場合があるが，無機酸や塩基を使用する場合には周辺環境への影響を考慮し地下水及び土壌に与える負荷を最小にすることを考慮しなければならない。

(2) 酸化剤と還元剤

重金属の水への溶解機構において酸化還元反応は重要であり，電位—pHダイアグラムがその金属の溶解特性を評価するのに用いられる。還元剤は土壌中の重金属と鉄とマンガン酸化物への結合に重要な役割を果たすし，有機物質の溶出に酸化剤の存在が大きく影響することがある。酸化剤と還元剤の組み合わせで砒素や水銀などの溶解性の制御も可能となる。

(3) 界面活性剤

低い水溶解性（疎水性）有機物質であるSVOCsやNAPLなどの除去には界面活性剤が用いられる。界面活性剤がそれらの有機物質を水中に分散あるいはエマルジョン化することにより，土壌表面から液相に移行させる。最近国内でも油汚染土壌の対策に界面活性剤の使用例[9〜13]が多く報告されている。

(4) 有機溶剤，コソルベント（溶解共力剤）

土壌に強く吸着した対象物を界面活性剤だけで脱着できない場合には，コソルベントを併用する。コソルベントの併用により水への溶解性が悪い疎水性有機物質等の溶出を促進し，洗浄除去の効率を図ることも可能である。コソルベントとしては，アルコール類，グリコール類，ケトン類，グリコールエーテル類などが用いられる。

(5) 錯化剤とキレート剤

重金属にはキレート効果を有する水溶性高分子[14]やEDTAなどの錯化剤も効果的であるとされている[15〜18]。

(6) ガス

注水井から炭酸水と水を交互に通水することによりVOC（PCE，TCE，DCE等）の原位置洗

浄を行い，一定の除去効果を得た報告例もある[19]。

1.4.6 適用可能な土質

原位置土壌洗浄法の対象となる土壌としては，均質で透水性の良好な土質，すなわち砂，礫を多く含有する砂質土が最適である（透水係数で 10^{-4}cm/s 以上）。シルトや粘土が多い透水性の悪い土壌では本法の適用は困難である。土壌に含まれている成分で汚染物質の脱着性に悪影響を与える物があるので考慮しなければならない。

1.4.7 トリータビリティ試験

実規模試験を行う前に原位置洗浄法のシステム設計をするために対象土壌を用いたビーカー試験，カラム試験などによるトリータビリティ試験（処理可能性検討試験）を実施する。

土壌と対象物質の吸着性や添加薬剤の効果を検討するためにバッチ式のビーカー振とう実験を行い，土壌と対象物質及び促進化薬剤の物理化学的相互作用の評価を行う。またカラム試験ではガラスカラムに土壌を充填して水を流し，破過曲線を作成して除去速度や効率を評価する。

試験結果から対象汚染物質の溶出反応や輸送機構についての重要な情報が得られ，促進化薬剤の選定，水の流動条件や浄化効果及び浄化期間等を推定することができる。評価対象のパラメータを表1にまとめる。

汚染物質の溶出速度の吸脱着反応の遅延係数 $R_f = v/v_c$ は次の式で表される。

$$R_f = \frac{v}{v_c} = \frac{v}{1 + \left(\frac{1-n}{n}\right) p_s K_d}$$

ここで v = 地下水速度，v_c = 汚染物質速度，n = 全空隙率又は空隙容積／全容積
　　　　p_s = 土壌相対密度，K_d = 分配係数又は土相質量当たりの溶質重量

また土壌中の液相と固相間の溶質（汚染物質）の分配は次のフロインドリッヒの吸着等温式で

表1　システム設計時に必要なパラメータ

土壌に関するパラメータ	粒度分布 透水性-土質 空隙率，水分 酸化還元電位，緩衝性，pH 共存イオン（Na^+，K^+，Ca^{2+}，Mg^{2+}，F^-，Cl^-，SO_4^{2-}他） TOC
対象物質に関するパラメータ	溶解度，溶解度積 分配係数 遅延係数 蒸気圧 錯体形成定数
土壌と対象物質のパラメータ	含有量，吸着量，溶出量 粒度フラクション別の吸着量

表される。

$$S = K_d C^b$$

ここで S＝絶乾土壌質量当たりの溶質（汚染物質）吸着量，C＝溶質（汚染物質）濃度，b＝吸着量と濃度の対数関係の傾斜

　土壌を汚染している対象が有機物質の場合にオクタノール水分配係数 K_{ow} が1000以下である場合に原位置土壌洗浄法が適用可能であるとされ，K_{ow} が10以下である有機物質（低分子のアルコール，フェノール，カルボン酸類等の有機物）では自然溶出が可能であり，K_{ow} が $10 < K_{ow} < 100$ である有機物質（中間的な大きさの分子量を持つケトン，アルデヒド，芳香族，低分子量の有機物—TCE，PCE を含む）は水だけの洗浄で効率良く除去可能であるといわれている。

　水へ添加する薬品については種類，濃度や使用量はコスト面からも重要であるが，対象地層内での残留や漏えい，拡散などにより，周辺環境への悪影響を与えないように十分に考慮して選定されなければならない。

1.4.8　対象地下構造

　対象土壌を含む地質構造が均質であることはありえない。そのため効率よく修復を進めるためには対象域の水文地質学的と地球化学的調査を十分に行っておかねばならない。水文学的地質構造を明確にし，飽和層，不飽和層，不透水層の三次元的に把握することが原位置土壌洗浄法で地下水の移動を解析するためには不可欠である。シミュレーションによる浄化予測もかなり精度高く行われるように成って来ており，地下水の流向，流速，汚染物質のモニタリングの実測定とも合わせて評価する。

　また人為的な制限事項としては，配管，地下タンクなどの地下埋設物の位置などの影響を受けることは必須なので事前の地下構造を知るためのボーリング調査等の事前調査は綿密に行う必要がある。

1.4.9　システム運転時の障害

　本システム施工において最大の障害は目詰まりである。目詰まりは無機的な物質の析出によるプラッギングと生物の異常増殖によるバイオファウリングであり，その対策を事前に検討しておかねばならない。

1.4.10　モニタリング

　原位置法の宿命として浄化プロセスの確認モニタリングはむずかしい。地下構造によっては局部的に浄化できない部分が残る可能性もあり，地下水のモニタリングだけでは不完全であり，ボーリングによる土壌の直接的な確認が必要である。以下ガイドラインの関連部分を抜書きする[1]。

(1) 措置実施中のモニタリング

　地下水の観測井は，地下水流向の下流側にあたる原位置浄化を実施した場所の周縁に設置する。必要に応じて複数設置することが望ましい。観測井の深度は，少なくとも詳細調査で確認さ

れた土壌溶出量基準に適合しない深度までとする。

(2) 措置の完了モニタリング

浄化完了の確認のためには次の確認調査が必要である。

地下水汚染土壌の浄化効果が1箇所以上の観測井で1年に4回以上定期的に地下水を採取し地下水濃度を測定して地下水汚染がない状態が2年間継続することを確認されたことで完了となる。

汚染土壌の浄化効果が100m^{2}につき1地点で深さ1mから汚染土壌のある深さまでの1mごとの土壌を採取し土壌に含まれる特定有害物質の量を測定し基準に適合することが確認されたことで完了となる。

文　　献

1) 環境省水・大気環境局土壌環境課, 土壌汚染対策法に基づく調査及び措置に関するガイドライン暫定版, 平成22年7月
2) W. C. Anderson, *et al.*, *Innovative Site Remediation Technology: Soil Washing / Soil Flushing*, Vol.3 EPA 542-G-93-012 (1983)
3) 熊本進誠ほか, 地下水・土壌汚染防止対策に関する研究集会第9回講演集, p49-52 (2003)
4) 三浦俊彦ほか, 土壌環境センター技術ニュース, **15** (2008)
5) P. H. Masscheleyn, *et al.*, *Water Air and Soil Pollution*, **113**, p63-76 (1999)
6) 德永修三ほか, 地下水・土壌汚染防止対策に関する研究集会第9回講演集, p8-11 (2003)
7) 宮崎照美ほか, 地下水・土壌汚染防止対策に関する研究集会第15回講演集, p125 (2009)
8) 中川啓ほか, 地下水・土壌汚染防止対策に関する研究集会第9回講演集, p66-69 (2003)
9) 宮川鉄兵ほか, 地下水・土壌汚染防止対策に関する研究集会第9回講演集, p42-45 (2003)
10) 伊藤辰也ほか, 地下水・土壌汚染防止対策に関する研究集会第9回講演集, p248-251 (2003)
11) 萩野芳章ほか, 地下水・土壌汚染防止対策に関する研究集会第9回講演集, p260-263 (2003)
12) C. N. Mulligan, *et al.*, *Environ. Sci. Technol*, **33**, p3812-3820 (1999)
13) 岡田正明ほか, 地下水・土壌汚染防止対策に関する研究集会第15回講演集, p146 (2009)
14) 古川真ほか, 地下水・土壌汚染防止対策に関する研究集会第9回講演集, p154-157 (2003)
15) J. Hong, *et al.*, *Water Air and Soil Pollution*, **87**, p73-91 (1996)
16) M. A. Mayes, *et al.*, *Journal of Contaminant Hydrology*, **45**, p245-265 (2000)
17) H. E. Allen, *et al.*, *Environmental Progress*, **12**, 4, p284-293 (1993)
18) E. X. Wang, *et al.*, *Environmental Science & Technology*, **30**, 7 p2211-2219 (1996)
19) 坪田康信ほか, 地下水・土壌汚染防止対策に関する研究集会第9回講演集, p58-59 (2003)

1.5 原位置等における熱的な処理による汚染物質の分離・抽出

保賀康史（Yasushi Hoga）

1.5.1 熱的な汚染土壌処理とは

ここで示す熱的な処理とは，間接的または直接的に汚染土壌を加熱処理し，揮発性有機化合物や油分，あるいはPCBs，ダイオキシン類，農薬等のPOPs（Persistent Organic Pollutants；残留性有機汚染物質）[1] などの有害物質を分解するか，あるいは土壌から脱着・分離させて汚染物質を除去するのに用いられる技術である。

具体的な技術としては，機械式炉で間接的あるいは直接的に加熱する方法の他，石灰等の水和熱を利用する方法，加熱媒体として水蒸気を使用する水蒸気注入法のほか，特定有害物質によっては沸点を低下させる薬剤等を加熱時に添加[2] し，より効率的な処理を図る場合もある。

1.5.2 熱的な浄化工法

熱的処理方法で使用される温度は，特定有害物質等により大きく異なる。図1に主な対象物質と揮発温度または沸点について示す。

原位置浄化せずに掘削除去された汚染土壌は，オンサイト（現場内），またはオフサイト（搬出後に場外処理）で処理される。熱処理に用いられる温度は，高温熱分解では800℃あるいはそれ以上，抽出（脱着）を目的とするものでは400〜600℃程度（中温），揮発性物質の抽出には150〜200℃（低温）の範囲で行われる[4]。

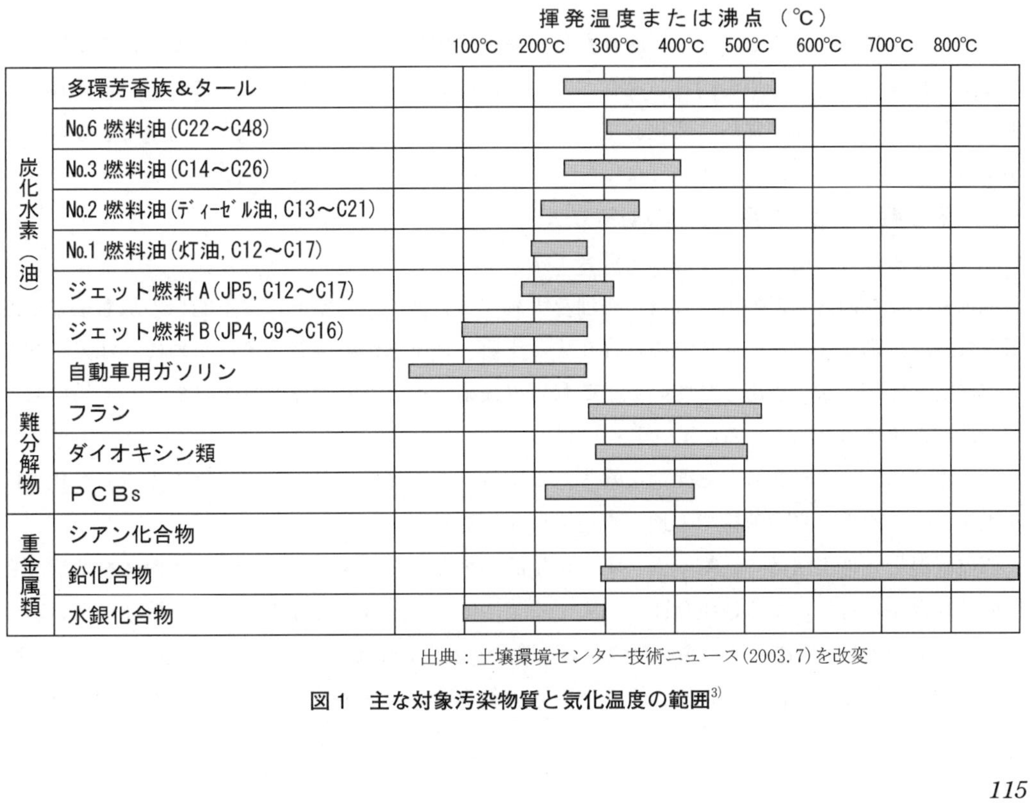

出典：土壌環境センター技術ニュース(2003.7)を改変

図1　主な対象汚染物質と気化温度の範囲[3]

表1 汚染土壌の主な熱的処理技術と温度範囲

処理温度範囲	分類	処理方法	主な対象物質
数十℃～100℃未満	気化抽出（揮発）	石灰混合（水和反応熱）水蒸気注入	揮発性有機化合物
150～200℃		（乾燥炉等）	
300～500℃	分離	直接加熱	油
400～600℃	脱着	間接熱脱着	PCB，ダイオキシン類，低沸点金属等
800～1000℃	分離	塩化揮発法	高沸点重金属（薬剤添加）
1100℃以上	分解	高温熱分解，溶融	農薬，ダイオキシン類等

上記よりも低温になると，原位置浄化において揮発性有機化合物を対象として用いられる方法として，石灰混合による水和熱や水蒸気注入による加温を利用して，数十～90℃程度の温度で用いられる抽出処理方法がある。

加熱処理によって発生する分解生成物等あるいは脱着された物質は，有害性が高い場合が多い。実際には化合物の分解も並行して起こっている場合もある。例えば，直接加熱では酸素の存在下で加熱するため，塩素化合物を処理する場合はダイオキシン類生成のおそれがある。

土壌から分離した物質は，その物性に応じて捕捉し，適切に処理する必要がある。特に原位置浄化では，確実に捕集しないと地表面から大気中への逸散，あるいは周辺地盤や地下水中への拡散を生じるおそれがある。また捕集後は活性炭等での吸着回収，あるいは排ガス処理装置等で分解処理する必要がある。

処理後の土壌の性状としては，低温または中温で処理したものは，土壌としての機能が損なわれることは少なく，再利用を図れる場合が多い。高温処理後の土壌は部分的にあるいは全体に，土壌としての成分自体が質的に変化してしまうので，元々の土壌としての再利用はできない場合がある。

1.5.3 原位置工法として用いられる対策方法[5]

(1) 原位置浄化に用いられる注入・混合工法

原位置で比較的低温で抽出（脱着）処理を実施する方法で，基本的には不飽和の地盤条件で適用される。掘削を伴わないで地盤中に存在する土壌・地下水汚染の処理するために，注入工法と原位置混合処理工法が利用されている。これらの技術はもともと地盤改良を目的として用いられてきた技術を基礎としている。

注入工法は，注入材あるいは薬剤を水または空気とともに原地盤に注入し原位置での浄化を図る工法で，透水性の良い地盤での地下水汚染浄化に適している。

原位置混合処理工法は，鉄粉や生石灰，化学的薬剤などを，スラリーあるいは粉体を地盤改良用の混合機から対象とする地盤範囲に注入する工法であり，機械攪拌や混合噴射攪拌が用いられる。シルト，粘土質の透水性の悪い地盤から，透水性の良い地盤にまで適用できる工法であるが，機械攪拌によって砂地盤を混合攪拌すると締め固まり，混合機械には大きなトルクが必要とされ

第 4 章　原位置浄化技術の概要

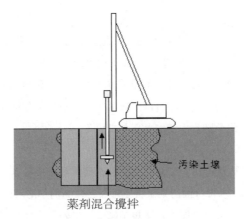

図 2　原位置混合処理工法

るようになる。したがって，機械攪拌は軟弱粘性土地盤に適用されることが多い。

(2)　工法別の留意点
① 　石灰混合

　熱源としては，汚染土壌に生石灰等を混合し，土壌中の水分と反応することで発生する水和熱を用いて 60〜90℃ 程度で処理を図る場合が多い。

　土壌の温度を上げ，第一種特定有害物質等の汚染物質を揮発させて抽出する方法であるが，生石灰を用いたことにより土壌中の pH が上昇し，鉛や砒素等の土壌溶出量が増大しやすくなるので注意を要する。また，生石灰とトリクロロエチレンを混合すると，有害な副生成物（クロロアセチレン）が生じる場合もあることが知られているのでトリータビリティー試験などで確認することが望ましい[6]。

　この方法では，汚染物質は分解されておらず，抽出（分離）されているだけなので，大気中にそのまま放出することは避けねばならない。適切な方法で捕集した上で，地上にて活性炭吸着，熱分解，紫外線分解等の方法で処理処分することが必要である[2, 6]。

② 　水蒸気注入法[7]

　地盤中に水蒸気を注入して第一種特定有害物質等の汚染物質の揮発を促進させて，周囲に配置したガス吸引井戸から吸引回収する方法である。注入した水蒸気がドレン化して地下水を汚染する場合がある。近傍の建物床下への拡散防止も必要であり，施工にあたっては周辺モニタリングなども含めて留意する必要がある[7]。

1.5.4　低温加熱処理

　300℃ 以下の比較的低温で抽出（脱着）処理を実施する方法を指す。揮発性有機化合物やガソリンなどを対象とし，熱源としては乾燥炉などによる温風利用が考えられるが，前述の方法と同様に，確実な捕集と処理・処分が必要である。

1.5.5 中温加熱処理[5]

熱処理のうち，概ね400〜600℃の温度範囲で実施されるものを指す。熱源としては燃料油やLPGなどの燃料ガスの燃焼，あるいは電気による加熱が用いられる。対象物質としては，図1に示すように炭素数の多い油類（重質油，多環芳香族など）や難分解性物質（PCB，ダイオキシン類など）があげられる。たいていの場合は，掘削後に加熱により揮発させ，後段に取り付けられた処理装置で分解・無害化を図る手法がとられている。

(1) 直接加熱[2]

図3に示すように，機械式炉を用いて汚染土壌を直接熱源と接触させて，土壌から汚染物質を揮発分離する方法である。欧米には油汚染土壌処理などに実例があるが，焼却炉に酷似するため，日本で適用するならば，大気汚染に関する法規制についての排出ガス対策等に留意する必要がある。有機化合物を対象として用いられる。最高操作温度は500℃程度で運転される。

(2) 間接加熱（間接熱脱着）

汚染土壌を約600℃（最大700℃程度）で間接的に加熱し，土壌中の汚染物質を揮発させて分離することで土壌を浄化する。対象物質はダイオキシン類やPCB，油分（PAHsや重質油など）である。酸素との接触を防ぐため，塩素化合物も処理可能である。

図4に示すように，汚染土壌は気密性を保持した投入口より間接熱脱着装置のチャンバー（加熱部）内に投入される。このチャンバー外面をバーナーで加熱することにより，内部の汚染土壌の温度が上昇し，汚染物質は水分とともに揮発して土壌から分離される。汚染物質が除去された浄化土壌は気密性を保ちながら排出される。バーナーの燃焼ガスは，汚染物質と触れないので，汚染物質が混入することはない。

汚染物質は，クエンチ（ガス洗浄装置）内で循環水に捕集されて処理装置で除去される。または，ガス状のまま直接に分解装置へ移送して分解される場合もある。なお，中温であっても汚染物質によってはその還元的熱化学的雰囲気の中で分解が進む場合もあることが知られている。

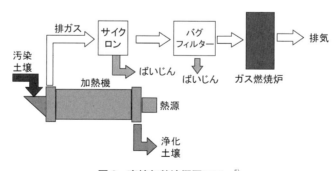

図3 直接加熱法概要フロー[5]

第 4 章　原位置浄化技術の概要

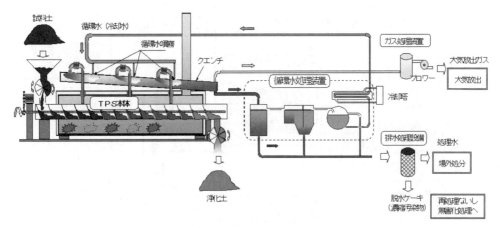

図 4　間接熱脱着処理フロー[3]
（TPS は間接熱脱着：Thermal Phase Separation system の略称。）

1.5.6　高温熱分解

　汚染土壌を 800℃以上の高温に加熱すると重質油やダイオキシン類も分解を始め，重金属等も熱脱着や還元処理されるレベルになる。さらに高い温度（1,000℃以上）になると土壌に重金属等が含有されたまま溶融され，不溶化される。これに分類される方法としては焼却や焙焼，溶融，水蒸気分解などがある。

(1)　焼却法

　有機化合物による汚染土壌を焼却炉に投入し，汚染物質を高温で焼却，分解する方法である。汚染物質を分解・無害化する方法としては古くからの代表的な技術である。汚染土壌の焼却処理設備の形式としては，ロータリーキルン炉や流動床炉が適しているとされる。

(2)　溶融法

　処理対象（汚染土壌）中に電極を挿入し，これに通電して処理対象物を電気的に加熱することにより対象を溶融し，また，自然冷却によって溶融体を固化するものである。溶融部の中心温度は 1,600〜2,000℃にまで上昇し，処理対象物中の有機物が高温熱分解されるとともに，揮発し易い重金属は気化して冷却除塵洗浄機で捕捉され，揮発しにくい重金属は固化体の中に閉じ込められる。有機物と重金属からなる複合汚染土壌を同時に無害化処理できる。冷却後の固化体（溶融スラグ）は，土壌中のシリカ分によってガラス質の固まりになる。

　この工法は，高濃度ダイオキシン類汚染物を分解処理する技術として処理技術マニュアル[8]に記載されている技術のうち，電気抵抗式溶融方式に分類される技術である。

(3)　水蒸気分解

　水蒸気分解では図 5 で示すように，脱着（分離）プロセスで分離されたガス状の汚染物質を分解する。

　間接熱脱着プロセスで土壌から分離した汚染物質や水分は，ガス体のまま水蒸気分解プロセス

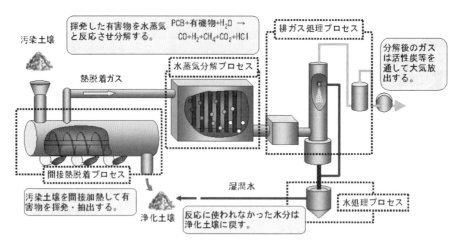

図5 水蒸気分解の例（ジオスチーム法）[9]

に導入される。このガスは，水蒸気分解装置内に設置された間接加熱式ヒーターにより約1,100℃まで加熱される。この温度域では，水蒸気と有機物が反応し，PCBやダイオキシン類，POPs農薬などの有機塩素化合物は一酸化炭素，二酸化炭素，メタン，水素，塩化水素などに分解される。

排ガス処理プロセスでは水蒸気分解後のガス中に含まれる低分子の可燃性ガスを処理する。その後，このガスはクエンチ（ガス洗浄装置）内で冷却水を噴霧して急速冷却し，ガス中の水蒸気を水として回収するとともに，ガス中に含まれる塩化水素などの酸性ガスも冷却水中に捕捉される。冷却後のガスは，フィルターろ過および活性炭吸着処理を行なった後，大気放出される。

この技術は汚染物の抽出から分解までを同一システム内でおこなうため，濃縮汚染物を取り扱う必要がない。また，抽出・分解に薬剤を用いないため，危険物や毒劇物を扱うリスクがない。

文　　献

1) 「残留性有機汚染物質に関するストックホルム条約」（2004）
2) 環境庁，「土壌・地下水汚染に係る調査・対策指針及び運用基準」, p.参1-56, p.参1-86（1999）
3) 中島卓夫ほか，間接加熱式熱脱着工法による汚染土壌の浄化，土壌環境センター技術ニュース，No.7, p.22（2003）
4) 環境省，土壌汚染対策法に基づく調査及び措置に関するガイドライン（暫定版），p.253-255（2010）
5) 保賀康史ほか，講座　土壌汚染対策技術の現状と実例5，地盤工学会誌, 58-1, p.125-127（2010）

第4章　原位置浄化技術の概要

6) ㈳土壌環境センター，土壌汚染対策法に基づく調査及び措置の技術的手法の解説，p.140（2003）
7) 環境省HP,「平成21年度低コスト低負荷型土壌汚染調査・対策技術検討調査及びダイオキシン類汚染土壌浄化技術等確立調査」対象技術の評価結果等について（2010）
8) 厚生省生活衛生局水道環境部環境整備課，高濃度ダイオキシン類汚染物分解処理技術マニュアル，p.463（1999）
9) 轟朋浩ほか，間接熱脱着＋水蒸気分解法によるダイオキシン類汚染土壌浄化技術，土壌環境センター技術ニュース，No.9, pp.24-29（2004）

1.6 電気化学的土壌・地下水修復技術

和田信一郎（Shin-Ichiro Wada），中川　啓（Kei Nakagawa）

電気化学的土壌修復（electrochemical soil remediation）技術とは，汚染地盤に挿入した電極上あるいは電極間で生ずるさまざまな電気化学反応を利用した修復技術の総称である。はじめは，もっぱら電気泳動や電気浸透などの動電現象（electrokinetic phenomena）が注目されたため動電学的土壌修復（electrokinetic soil remediation）技術とよばれたが，最近はそのほかの様々な電気化学現象も注目されるようになった。そこでここではそれらを包括するように電気化学的土壌・地下水修復技術という題目を採用した。この技術はまだ研究途上であるので，技術書としてまとまったものはほとんどなく，技術内容は多くの文献に記載されている。本項では紙数の制限から，技術内容を概説し，代表的な研究論文のみを引用した。

1.6.1 電極を挿入した土における電気化学現象

(1) 動電現象

土は粘土から砂にいたる様々な大きさの鉱物粒子と，高分子の腐植物質からなる多孔質体であり，含水比にもよるが，一般に小間隙は水で満たされている。大部分の土においては，土粒子表面は負に帯電しており（例外もある），そこに様々な陽イオンが吸着されている。吸着イオンの一部はイオン吸着基に密着して強く吸着されているが，残りの吸着イオンは，クーロン力の引力圏内で熱運動している。熱運動している吸着イオンの層を拡散層とよぶ。

土に電極を挿入して直流電圧を印加すると，表面に密着していない陽イオンは陰極方向へ，溶存陰イオンは陽極方向へ移動する。この現象が電気泳動である。イオンは，電気泳動するとき周囲の水分子を引きずりながら移動する。土の間隙においては，陰イオンより陽イオンの量が（吸着イオン陽イオンの分だけ）多いため，陰極方向へ引きずられる水分子の量が，陰イオンに引きずられて陽極へ向かう水分子の量より多い。このため，陰極方向への正味の水移動が生ずる。この現象が電気浸透である。電気泳動と電気浸透は動電現象（electrokinetic phenomena）と総称される。

イオンの平均電気泳動速度は，その場における電位勾配に比例する。いま電位を $\phi(\mathrm{V})$ で表せば，土中のイオンの移動速度 $v(\mathrm{m})$ は1次元の場合，

$$v_{em} = \frac{\mu_{em}}{\tau^2}\frac{d\phi}{dx} \tag{1}$$

で表される（x 軸は陽極から陰極へ向かう方向にとっている）。ここで μ_{em} ($\mathrm{m^2\,V^{-1}\,s^{-1}}$) は水中におけるイオンの移動度，$\tau$ は屈曲度とよばれ，溶質が土中のくねくねした間隙を移動する効果を表す無次元のパラメータである。電気泳動によるイオンのフラックスはしたがって，移動速度にその場におけるイオンの濃度を乗ずることによって求められる。

電気浸透による水の移動速度も電位勾配に比例する。つまり

第4章　原位置浄化技術の概要

$$v_{eo} = \mu_{eo} \frac{d\phi}{dx} \tag{2}$$

と表される。ここでμ_{eo}（$m^2 V^{-1} s^{-1}$）は電気浸透係数とよばれる量である。

　動電現象による物質移動の特徴は，土の透水係数にほとんど無関係である点である。電場による力は土の間隙中の個々のイオンに直接作用してイオンを移動させるだけでなく，その衝突により水分子を移動させる。したがって，電圧の印加による電位勾配が同じであれば，ベントナイトでも砂でもほぼ同様な電気浸透流が発生し，また電気泳動によるイオンの移動速度も土の透水性にかかわらず大きく異ならない[1]。この性質が注目され動電現象は土壌汚染対策のために最初に応用された。

(2) 電極における化学反応

　電極間の電位勾配による動電現象に加えて，電極表面では電子の授受を伴う種々の化学反応が進行する。代表的なものは水の電気分解反応であり，陽極表面では

$$2H_2O = 4H^+ + O_2 + 4e^- \tag{3}$$

という反応によって酸素ガスとプロトンが発生する。一方陰極では

$$4H_2O + 4e^- = 4OH^- + 2H_2 \tag{4}$$

という反応によって水素ガスと水酸化物イオンが発生する。

　このほか，陰極に電気泳動してきた鉛イオンなどの陽イオンが陰極において

$$Pb^{2+} + 2e^- = Pb^0 \tag{5}$$

のように金属鉛に還元される。陽極として鉄を用いると，陽極付近の酸性化に伴って2価鉄イオンが溶出し，陽極方向へ移動してきた六価クロム（二クロム酸イオン）と

$$Cr_2O_7^{2-} + 14H^+ + 6Fe^{2+} = 2Cr^{3+} + 6Fe^{3+} + 7H_2O \tag{6}$$

のように反応して三価クロムへ還元する。

　一般的には，陰極では電極から電子が供給され，間隙水中の物質が還元される反応が進行し，陽極では逆に溶液中の物質から電子が奪われて酸化される反応が進行する。

　電気化学的土壌修復技術とは，上述したような様々な電気化学現象を利用した土壌修復技術の総称であり，以下に述べるようなものが提案され，実施されている。

1.6.2 動電現象による汚染物質の移動と除去

(1) 技術の概要

　もっぱら動電現象によって汚染物質を電極へ移動させて除去しようとする技術である。表1には式(1)と(2)に関するパラメータをまとめて示した。これらの値を用いて計算すると，陽極から陰

表1 電気泳動および電気浸透に係るパラメータの値

屈曲度			
1～2			
電気浸透係数/$m^2\ V^{-1}\ s^{-1}$			
$-10^{-9} \sim -10^{-8}$			
イオンの移動度/$m^2\ V^{-1}\ s^{-1}$			
イオン種	移動度	イオン種	移動度
Al^{3+}	-6.53×10^{-8}	Cl^-	7.91×10^{-8}
Ca^{2+}	-6.17×10^{-8}	CrO_4^{2-}	8.81×10^{-8}
Cd^{2+}	-5.59×10^{-8}	I^-	7.96×10^{-8}
Cu^{2+}	-5.55×10^{-8}	MnO_4^-	6.37×10^{-8}
H^+	-36.25×10^{-8}	NO_3^-	7.40×10^{-8}
K^+	-7.61×10^{-8}	OH^-	20.55×10^{-8}
Mg^{2+}	-5.49×10^{-8}	SO_4^{2-}	8.29×10^{-8}
Na^+	-5.19×10^{-8}	CH_3COO^-	4.23×10^{-8}
Pb^{2+}	-7.20×10^{-8}		
Zn^{2+}	-5.47×10^{-8}		

極に向かって$-100V\ m^{-1}$の電位勾配が与えられた場合，つまり土に1mの間隔で電極を挿入し，100Vの電圧を印加した場合，H^+イオンの移動速度が最大で約13cm/h，OH^-イオンがこれにつぎ約7.4cm/h，その他の大部分のイオンは2～3cm/hとなる。これに対して電気浸透流速は0.036～0.36cm/hにすぎない。つまり，電気浸透流速よりも電気泳動速度がはるかに大きく，電気浸透が起こっている場合でも，陰イオンはそれに逆らって陽極方向へ電気泳動する。この計算では土の屈曲度は1としたが屈曲度2の場合でも大勢に影響はない。この概算から明らかなように，除去対象汚染物質がイオン性の物質の場合，電気浸透よりも電気泳動の寄与のほうが圧倒的に大きい。電気浸透が主要な除去機構となるのは，非イオン性の物質に対してのみである[2]。

土に電極を挿入して直流電圧を印加すると，陽極と陰極ではそれぞれ(3)および(4)のような電気分解反応が起こり，生成したプロトンと水酸化物イオンはそれぞれ陰極および陽極へ向かって電気泳動する。この結果，陽極付近は強酸性化し，その酸性領域は陰極方向へ向かって次第に広がる。逆に陰極付近はアルカリ化し，アルカリ領域も次第に広がる。表1に示すように，プロトンや水酸化物イオンの移動度はほかのイオンと比較して非常に大きいので，酸性領域やアルカリ性領域の電気抵抗は，中性の領域よりも小さくなる。このため，酸性領域やアルカリ性領域が広がってくると，その部分の電位勾配は，抵抗の大きい中性領域よりもはるかに小さくなる（図1）。電気泳動も電気浸透も電位勾配に比例するので（式(1)および(2)），この領域の物質移動フラックスは非常に小さくなる[3]。

上述の問題克服のために，電極と土との間にイオン選択性膜を挿入するなど，様々な研究が行われたが，経費対効果の高い革新的な方法は見いだされていない。現在採用されている方法は基本的には図2に示すような方法である。つまり，汚染土を掘削したのち処理容器に充填して処理

第4章　原位置浄化技術の概要

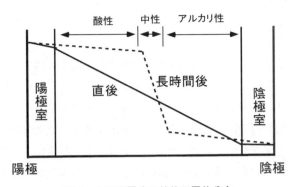

図1　土に通電する前後の電位分布

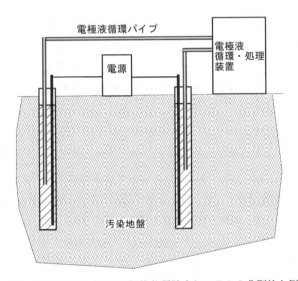

図2　動電現象を利用した汚染物質除去システムの典型的な例

する場合には，土槽の両端に電極質を設けて水あるいは酸溶液や塩溶液を満たし，そこに電極を入れる。この場合には土の間隙も液で飽和された状態で通電する。一方原位置処理をおこなうときには，多孔質壁をもつ電極容器を土に挿入し，その中に電極を設置する。電極室は溶液で満たす。電気浸透流は陽極から陰極へ向かう。したがって，陽イオン性汚染物質（Pb^{2+}，Cd^{2+}など）は電気泳動と電気浸透によって陰極方向へ移動する。また陰イオン（六価クロム CrO_4^{2-} など）は電気浸透流に逆らいながら陽極へ移動する。そして有機塩素化合物など非イオン性物質は電気浸透によって陰極へ移動する。電極質の電解液はポンプによって汲み上げられ，移動してきた汚染物質の除去処理や pH 調整を行って再び電極質に戻される。

　一般的には鉛イオンやカドミウムイオンのような陽イオンは，土粒子表面のヒドロキシ基（たとえば水酸化鉄鉱物表面の Fe-OH 基）と

$$2Fe\text{-}OH + Pb^{2+} = (Fe\text{-}O)_2Pb + 2H^+ \tag{7}$$

のように反応して結合している。この反応を左方向へ進行させるにはプロトン濃度を高くすること，つまりpHを低くすることが有効である。したがって鉛やカドミウムなどの除去には酸性の電解液を循環させる。クロム酸イオンは土粒子にはあまり強く吸着されないので，電位勾配の不均一化を克服すれば比較的速やかに除去することが可能である。重金属陽イオンの場合，EDTAやクエン酸などのキレート剤を用いて陰イオン性のキレート化合物にすれば除去効率は大幅に向上する[4]。しかし，キレート剤自体の毒性や経費のためにこのような移動促進技術は実際には採用されていないようである。

(2) **適用事例と課題**

主として動電現象を利用して，汚染土壌から重金属や有機化合物の除去を行った事例を表2にまとめて示した[5]。これは全世界の施工事例を網羅したものではないが，適用対象の大部分は重金属であることがわかる。

浄化処理の目的は，対象土の有害物質含量を，含有量基準以下に低下させることである。検出限界以下まで低下させるに越したことはないが，経費とエネルギーを考えるとそれは効率的ではない。とくに動電学的浄化においては，含有量が低下するにつれて浄化効率も低下するので，徹底的な浄化を目指すことは不合理である。表2に示した適用事例でも，処理後の重金属濃度は低くても10mg kg^{-1}程度である。鉛の場合，日本の含有量基準は1 mol L^{-1}塩酸による固液比1：30での抽出鉛量として150mg kg^{-1}である。動電学的浄化における目標はこの値と約30mg kg^{-1}（非汚染土の平均鉛含量）の間に設定されるであろう。たとえば50mg kg^{-1}を目標とし，それが達成されたとしよう。処理直後の土は，脱着促進のため強酸性化している。この土をそのまま用いて溶出試験（固液比1：10での水抽出）を行ったとき，溶出濃度が基準値である0.01mg L^{-1}以下になることは期待できない。炭酸カルシウムなどのアルカリ資材を用いたpH調節あるいはそれに加えて何らかの不溶化資材を混入するなどの処理が必要である。プラント処理する場合には，浄化後の不溶化処理は比較的簡単である。しかし原位置処理の場合，どのようにして不溶化するかは今後の研究課題である。

1.6.3 動電現象による栄養塩等の輸送による有機物分解

栄養塩添加によって土着微生物を活性化することによって有機塩素化合物などの有害有機化合物を分解する技術はすでに実用化され広く施工されている。掘削土に栄養塩を均一に混合することは容易であるが，原位置処理の場合，難透水性の粘土層などに栄養塩をいきわたらせることは難しい。しかし，1.6.1で述べたように，動電現象による物質移動は土の透水係数に依存しない。このため，対象地盤に電極を挿入して直流電圧を印加することにより，電極間の汚染土に，栄養塩等をいきわたらせることが可能なはずである。

油田周辺における油汚染土の原位置バイオレメディエーションを促進する手段として窒素源（硝酸塩）を動電現象によって注入する実験が行われた。その実験結果によると，透水係数7×

第4章 原位置浄化技術の概要

表2 電気化学的除去技術のオランダ,ドイツにおける適用事例

プロジェクト	処理体積（m³）	初期濃度（mg kg⁻¹）	処理後濃度（mg kg⁻¹）	備考
塗料工場跡地（フローニンゲン）	300 泥炭/粘土	Cu：＞5000 Pb：＞500-1000	Cu：＜200 Pb：＜280	1987年最初の動電学的処理のパイロットプロジェクト
メッキ工場（デルフト）	250 粘土	Zn：＞1400	Zn：600	操業中の設備の外部における原位置動電学的処理
材木含浸設備跡地（ロッパースム）	300 重粘土	As：＞250	As：＜30	材木の含浸設備：修復したサイトは宅地として利用されている
仮埋立処分場（スタッズカナール）	2500 粘土質砂	Cd：＞180（Pb, Zn, シアンを含む）	Cd：11（平均）	2つのバッチにおける動電学的処理,達成目標は,Cdを10ppm以下にすること,総処理時間は2年間（1990-1992）
空軍基地（ウーンスドレヒト）	3500 粘土	Cr：7300 Ni：860 Cu：770 Zn：2600 Pb：730 Cd：660	Cr：755 Ni：80 Cu：98 Zn：289 Pb：108 Cd：47	仮埋立処分場における動電学的処理,達成目標はCdを50mg/kg以下まで減少させること,総処理時間は2年間（1992-1994）
バッチ試験（ハルスラフ）	40 ローム質土	TNT：49 DNT：188（ジニトロトルエン） DNB：553（ジニトロベンゼン） PAH：40 有機ヒ素：11	TNT：10 DNT：3.3 DNB：6.8 PAH：不検出 有機ヒ素：0.1	ドイツの第一次世界大戦時の軍用品工場（1918年解体）の土壌に対する動電学的処理,処理期間内,バイオデグラデーション処理を活性化させるために栄養塩を付加した
カペレ	130 粘土	シアン：120 PAH：45	シアン：18 PAH：2	12週間のバッチ式の動電学的処理のパイロットプロジェクト
ガス工場跡地（オーストブルグ）	120 粘土,砂質粘土	シアン：930	シアン：28	原位置の動電学的処理のパイロットプロジェクト,一部はビルの地下も含む,深度は地表面下4mまでで,処理時間は3ヶ月,除去率は83～97%
操業中のメッキ工場（ス＝ヘーレンベルグ）	4300 砂質ローム,シルト質砂	Ni：1350 Zn：1300 地下水中Ni：3500μg L⁻¹	Ni：15 Zn：75 地下水中Ni：15μg L⁻¹	製造工場内の原位置動電学的処理プロジェクト,2003年5月にスタートした,処理深度は6mまで
メッキ工場跡地（ハーグ）	5800 中位の細砂とシルト質粘土	地下水中Zn：2000μg L⁻¹	地下水中Zn：＜600μg L⁻¹（2週間後の平均）	動電学的刺激による地下水揚水（ESGE）を用いた亜鉛に汚染された地下水の原位置処理,プロジェクトは実行中,達成目標は400μg L⁻¹以下で,2009年まで

10^{-9} m s^{-1} の土に 1 V cm^{-1} の電位勾配を与え,陽極液として約 25 mmol L^{-1} の硝酸アンモニウムを与えたところ,71 時間後には 15 cm 長さの土槽の大半で硝酸イオン濃度が 10 mmol L^{-1} 以上に上昇した[6]。硝酸イオンは土とほとんど相互作用しないので,動電現象によって非常に効率よく輸送されることがわかる。

微生物を用いた有機塩素化合物のバイオレメディエーションにおけるトリクロロエチレン（TCE）などの分解は,その微生物が主たる炭素源としている有機化合物を分解する際に（酵素の基質特異性が低いため）共存する類似構造を持つ有機物も分解する,という機構によることもある。これは共代謝とよばれる。この場合,TCE 分解自体は微生物にとっては益がないため,栄養塩と同時に,その微生物が本来炭素源としている化合物を供給することが微生物数を増加させるには効果的である。そのような化合物の 1 つとして安息香酸があるが,動電現象を利用して,栄養塩とともに安息香酸を注入する試みが行われた。安息香酸は弱酸であるので,安息香酸イオンは電気泳動により安息香酸は電気浸透により輸送された[7]。

動電現象を利用したバイオレメディエーションはまだ基礎研究の段階である。実用技術とするためには,除去目的物質や栄養塩などの移動という面だけでなく,電場が微生物の生理,土粒子と除去対象有機物の相互作用などに与える影響に関する研究が必要であることが指摘されている[8]。

フェントン反応による油類の原位置分解において,陽極として金属鉄を用い,陽極液に過酸化水素を用いることにより,陽極酸化で生成した 2 価鉄イオンと過酸化水素を陰極方向へ輸送することができ,軽油の分解が効率的に行い得るという結果も報告されている[9]。

1.6.4 動電現象と電極反応を利用した透過性反応壁

透過性反応壁（PRB）とは,地下水の浄化を目的として設置されるもので,揮発性塩素化合物（VOC）の除去を目的として金属鉄粉と砂を充填したものが有名である[10]。この場合,地下水は反応壁をそのまま通過するが,VOC は金属鉄と反応して脱塩素し無害化される。動電現象や電極反応を利用して,水は通過させながら溶存する有害物質の移動を阻止したり,無害化したりする技術も研究されている。

(1) **主として動電現象を利用したもの**

最も古くから研究されているのは,主として動電現象を利用したものである。図 3 に示すように,地下水の流向に垂直に陰極列と陽極列を配置して直流電圧を印加すると,陽極から陰極方向へ向かって電気浸透流が発生し,さらに陽イオンは陰極方向へ向かって電気泳動する。この結果,陽イオンや電荷をもたない物質の移動は抑制される[11]。

(2) **動電現象と電極反応を利用したもの**

(1)で述べた方法では,処理対象物質は電極付近にある程度は滞留濃縮されるが,それによる移動抑制には限度がある。しかし,電極付近に濃縮された対象物を電極反応によって分解,無害化あるいは不溶化することができるなら,電極液の汲み上げやその処理が不要になる。この発想に基づく処理法の 1 つとして,陰極周囲に金属鉄含量の高い転炉スラグを配置し,電気浸透によっ

第4章　原位置浄化技術の概要

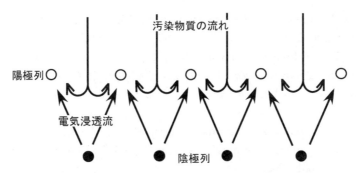

図3　電気化学的透過性浄化壁における電極配置と物質の流れ

て陰極への地下水の流入を促進しながら，スラグとの反応によって有害物質を不溶化するという方法の野外試験が行われている[12]。その結果によると，地下水中のヒ素および鉛濃度を，単なる動電学的処理よりも優位に低下させることができた。反応剤として金属鉄を用いることにより六価クロムやヒ素を不溶化することができるという研究報告もある。

陰極周囲に金属鉄を配置した電気化学処理法は，いうまでもなくTCE分解にも有効である。電極として網状の金属チタン電極表面にタンタルとイリジウムの混合酸化物をコーティングしたものを用いると，金属鉄を用いることなく，TCE分解ができることも見出されている[13]。

1.6.5　電気化学的土壌・地下水修復技術の今後

電気化学的土壌・地下水修復技術は，単に動電現象を利用して有害物質の移動を促進して除去することを目的として研究が開始された。しかし，特に2000年以降は動電現象だけでなく，様々な電極反応を利用した，適用範囲の広い技術を目指して進化しつつある。しかし現在のところ，この技術はまだ商業ベースで広く施工されるには至っていない。技術としての基盤確立するためには，土に通電した時に生ずる現象を理学的により正確に理解すること，数値シミュレーション手法を改善することの必要性が指摘されている[14]。加えて，動電現象の基礎式の1つであるネルンスト-アインシュタイン式の実験的検証の必要性なども指摘されている[14]。

文　　献

1) Casagrande, I. L., Electro-osmosis in soils. Geotechnique **1**, 159-177 (1949)
2) Acar, y. B. and Alshawabkeh, A. N., Principles of electrokinetic remediation. *Environ. Sci. Technol.* **27**, 2638-2647 (1993)
3) Wada, S. -I. and Umegaki, U., Major ion and electrical potential distribution in soil under electrokinetic remediation. *Environ. Sci. Technol.* **35**, 2151-2155 (2001)

4) Wong, J. S. H., Hicks, R. E. and Probstein, R. F., EDTA-enhanced electroremediation of metal-contaminated soils. *J. Hazard. Mater.* **55**, 61-79 (1997)

5) Lageman, R. and Pool, W., Experiences with field applications of electrokinetic remediation. In: *Electrochemical Remediation Technologies for Polluted Soils, Sediments and Groundwater* (ed. by K. R. Reddy and C. Cameselle), 697-717, John Wiley & Sons, Inc. (2009)

6) Schmidt, C. A. B, Barbosa, M. C., de Armeria, M. de S. S., A laboratory feasibility study on electrokinetic injection of nutrients on an organic, tropical, clayey soil. *J. Hazard. Mater.* **143**, 655-661 (2007)

7) Rabbi, M. F., Clark, B., Gale, R. J., Ozu-Acar, E., Pardue, J. and Jackson, A., In situ TCE bioremediation study using electrokinetic cometabolite injection. *Waste Management* **20**, 279-286 (2000)

8) Wick, L. Y., Shi, L. and Harms, H., Electro-bioremediation of hydrophobic organic soil-contaminants : A review of fundamental interactions. *Electrochim. Acta.* **52**, 3441-3448 (2007)

9) Tsai, T. -T., Sah, J. and Kao, C. -M., Application of iron electrode corrosion enhanced electrokinetic-Fenton oxidation to remediate diesel contaminated soils : A laboratory feasibility study. *J. Hydrology* **380**, 4-13 (2010)

10) Vogan, J. L., Focht, R. M., Clark, D. K. and Graham, S. L., Performance evaluation of permeable reactive barrier for remediation of dissolved chlorinated solvents in ground water. *J. Hazard. Mater.* **68**, 97-108 (1999)

11) Narashimhan, B. and Sri Rajan, R., Electrokinetic barrier to prevent subsurface containment migration : theoretical model development and valication. *J. Contaminant Hydrol.* **42**, 1-17 (2000)

12) Chung, H. I. and Lee, M.-H., Coupled electrokinetic PRB for remediation of metals in groundwater. In: *Electrochemical Remediation Technologies for Polluted Soils, Sediments and Groundwater* (ed. by K. R. Reddy and C. Cameselle), 647-659, John Wiley & Sons, Inc. (2009)

13) Petersen, M. A., Sale, T. S. and Reardon, K. F., Electrolytic trichloroethen degradation using mixed metal oxide coated titanium mesh electrode. *Chemosphere* **67**, 1573-1581 (2007)

14) Yeung, A. T., Milestone developments, myths, and future directions of electrokinetic remediation. *Separation Purification Technol.* **79**, 124-132 (2011)

2 原位置における汚染物質の分解技術

2.1 化学的酸化分解
2.1.1 化学的酸化分解法の概要

根岸昌範（Masanori Negishi）

化学的酸化分解法は，酸化剤として機能する薬剤を汚染土壌に供給し，有機化合物を分解・無害化する処理技術である。施工面からのアプローチとして，最も一般的な方法は，原位置注入方式であり，他に大型機械撹拌による施工事例も報告されている[1]。

歴史的には，1990年代後半に過マンガン酸カリウムを使用した原位置酸化分解技術が最も初期から適用されてきたと考えられるが，わが国ではマンガンが2004年から水質要監視項目とされたことなどもあり，フェントン剤（過酸化水素と二価鉄塩の組合せ），過硫酸塩などに代替されてきている。

各種酸化剤について半反応式と酸化ポテンシャルの理論値を表1に示す[2]。熱力学的なポテンシャルの大小がそのまま汚染物質の酸化分解反応速度に結びつくわけではないが，特に水酸ラジカルや硫酸ラジカルは高い反応性を有しているといえる。

2.1.2 各種使用薬材
(1) フェントン法

フェントン反応剤（Fenton's Reagent）は発見者である英国の化学者 H.J.H. Fenton にちなんだ名称であり[3]，過酸化水素と遷移金属（鉄あるいは銅など）との混合物のことである。もともとは医療などの分野における生体内反応として研究されてきた反応メカニズムである。環境工学分野においては，水処理分野におけるめっき廃水の酸化処理やCOD成分の除去法として取り入れられている[4]。土壌地下水汚染の原位置分解手法としての適用は1990年代後半からとなる[5]。

理論的には過酸化水素水濃度が300ppm以上において，過酸化水素が二価鉄と反応して水酸ラジカルを生成する。また，pHが5以下の環境では三価の鉄イオンは再び二価の鉄イオンに還元されるため，再度ラジカル生成に寄与し，触媒的に機能する。

過酸化水素と二価鉄によるラジカル生成反応は式(1)のように表記される。

$$H_2O_2 + Fe^{2+} \rightarrow Fe^{3+} + OH^- + OH^\cdot \tag{1}$$

表1 代表的な酸化剤の標準酸化電位

酸化剤	化学式	標準酸化電位 [V]
水酸ラジカル	$OH^\cdot$	2.8
硫酸ラジカル	SO_4^-	2.5
オゾン	O_3	2.1
過硫酸ナトリウム	$Na_2S_2O_8$	2.0
過酸化水素	H_2O_2	1.8
過マンガン酸カリウム	$KMnO_4$	1.7

一例として，トリクロロエチレン（C_2HCl_3）が水，炭酸ガス，水素イオン，および塩化物イオンに完全分解される場合の反応式は式(2)のように表記される。

$$C_2HCl_3 + 3Fe^{3+} + 3OH^- + 3OH\cdot \rightarrow 3Fe^{2+} + 2H_2O + 2CO_2 + 3H^+ + 3Cl^- \tag{2}$$

式(1)で生成する水酸ラジカルはほぼ瞬時に式(2)に従ってトリクロロエチレンと反応するため，鉄触媒存在下での過酸化水素によるトリクロロエチレン分解反応は，両式をあわせた式(3)で表現される。

$$C_2HCl_3 + 3H_2O_2 \xrightarrow{Fe^{2+}} 2H_2O + 2CO_2 + 3H^+ + 3Cl^- \tag{3}$$

また，炭化水素化合物を水と二酸化炭素に完全分解する場合には，過酸化水素の消費量が多くなり，例えば式(4)に示すようにベンゼン1モルを分解するのに，理論上15モルの過酸化水素が必要となる[6]。

$$C_6H_6 + 15H_2O_2 \xrightarrow{Fe^{2+}} 18H_2O + 6CO_2 \tag{4}$$

(2) 過硫酸塩

水中に溶解した過硫酸イオン（$S_2O_8^{2-}$）も酸化剤であり，溶解度が最も高いナトリウム塩が一般的に使用されている。過硫酸塩は式(5)に示すように硫酸イオンに変化する際に電子を2モル奪い取るため，通常の酸化反応でも相手を酸化する能力を有している。

$$過硫酸イオン：S_2O_8^{2-} + 2e^- \rightarrow 2SO_4^{2-} \tag{5}$$

しかしながら，実用的な反応速度を実現するためには，式(6)に示すように鉄触媒の共存下で硫酸ラジカルを使用する方法がとられている。また，式(7)に示すように鉄塩以外に熱を加えることによっても硫酸ラジカルが生成するとされている。

$$硫酸ラジカルの生成反応：S_2O_8^{2-} + Fe^{2+} \rightarrow Fe^{3+} + SO_4^{2-} + SO_4^{-\cdot} \tag{6}$$

$$熱による硫酸ラジカルの生成反応：S_2O_8^{2-} \rightarrow 2SO_4^{-\cdot} \tag{7}$$

硫酸ラジカルの半減期は加温した40℃の環境下で4秒という報告がある[7]。地盤環境中での残存時間は，地中の温度条件を考慮するとより長くなるものと推測できる。一方で，硫酸ラジカルよりも反応性に富むとされる水酸ラジカルではより短い半減期であると考えられる。なお，ラジカル自体の寿命は非常に短い時間であるが，ラジカル生成反応自体が律速になっており，過硫酸イオンはラジカル生成反応の進行速度がフェントン反応の場合と比較すると穏やかであり[8]，反応の持続性に繋がっているものと推測できる。

(3) オゾン

原位置化学的酸化分解において，オゾンだけは気体であり，その適用方法も直接オゾンを含んだ空気でスパージングする方法や，オゾン水（飽和溶解度5～30mg/L）として地中に供給する

第4章 原位置浄化技術の概要

方法,あるいは過酸化水素水とオゾンを併用する方法などが挙げられる。

オゾンによる酸化分解としては,式(8)に示すような直接的な酸化反応と,式(9)に示すようなラジカル生成による酸化反応の2種類が存在する。

$$O_3 + RC = CR \rightarrow RCOCR + O_2 \quad (8)$$
$$O_3 + OH^- \rightarrow O_2 + OH^\cdot \quad (9)$$

また,土壌地下水汚染の原位置浄化に適用するのは難しいが,式(10)に示すようにオゾンに紫外線を照射することでも水酸ラジカルを生成することが一般的に知られており,水処理などで利用されている。

$$O_3 + H_2O \rightarrow O_2 + 2OH^\cdot \quad (紫外線照射のもと) \quad (10)$$

オゾンは比較的不安定な物質で,自己分解により酸素に変わっていくことが知られており,標準状態における半減期は30分程度とされる[9]。

また,オゾンを利用した場合の利点として,ガスとして供給する場合には物理的に沸点の低い汚染物質を揮発させるメカニズムを併用できる点や,反応後に酸素を生成するためpH変動が大きくなければ好気性微生物を活性化させる作用も期待できることが挙げられる。さらに,近年ではオゾンを微細気泡(マイクロバブル)として地中へ供給し,浄化効率を向上させる取組みもなされている[10]。

(4) キレート剤などの利用

通常の地盤中においては,土壌のpH緩衝作用によってpHは中性域に戻るため,三価の鉄イオンは水酸化第二鉄として沈積する。そのため,ラジカル生成に必要な二価鉄イオンは時間あるいは距離とともに減衰することになる。

中性域のpHにおいても二価鉄の溶解性を維持するためにキレート剤が使用される。具体的には,カルボキシル基を有する有機酸などが使用される[11]。こうしたキレート剤を触媒として使用する方法は,修正フェントン法として実績がある。

これにより,地下水のpHを下げることなくラジカル生成が可能となる。溶存炭酸などが豊富で地下水の緩衝作用が大きい場合に適した方法となる。

2.1.3 薬剤ごとの適用性

水酸ラジカル(フェントン剤),硫酸ラジカル(活性化過硫酸塩),オゾンの3種類の酸化剤について,有機化合物ごとの適用性を表2に示す[7]。

適用性の評価として,Amenable=適している,Reluctant=可能である,Recalcitrant=難しいと便宜上訳したものである。

全般的に,クロロエチレン類やBTEX,PAHsなどに対する分解性は各薬剤で良好である一方で,クロロエタン系の化合物は比較的難しいことがわかる。

また,PCBなどの難分解性有機化合物に対しては,オゾン酸化と過酸化水素水を併用する促

表2 薬剤ごとの適用可能物質

酸化剤種類	適している	可能である	難しい
水酸ラジカル	TCA, PCE, TCE, DCE, VC, BTEX, CB, phenols, 1,4-dioxane	DCA, CH_2Cl_2, PAHs, carbon tetrachloride, PCBs	$CHCl_3$, pesticides
硫酸ラジカル	PCE, TCE, DCE, VC, BTEX, CB, phenols, 1,4-dioxane	PAHs, pesticides	PCBs
オゾン	PCE, TCE, DCE, VC, BTEX, CB, phenols	DCA, CH_2Cl_2, PAHs	TCA, carbon tetrachloride, $CHCl_3$, PCBs, pesticides

＊ Amenable＝適している，Reluctant＝可能である，Recalcitrant＝難しいと訳した．

進酸化などを適用することで処理自体は可能になるようである（フェントンに関しては可能という評価と不可能の評価が混在）。ただし，オゾン酸化や，オゾン／過酸化水素併用，オゾン／紫外線併用などの処理技術は水処理の分野が主であり，汚染地盤の原位置浄化への適用は難しいと考えられる。

2010年に水質環境基準として新規規制された1,4-ジオキサンについても，フェントンや硫酸ラジカルにより分解が可能であると報告されている。

2.1.4 薬剤要求量の設定で考慮すべき事項

酸化剤あるいは生成するラジカルは，処理対象物質と反応するだけでなく，自己分解あるいは地盤環境中でさまざまな要因により消費されることになる。地下水パラメータのなかで考慮する必要があるのは，主に処理対象物質以外の溶存有機物とpH緩衝作用がある溶存炭酸である。さらに，還元雰囲気の地下水条件であれば，硫化水素イオンやアンモニウムイオンなど化学的に酸素を要求する成分などのチェックも必要になる。

また，土壌中に含まれる有機物についても酸化剤を消費する要因となるため，土質条件に応じた薬剤注入量設定が必要である。土壌有機物の組成は複雑であり，腐植質など巨大な分子量を有することから，必ずしも全ての有機物が消費されるとは限らないが，事前に化学的酸素要求量（COD）あるいは全有機炭素濃度（TOC）などを把握あるいは想定しておくことが望ましい。

なお，こうした土壌有機物の部分的な分解が，土壌の分配係数を変化させ，対象物質の固液平衡が変化することになる。それにより，高濃度汚染域などでは酸化剤注入直後に濃度低下していた状態から，再度リバウンドによる濃度上昇がみられることもある。

2.1.5 考慮すべき周辺影響

各種酸化剤および鉄塩を地盤中に供給することで幾つかの周辺影響を把握しておくことが必要になる。帯水層pHが一時的に酸性側にシフトすることで，重金属類の土壌-地下水間の分配係数が小さくなり，地下水中濃度が上昇する可能性がある。もともと地盤は一定のpH緩衝作用が

第4章　原位置浄化技術の概要

あるため，浄化行為が及ぼす影響範囲を事前に評価することも可能である。また，触媒として使用する二価鉄塩は，地中で三価の鉄水酸化物（水酸化第二鉄）に変化して地盤中でトラップされるため大きく広がる懸念は少ないが，対策実施エリア周辺で飲用その他の地下水利用がある場合には留意が必要である。また，硫酸イオンは，還元雰囲気下で亜硫酸イオンや硫化水素イオンに一部が変化する，あるいは溶存イオンとして導電率が上昇するため，農業用水などとして地下水が利用されている地域では過剰な導電成分の負荷として留意が必要である。

2.1.6　まとめ

化学的酸化分解法は，VOCsあるいは油分などをはじめ比較的広範な有機化合物の分解無害化に適用可能で，反応速度も速いので短期間に一定の濃度低減効果を得るのに適した浄化手法といえる。一方で，反応の持続時間が比較的短いため，汚染状況や土質条件などサイト諸条件の不均質性の影響を受けて，環境基準を浄化目標とした場合には複数回の注入操作が必要な場合も多い。比較的狭い範囲が高濃度に汚染されており，早急に汚染負荷を低減する必要がある場合などに有利な浄化手法であるといえる。

文　　献

1) 藤城春雄ら，第15回地下水・土壌汚染とその防止対策に関する研究集会講演集，pp.29-32（2009）
2) Siegrist et al., Guidance for In Situ Chemical Oxidation at Contaminated Sites, Battelle Press.（2001）
3) Fenton H. J. H., *J. Chem. Soc., Trans.*, **65**（65），899-911（1894）
4) 伊田健司ら，埼玉県公害センター研究報告第22号，pp.33-36（1995）
5) 米国EPA，EPA 542-R-98-008（1998）
6) S. M. Peters et al., Proceedings 54th Canadian Geotechnical Conference, Calgary, pp.1170-1177（2001）
7) Banerjee et al., Journal of Polymer Science, vol.22, pp.1193-1195（1984）
8) 木村　優，酸化還元反応とは何か，p.100，共立出版（1986）
9) ITRC, Technical and Regulatory Guidance for In Situ Chemical Oxidation of Contaminated Soil and Groundwater, 2nd edition, p.17（2005）
10) 日野成雄ら，産業と環境；No.39, pp.68〜70（2010）
11) Liang et al., *Chemosphere*, vol.55, pp.1225-1233（2004）

2.2 化学的還元分解
2.2.1 化学的還元分解法の概要

根岸昌範（Masanori Negishi）

(1) はじめに

化学的還元分解法は，主に金属還元剤を使用したクロロエチレン・エタン系の有機塩素化合物の還元脱塩素を目的とした浄化対策技術として，わが国においては1990年代後半から適用されてきたものである。環境分野に鉄粉を使用した還元脱塩素反応に関する研究の報告例としては，1988年に連続通水による廃水処理への適用を検討したものが最初であると考えられる[1]。

一般に，零価の金属による有機ハロゲン化合物（有機塩素，有機フッ素，有機臭素化合物）の還元置換反応により脱ハロゲン化は有機化学の教科書にも載っている反応である。遷移金属は比較的穏やかな還元剤（金属鉄が二価鉄に酸化される際の半反応式で，還元電位は0.4V程度）といえるが，地盤中の地下水流動は廃水処理などと比較してはるかに緩慢であり，脱塩素反応に対して十分な接触時間を確保できるという技術的な側面がある。また，鉄粉が汎用される理由としては，鉄が普遍的に様々な工業用途で使用されており低廉なコストで大量に入手しやすいことや，地盤中にもともと数％オーダーで存在する金属元素でもあり，環境浄化対策として受け入れられやすい点などが挙げられる。

(2) 還元脱塩素反応のメカニズム

鉄による有機塩素化合物の脱塩素反応のメカニズムとしては，図1に示す3つが考えられる[2]。①零価の鉄が酸化される際に放出する電子を有機塩素化合物が受けとって還元的に脱塩素する。②二価の鉄が三価に酸化される際に放出する電子を有機塩素化合物が受けとって還元的に脱塩素する。③鉄と水との反応で生成した水素が，比表面積の大きい鉄粉表面を触媒として有機塩素化合物と反応する。

数10μmオーダー以上の鉄粉の反応機構としては主に①であると考えられる。②については，二価鉄→三価鉄による直接的な還元脱塩素であるが，零価→二価鉄と比較して還元ポテンシャルが小さいことの他に，水酸化第一鉄の飽和溶解度がmg/Lオーダーであるため，その寄与は実用上非常に小さいと考えられる。また，後述するナノスケール鉄粉などでは，③のメカニズムが重要で，触媒として貴金属を鉄粉表面に担持させることで発生期の水素による置換反応が効率的に生起する。

(3) 浄化用鉄粉の概要

浄化用鉄粉としては，既に複数のメーカーから市場供給されており，銑ダライ粉などを原料にした鋳鉄系の破砕鉄粉や，もともとは粉末冶金向けなどで製造されていたアトマイズ鉄粉をベースにした製品などがある[3]。図2に一例として，鋳鉄系破砕鉄粉とアトマイズ鉄粉の走査型電子顕微鏡（SEM）画像を示す。前者は，粒径が比較的大きいものの，粒子表面が粗く，単位重量あたりの表面積は大きくなっている。後者は，一旦鉄を溶融し，鉄を水ジェットによって融体を粉化し，還元加熱により脱酸素する方法で製造されたもので，球状に近く粒子表面が滑らかで粒度も整っていることがわかる。一般的には，クロロエチレン系有機塩素化合物に対しては，50％

第4章　原位置浄化技術の概要

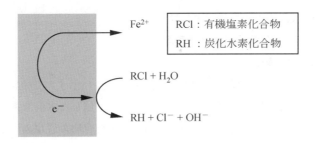

①金属態による還元脱塩素

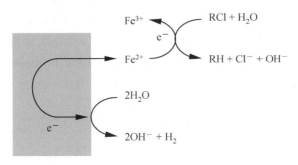

②$Fe^{2+} \Rightarrow Fe^{3+}$ による還元脱塩素

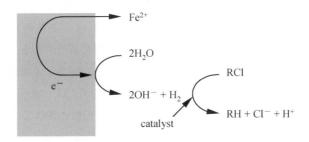

③触媒作用による還元脱塩素

図1　鉄粉による脱塩素反応メカニズム[2]

図2　鋳鉄系破砕鉄粉（左）とアトマイズ鉄粉（右）の電子顕微鏡画像

粒径で数十〜100μm程度のものを使用する場合が多い。

2.2.2 鉄粉を利用した化学的還元分解法の実際
(1) 物質ごとの脱塩素反応性

　有機塩素化合物の種類に応じた擬一次反応速度定数を表1に示す。この結果は，試薬の鋳鉄粉（関東化学薬品；特級）を使用し，固液比1：10の条件で実施した水溶液系のバッチ試験結果を擬一次反応に近似した結果から算定している[4]。有機塩素化合物の脱塩素速度は概ね塩素数に比例して大きくなり，ジクロロエチレン異性体間では，cis1,2-DCEの方が1,1-DCEよりも反応速度定数が小さい結果となった。クロロエタン系化合物でも異性体間の反応速度定数の差異が大きく，片側の炭素に塩素が集中している異性体（1,1-DCAあるいは1,1,1-TCA）における脱塩素反応速度が，両側の炭素に付加している異性体（1,2-DCAあるいは1,1,2-TCA）と比較して，数倍の値を示している。このことは，電気陰性度の大きい塩素原子が集中することで，分子全体として極性の偏りが大きくなり，結果として鉄表面に対する親和性が大きくなることが考えられる。

　なお，浄化用鉄粉の種類，固液比，あるいは連続通水試験など試験方法によって，反応速度定数は変化するので，適用方法に応じた試験方法で分解速度を検討することが必要である。

(2) 浄化対策への適用方法

　実際の浄化対策への適用形態としては，汚染範囲を面的に直接原位置浄化するための機械撹拌混合方式[5]，注入方式[6]，あるいはジェットによる混合方式[7]と，拡散防止対策である透過性地下水浄化壁方式[8]など，幾つかのアプローチによる適用事例の報告がある。

　特に，汚染範囲を直接浄化する方式の場合には，地盤および汚染の不均質さ，あるいは施工方法による鉄粉供給の不均質さなどを念頭に置く必要がある。例えば，オーガー撹拌方式などにおけるCV値（薬材配合量の平均に対する分散の値）は20％程度とされ，少なくともこの範囲の

表1　物質ごとの脱塩素反応速度定数（鉄粉 10g/100mL）

分類	化合物	擬一次反応速度定数 [h^{-1}]
クロロエチレン類	PCE	3.1×10^{-2}
	TCE	2.3×10^{-2}
	cis1,2-DCE	8.6×10^{-3}
	1,1-DCE	2.4×10^{-3}
	VC	1.0×10^{-3}
クロロエタン類	1,1,1-TCA	1.2×10^{-1}
	1,1,2-TCA	1.5×10^{-2}
	1,1-DCA	2.2×10^{-3}
	1,2-DCA	1.6×10^{-3}
クロロメタン類	CTC	9.7×10^{-2}
	TCM	3.8×10^{-2}
	DCM	2.0×10^{-3}

第4章　原位置浄化技術の概要

安全率は考慮する必要がある。更に地質構成に応じた汚染のばらつきも考慮に入れて，施工時における配合量を設定することが肝要となる。具体的には，実汚染サイトから採取した砂質土と粘性土に対し，重量比で5％の同一配合条件で鉄粉を混合したときの，土壌溶出濃度の時間変化から算定した見かけの脱塩素反応速度定数は，砂質土に対して粘性土の方が75％程度の値であり土質による影響も考慮する必要があることが示されている[9]。

また，還元分解に限らず他の浄化対策にも共通するが，砂－シルト互層など，複雑な地質構成の汚染地盤に対して注入方式を採用する場合には特に留意が必要である。高濃度汚染がシルト質部に残存し，鉄粉は砂層に主に供給されるような状況を想定すると，鉄粉の脱塩素反応よりもシルト質からの汚染物質の溶出が律速となるため，揚水対策などの原位置抽出工法と同様に，地下水濃度がある一定レベルから減少しない可能性が懸念される。

2.2.3　より付加価値の高い化学的還元分解技術について

クロロベンゼン類あるいはPCBなどの芳香族有機塩素化合物についても，クロロエチレン類などと同様に，熱力学的検討によれば鉄粉による還元脱塩素反応が進行することになる。しかしながら，通常の数十μmサイズの鉄粉をモノクロロベンゼンの脱塩素反応に適用した場合には，その反応速度定数はクロロエチレン系の場合と比較して1/100以下となり，実用的な脱塩素反応速度は得られないとされている[10]。

難分解性有機塩素化合物に対して実用的な脱塩素反応速度を得るには，微粒化による比表面積の上昇，あるいは触媒として異種金属との併用など，通常の鉄粉を高機能化する必要がある。試験室レベルでは，パラジウムで合金化した鉄粉を利用して，4-クロロフェノールの常温下での脱塩素無害化を確認している例が10年以上前に報告されている[11]。

わが国においても，金属還元剤の高機能化について引き続き検討が進められてきており，以下に具体的な例を概説する。

(1)　ナノスケール鉄粉の利用

各種浄化用鉄粉のなかで，一次粒径がサブミクロンサイズのいわゆるナノスケール鉄粉についても既に商品化されている。磁気媒体などに使用されてきた湿式化学合成によるタイプと製鋼ダストなどを再利用したタイプがあり，いずれもスラリー状で製品提供されている。地盤への浸透性が優れると考えられるが，一次粒径70nmの25％鉄粉スラリー溶液に水溶性有機高分子を添加して分散性を向上させることで，2×10^{-2}cm/sec程度の透水係数の模擬地盤中を重力浸透できると報告されている[12]。

また，湿式合成タイプのナノスケール鉄粉は，ルテニウムなどの貴金属の合金を併用することで，発生期の水素を利用した触媒的な還元分解が主体となる。そのため，トリクロロエチレンなど脂肪族の有機塩素化合物だけではなく，クロロベンゼン類など芳香族有機塩素化合物に対する脱塩素作用も期待できるとされる[13]。

(2)　その他の研究開発動向

鉄粉以外の金属還元剤として，金属カルシウムをナノ粒子として加工した材料を使用し，比較

的温和な条件下で土壌中の難分解性有機塩素化合物を還元脱塩素させる手法の報告例がある。一次粒径を100nm程度のサブミクロンオーダーまで破砕した金属カルシウムと水素源としてのメタノール，触媒としてロジウム/炭素（Rh/C）を利用し，多塩素化芳香族炭化水素化合物の脱塩素が可能であるとされている[14]。なお，金属カルシウムは金属ナトリウムと異なり，粒子表面が薄い炭酸カルシウムの皮膜で覆われるため，大気中でのハンドリングが可能であるとされている。

2.2.4 考慮すべき周辺影響

化学的還元分解法は，対象有害物質の炭素骨格を残したまま還元脱塩素反応により塩素と水素を置換する無害化反応を利用するものであり，常温常圧下で温和な反応メカニズムといえる。そのため，周辺影響は比較的小さい工法であるといえるが，以下の点には留意が必要である。

溶存鉄に関しては，対策実施箇所の周辺で酸化還元電位が酸化側へシフトし，溶存酸素などが存在する条件になることで，三価の水酸化第二鉄などの固形分となり地盤中に沈積するものと考えられる。ただし，対策箇所周辺も含めて溶存酸素の少ない還元雰囲気が地盤の広範囲で存在し，その場所で揚水のための井戸が存在する場合には，揚水段階で水酸化第二鉄などの赤褐色フロックなどの生成がみられる可能性がある。

また，鉄粉自体が水と反応して水素ガスを発生する（図1の③を参照）。発生量は使用する鉄粉の比表面積に依存するものと考えられ，特にナノスケール鉄粉を使用する場合の初期活性には留意が必要である。地盤中では，鉄粉周囲に水酸化第一鉄主体の腐食皮膜を徐々に形成していくため，時間とともに水素ガス発生量は減少していく。

その他，鉄粉により一部溶存イオンが還元作用を受けて化学形態が変化する場合も考えられる。具体的には，硝酸イオンや硫酸イオンなどが一部還元され，窒素あるいは硫化水素などが生成する可能性もある。

2.2.5 まとめ

化学的還元分解法は，鉄粉によるクロロエチレン系化合物の還元脱塩素による無害化技術として比較的早い次期から汎用されてきた対策技術である。TCEあるいはPCEおよびその分解性生物による汚染サイト数が非常に多いこと，バイオレメディエーションなどと比較して確実性・浄化期間で若干優位であることなどが実績を後押ししてきた面がある。

難分解性有機塩素化合物の還元脱塩素まで視野に入れた付加価値の高い鉄粉の研究開発も進められている状況であり，これらについては今後の研究動向を確認していく必要がある。

文　献

1) 先崎哲夫ら，工業用水，No.357, pp.2-7 (1988)

第4章 原位置浄化技術の概要

2) Matheson *et al.*, *Environ. Sci. Technol*, vol.28, pp.2045〜2053（1994）
3) 河合健二ら，神戸製鋼技報，Vol.50, pp.36-40（2000）
4) 根岸昌範ら，水環境学会誌，vol.28, pp.677-682（2005）
5) 有山元茂ら，第9回地下水・土壌汚染とその防止対策に関する研究集会講演集，pp.482-485（2003）
6) 坪田康信ら，第10回地下水・土壌汚染とその防止対策に関する研究集会講演集，pp.396-398（2004）
7) 浜村憲ら，第13回地下水・土壌汚染とその防止対策に関する研究集会講演集，pp.49-52（2007）
8) 根岸昌範ら，土木学会第63回年次学術講演会講演集，pp.187-188（2008）
9) 根岸昌範ら，第26回京都大学環境衛生工学研究シンポジウム講演集，pp.202-207（2004）
10) 根岸昌範ら，土と基礎，vol.52, No.9, pp.7-9（2004）
11) J. F. Cheng, *et al.*, *Environ. Sci. Technol.* vol.31, pp.1074-1078（1997）
12) 沖中健二ほか，第10回地下水・土壌汚染とその防止対策に関する研究集会講演集，pp.467-469（2004）
13) 沖中健二ほか，水環境学会誌，Vol.30, No.2, pp.95-99（2007）
14) Y. Mitoma *et al.*, *Environ. Sci. Technol.*, vol.43, pp.5952-5958（2009）

2.3 バイオレメディエーション

2.3.1 バイオレメディエーションの特徴

高畑　陽（Yoh Takahata）

バイオレメディエーションは，生物の力を利用して有害化学物質で汚染された土壌や地下水を修復する技術である。バイオレメディエーションで利用する生物は，一般的に細菌や菌類などの微生物を指し，植物とは区別している（植物を用いる修復技術は，ファイトレメディエーションと呼ばれており，2.4で詳細に述べる）。バイオレメディエーションは有用微生物の様々な代謝作用を利用して浄化を行うため，環境への負荷が小さく，一般的にコストを抑えて浄化を行うことができる。

国内で実用化されているほとんどのバイオレメディエーションは，土壌や地下水中に棲息している有用微生物の活性を高める技術であり，バイオスティミュレーションと呼ばれている。本技術は，浄化対象の土壌や地下水中に有用微生物が存在し，それらの増殖を促進させる物質およびその活性化方法が明確な場合に有効である。

一方，浄化対象の土壌や地下水中に有用微生物が存在していない，あるいは有用微生物の浄化能力が低い場合には，バイオスティミュレーションによる浄化は難しい。そのような地盤に対して，有用微生物を外部から導入して汚染物質の浄化を促進させる技術をバイオオーグメンテーションと呼んでいる。バイオオーグメンテーションは浄化効果が不明確であったり，公衆受容（パブリックアクセプタンス）を得にくかったりするという理由で国内での普及が遅れていた。このような背景から，経済産業省および環境省は，2005年3月にバイオオーグメンテーションを実施する際の安全性評価手法の基本的考え方を示した「微生物によるバイオレメディエーション利用指針」を告示した[1]。本指針は，バイオオーグメンテーションを計画している機関の浄化事業計画が指針内容に適合していることを公的に確認するものであり，本指針を活用したバイオオーグメンテーション技術の普及が期待されている。

2.3.2 汚染物質別のバイオレメディエーション

(1) 鉱油類

石油系炭化水素化合物などの鉱油類を分解する微生物（以下，石油分解菌）は普遍的に土壌中に存在しており[2]，様々な炭化水素化合物を炭素源として利用できることが知られている。そのため，バイオレメディエーションは，国内の鉱油類で汚染された土壌や地下水に対する主要な浄化方法として実用化されている[3]。

鉱油類は炭化水素化合物の種類によって微生物分解特性が異なることに留意する必要がある。一般的にベンゼン・トルエン・キシレンなど単環系芳香族炭化水素や，ガソリン（炭素数4〜12程度）・灯油（炭素数9〜15程度）・軽油（炭素数11〜22程度）などの軽質油・中質油は，地盤中の *Rhodococcus* 属や *Pseudomonas* 属などの好気性細菌により容易に分解される[4,5]。炭素数が28より大きい重質油分は，機械油のような直鎖状の飽和炭化水素であれば好気性の石油分解菌による分解を受ける一方，レジンやアスファルテンに分画される成分[6]は微生物分解を受けにくい。重質油や石炭由来の鉱物油に含まれる多環芳香族化合物（Polycyclic Aromatic

第4章　原位置浄化技術の概要

Hydrocarbons：PAHs）のうち，2，3環のPAHsは比較的容易に好気性の石油分解菌による分解を受ける一方で，4～6環のPAHsは微生物分解を受けにくい[7]。

　鉱物油で汚染されている地盤は通常，嫌気的な環境となっているため，地盤中の好気性の石油分解菌を活性化するためには地盤環境を好気的な環境にする必要がある。それが可能な原位置浄化技術として，不飽和層の土壌間隙中に存在するガスを吸引してフレッシュな空気を地盤内に循環させるバイオベンティング[8]，帯水層に空気を供給して飽和層の溶存酸素濃度を高めるバイオスパージング[9]が広く用いられている。これらの技術は，浄化対象とする地盤に井戸を設置して空気を吸引もしくは供給するものであり，両者を組み合わせて用いる場合が多い[9]。土壌間隙中での空気の移動に伴い揮発性の高い軽質油は気化するため，揮発性油分を含む汚染ガスは吸引井戸から回収して，活性炭等を用いて適切に処理を行う。また，空気吸引井戸や空気供給井戸は，地盤全体に空気が行き渡るように適切な間隔で設置する必要がある[10, 11]。従来のスパージング井戸では，微生物の増殖に必要な窒素やリンなどの栄養塩を供給することが難しいため，石油分解菌の分解活性を長期的に維持することが難しかった。近年，帯水層へ空気を供給するスパージング井戸に栄養塩を含む液体を同時に供給することが可能な揚水循環併用バイオスパージング工法（注水バイオスパージング工法：図1）が開発された[11]。本工法は，栄養塩を含む液体をスパージング井戸の吐出圧を利用して地盤内に速やかに供給できるため，均一かつ広範囲に微生物活性を高めることができる。また，注水に用いる液体は揚水した汚染地下水を処理して循環利用するため，微生物の増殖を妨げる代謝産物等の蓄積を防ぐことができ，ベンゼンで汚染された帯水層を短期間で浄化できることが確認されている[12]。

　鉱物油の浄化には好気性の石油分解菌を利用する方法が一般的であるが，酸素が存在しない嫌気環境下でも単環芳香族炭化水素や低分子の飽和炭化水素を分解する微生物の存在が明らかに

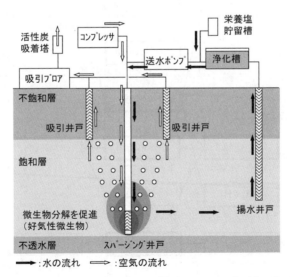

図1　揚水循環併用バイオスパージング工法（注水バイオスパージング工法）の模式図

なっている[13, 14]。近年では，ベンゼンを嫌気的に分解する細菌が国内でも単離されており[15]，このような微生物を利用したバイオオーグメンテーションの適用も検討されている[16]。

(2) 塩素化脂肪族炭化水素

塩素化脂肪族炭化水素（Chlorinated Aliphatic Hydrocarbons：CAHs）のうち，汚染事例の多いテトラクロロエチレン（PCE）やトリクロロエチレン（TCE）は，鉱物油と異なり好気性微生物に炭素源として利用されない。一方，TCEは好気環境下でフェノール分解菌，トルエン分解菌，メタン分解菌が基質分解時に誘導される酵素により共酸化的に分解される[17]。この特性を利用した浄化事例では，サイト由来のトルエン資化性細菌 *Ralstonia eutropha* KT-1 株を TCE 汚染サイトに導入した君津市での実証試験が挙げられる[18]。本試験は，1995年から2001年にかけてNEDOおよびRITEが主導して実施した国内で初めてのバイオオーグメンテーション事業である。しかしながら，好気性微生物を用いた浄化技術は，PCEには適用できないことや，菌体導入およびその活性化に高度な技術が必要なことから，現在では実用例がほとんど無い。

PCEやTCEにより汚染された帯水層では，生産・使用履歴がほとんど無い *cis*-1,2-ジクロロエチレン（以下 *cis*-DCE）や塩化ビニルモノマー（VCM）などの汚染物質が検出される場合がある。これらは，帯水層中の嫌気性細菌による脱塩素化によってPCEやTCEから生成された中間代謝産物である[19]。1997年にPCEからエチレンまで完全に脱塩素化が可能な細菌である *Dehalococcoides ethenogenes* 195が発見され[20, 21]，それ以外にも様々な脱塩素化細菌[22]が生物学的脱塩素化反応によりCAHsを塩素数が少ない，もしくは塩素を持たない化合物に変換できることを確認している（図2）。

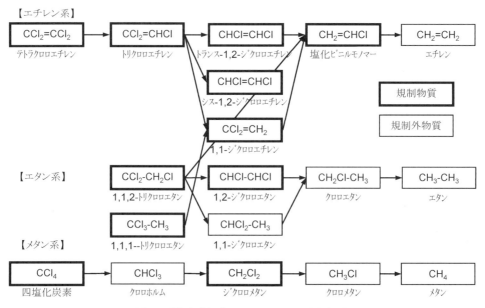

図2　脱塩素化細菌によるCAHsの分解経路

第4章　原位置浄化技術の概要

　地盤中に存在するこれらの脱塩素化細菌を活性化する原位置浄化方法は，浄化井戸等から有機物（以下，有機資材）を帯水層に供給するような比較的小規模かつ簡単な浄化方法であり，施工条件が限られる稼動中の工場でも適用可能なことから近年急速に普及した。有機資材を帯水層中に供給することにより，はじめに好気性微生物や脱窒菌が活性化されて，脱塩素化細菌の増殖に適した嫌気環境が形成される。また，有機資材が分解していく過程で水素が生成し，脱塩素化細菌がCAHsを脱塩素化する際の電子供与体として利用される。一方，脱塩素化細菌を利用した浄化は，汚染サイトに棲息する脱塩素化細菌の種類や地下水質によって影響を受け，脱塩素化処理過程で中間代謝産物が地下水に蓄積する場合がある[23]。したがって，本技術を適用する際には，浄化対象とするCAHsが完全に無害化できることを予め確認するため，実汚染地下を用いた室内培養試験[24]や，脱塩素化細菌の存在を判定するための遺伝子診断[22]などを行う必要がある。近年では，有害な中間代謝産物の蓄積を防ぐため，脱塩素化細菌群を用いるバイオオーグメンテーションの研究も進められている[25, 26]。

(3) **重金属およびシアン化合物**

　シアン化合物を除く第二種特定有害物質（重金属）は，微生物の分解作用を利用できないため，吸着（不溶化）や毒性の緩和作用を利用したバイオレメディエーションが用いられる。毒性の高いメチル水銀などの有機水銀化合物については，水銀の無害化に関わる遺伝子群（mer operon）を持つ微生物により金属水銀として揮発させる技術が研究されているが[27]，実用化には至っていない。一方，六価クロムについては，六価クロム還元細菌によって無害な三価クロムに還元することが可能であり[28]，米国では既に実用化されている[29]。

　シアン化合物は，好気性微生物によって様々な作用の分解を受けることが知られており，バイオスティミュレーションによる浄化が可能である。シアン化合物のバイオレメディエーションについては，第6章2.5にて詳述する。

(4) **農薬類，PCB**

　農薬のバイオレメディエーションについては，有機ハロゲン系農薬，トリアジン系農薬，有機リン系農薬，カーバイト系農薬など様々な農薬についての浄化可能性が検討されている[30]。土壌汚染対策法に関わる農薬では，シマジンを中心に研究が進められている[31]。また，PCBの微生物分解については，PCB分解菌として有名な *Rhodococcus jostii* RHA1株の分解機能に関わる遺伝子解析を中心に研究が進められている[32]。しかしながら，農薬類やPCBを対象としたバイオレメディエーションの実用化例の報告は無く，今後の研究の発展が期待される。

2.3.3　まとめ

　近年，ブラウンフィールド問題が顕在化している背景からも，コストが小さく環境に優しいバイオレメディエーションの更なる普及が期待されている。しかしながら，本技術は環境中で有用微生物を選択的に活性化させる必要があるため，微生物の制御を十分に行うことができなければ期待した効果が得られないだけでなく，環境に悪影響を与える可能性もある。このような事態を避けるためには，微生物による汚染物質の浄化メカニズムを理解し，その能力を最大限活用する

ための事前検討（適合性試験），浄化設計，品質管理（モニタリング）を行い，本技術の弱点である不確実性をできるだけ小さくすることが重要である。

文　　献

1) 産業構造審議会化学バイオ部会・中央環境審議会水環境土壌農薬合同部会，微生物によるバイオレメディエーション利用指針について（報告），http://www.meti.go.jp/report/downloadfiles/g50214a01j.pdf（2005）
2) 高畑陽ほか，第34会水環境学会年会講演集，p.412（2000）
3) ㈳日本機械工業連合会・㈳産業と環境の会，土壌汚染対策に関する動向調査報告書，http://www.sankankai.com/pdf/H19dojo.pdf（2007）
4) I. Saadoun, *J. Basic Microbiol.*, 42：420-428（2002）
5) R. Margesin *et al.*, *Appl. Environ. Microbiol.*, **69**, 3085-3092（2003）
6) 鈴木朝香ほか，検査技術, **5**, 35-39（2000）
7) 高畑陽ほか，用水と廃水, **45**, 45-51（2003）
8) US EPA, How to Evaluate Alternative Cleanup Technologies for Underground Storage Tank Sites, ChpterⅢ Bioventing, EPA 510-B-94-003（1994）
9) US EPA, How to Evaluate Alternative Cleanup Technologies for Underground Storage Tank Sites, ChpterⅧ Biosparging, EPA 510-B-94-003（1994）
10) 長藤哲夫ほか，土木学会論文集，No.594，Ⅶ-7，pp.35-44（1998）
11) 桐山久ほか，土木学会論文集F，65：555-566（2009）
12) 桐山久ほか，土木学会論文集F，66：612-622（2010）
13) R. Chakraborty *et al.*, *Appl. Microbiol. Biotechnol.*, **64**, 437-446（2004）
14) C Cravo-Laureau *et al.*, *Appl. Environ. Microbiol.*, **71**, 3458-3467（2005）
15) Y. Kasai *et al.*, *Appl. Environ. Microbiol.*, **72**, 3586-3592（2006）
16) Y. Kasai *et al.*, *Environ. Sci. Technol.*, **41**, 6222-6227（2007）
17) 池道彦他，水環境学会誌，**19**, 937-944（1996）
18) 岡村和夫ほか，土壌環境センター技術ニュース，4, 19-24（2002）
19) D. L. Freedman *et al.*, *Appl. Environ. Microbiol.*, **55**, 2144-2151（1989）
20) X. Maymo-Gatell *et al.*, *Science*, **276**, 1568-1571（1997）
21) X. Maymo-Gatell *et al.*, *Appl. Environ. Microbiol.*, **65**, 3108-3113（1999）
22) 伊藤善孝ほか，土壌環境センター技術ニュース，**9**, 50-53（2004）
23) E. R. Hendrickson *et al.*, *Appl. Environ. Microbiol.*, **68**, 485-495（2002）
24) 伊藤雅子ほか，大成建設技術センター報，Vol.40, No.42, pp.1-8（2007）
25) M. Alison *et al.*, *Environ. Sci. Technol.*, **38**, 4768-4774（2004）
26) 奥津徳也ほか，第16回地下水・土壌汚染とその防止対策に関する研究集会講演集，pp.42-45（2010）

27) 芳生秀光ほか, 環境バイオテクノロジー学会誌, 2 : 95-102（2002）
28) 大竹久夫, 六価クロムの生物学的処理法, バイオレメディエーションの実際技術, シーエムシー出版, pp.176-184（1996）
29) B. Faybishenko *et al.*, *Environ. Sci. Technol.*, **42**, 8478-8485（2008）
30) 早津雅仁, 農薬汚染を修復する技術, バイオレメディエーションの実際技術, シーエムシー出版, pp.165-175（1996）
31) V. Morgante *et al.*, *FEMS Microbiol. Ecol.*, **71**, 114-126（2010）
32) H. Takeda *et al.*, *J. Bacteriol.*, **192**, 4741-51（2010）

2.4 ファイトレメディエーション

高畑　陽（Yoh Takahata）

2.4.1 ファイトレメディエーションの特徴

ファイトレメディエーションとは，植物の多様な機能を利用して汚染物質を浄化する技術の総称である。ファイトレメディエーションによる土壌浄化は，基本的に植物の根圏が存在する地表近くの土壌（多くの場合，不飽和土壌）が浄化対象となる。本技術は従来の物理化学的な浄化技術と比較して浄化期間は長くなるが，自然エネルギーを利用する植物の生長によって汚染物質を浄化するため，環境負荷が小さい。また，汚染土壌の地上部を緑化しながら浄化を行うことが可能な環境調和型の浄化技術である。

ファイトレメディエーションは，バイオレメディエーションと同様に物理化学的な浄化手法と比較すると浄化コストを低減できると考えられている。米国 EPA（Environmental Protection Agency）の報告書によると，ファイトレメディエーションによる浄化コストは，鉛汚染土壌の掘削や封じ込めといった従来の浄化技術と比較して 50～65％，石油汚染土壌では約 80％のコスト縮減が可能と試算している[1]。

2.4.2 ファイトレメディエーションによる修復機能

ファイトレメディエーションによる汚染土壌の修復機能は，対象となる汚染物質や利用する植物の種類により異なる。米国 EPA の報告書[1]に基づいて修復機能を分類した一覧表を表1に示す。

(1) 無機系汚染物質（重金属）汚染土壌に対する修復機能

重金属汚染土壌に対する修復機能としては，対象汚染物質に対して高い耐性と蓄積性をもつ植

表1　ファイトレメディエーションによる修復機能の分類

分類	機能	対象物質	植物
Phytoextraction ファイトエクストラクション	汚染物質の吸収後に植物体内で蓄積	重金属，放射性物質	インドカラシナ，グンバイナズナ，ヒマワリ，ポプラ
Rhizofiltration リゾフィルトレーション	地下水中の汚染物質の吸着・除去	重金属，放射性物質	ヒマワリ，インドカラシナ，ヒアシンス
Phytostabilization ファイトスタビリゼーション	根圏での汚染物質の蓄積・無害化・不溶化	重金属	インドカラシナ，ポプラ，芝
Rhizodegradation リゾデグラデーション	根圏微生物の活性化により汚染物質を分解	油，有機塩素化合物，殺虫剤，PCBs，TNT	レッドマルベリ，芝，ポプラ，ガマ，稲
Phytodegradation ファイトデグラデーション	汚染物質の吸収後に植物体内で分解	有機塩素化合物，フェノール，農薬	藻類，シャジクモ，ポプラ，柳，サイプレス
Phytovolatilization ファイトボラティリゼーション	汚染物質の吸収後に植物体から大気放出	有機塩素化合物，一部重金属（Se, Hg, As）	ポプラ，アルファルファ，ニセアカシア，インドカラシナ
Hydraulic control ハイドロウリック コントロール	汚染地下水の拡散制御	水溶性汚染物質	ポプラ，綿花，柳
Vegetative cover ベジテイティブ カバー	雨水の浸透抑制による汚染物質の拡散抑制	水溶性汚染物質	ポプラ，芝

第4章　原位置浄化技術の概要

物を利用して土壌中の重金属等を植物体内に吸収・蓄積させるファイトエクストラクションが多く利用されている[2]。本過程では，植物根から重金属還元酵素等が分泌され，可溶化した重金属がそのままの形態あるいはキレート化合物として根中に蓄積されるか，植物上部の茎葉組織に輸送され蓄積される。ファイトエクストラクションに利用する植物としては，土壌中の重金属の濃度が低い場合でも汚染物質を多く蓄積でき，成長が速く，生物量が多いなどの特性を持っていることが理想である[3]。更に，ファイトレメディエーションを浄化期間の短い実用的な技術とするためには，大量の重金属を植物体内で蓄積・輸送ができ，毒性に耐性を有する特殊な機能を持つ高濃度蓄積植物（hyperaccumulator）の利用が必要である[4]。高濃度蓄積植物として有名なモエジマシダは，ヒ素濃度1,500mg/kgの汚染土壌でも生育することが可能であり，乾燥重量あたり22,600mg/kgの砒素を蓄積できることが知られている[5]。このような植物を利用して重金属を高濃度で濃縮した場合は，その植物を刈り取って汚染物質を回収・除去できる。また，レアメタルをファイトレメディエーションで回収して資源の再利用を行う研究も進められており，本技術はファイトマイニングと呼ばれている[6]。

一方，重金属のファイトスタビリゼーションは，植物根およびその周辺の土壌中に重金属を吸着・沈殿させることによって土壌からの重金属の溶脱による拡散を防止するものであり，その機能は根からの分泌物質による金属イオンの吸着，安定な金属配位化合物の形成，植物体内のリグニンによる金属イオンの捕捉等によるものと考えられている[7]。

(2) 有機系汚染物質（有機塩素化合物・油類）に対する修復機能

有機塩素化合物や油類などの有機系汚染物質に対する修復機能としては，根圏土壌中の有用微生物の活性を促進させるリゾディグラデーションが多く利用されている[2]。根圏土壌中の微生物数は根圏以外の土壌中の微生物数と比べて非常に多いことが知られており[8]，土壌中の有機系汚染物質の分解に関わる有用微生物も多く存在していると考えられる。根圏において油分解が生じる原因は，植物から微生物の増殖に必要な栄養源と酸素が供給されるためと報告されている[9]。また，植物からは多様な分解酵素が分泌され，酵素の働きによりトリクロロエチレン，TNT，PCB等の難分解性有機汚染物質が分解される可能性が指摘されている[10]。

2.4.3　ファイトレメディエーションの動向
(1) 土壌汚染に対するファイトレメディエーションの動向

土壌汚染に対するファイトレメディエーションは，1990年代初頭から特に米国において盛んに研究開発や実証試験が行われてきた。米国EPAのホームページによると200以上の汚染サイトで試験および浄化工事が行われており，対象物質は油やVOCsが多い[11]。しかしながら，ファイトレメディエーションはブラウンフィールドにおける対策技術として着目されているものの，土壌・地下水の浄化技術としての普及は足踏み状態であり，その原因は2.4.4.で述べる種々の課題があるためと推測される。

一方，国内においては，土壌汚染に対するファイトレメディエーションの研究開発が盛んになっている。ファイトレメディエーションの研究動向を調べるため，2005年～2010年の間に土

壌環境センター主催の「地下水・土壌汚染とその防止対策に関する研究集会」で発表された主な研究テーマについて表2にまとめた。修復機能としては，ファイトエクストラクションが最も多く研究されており，特にモエジマシダによるファイトレメディエーションについては砒素の浄化効果だけでなく[12]，砒素の大気中への放散の可能性[20]や，植物体に取り込まれた砒素の無毒化に関するメカニズムに関する研究[21]が進められている。また，マツバイについては，有用なレアメタルを吸収・回収するファイトマイニングに関する研究も進められている[22]。しかしながら，ファイトエクストラクションに関しては試験段階の研究が多く，実用化には至っていない。一方，油汚染土壌に関しては実証試験レベルで技術開発が進められ，0.5～1％程度のA重油汚染土壌であれば多くの植物が増殖可能であり[23]，植物根茎周辺に棲息する微生物を活性化させることによってランドファーミングと同様の効果で浄化が進行する可能性があることを示している[18]。更に，イタリアンライグラスを用いた油汚染土壌のファイトレメディエーションは実用化されており，根圏を拡大できれば油汚染土壌の浄化範囲も拡がる可能性が示されている[19]。

(2) **農地汚染に対するファイトレメディエーションの動向**

農業分野では，農地の重金属汚染土壌が過去に問題となり，1970年代に土壌および作物体中の重金属の分析法，重金属の挙動についての研究が行われてきた[24]。特に国内では米に含有するカドミウム汚染の問題があり，昭和45年10月，厚生省は食品衛生法に基づくコメのカドミウムの規格基準を「玄米で1.0ppm未満」と定めた。環境庁の試験により，セイタカアワダチソウ，ヒマワリ，ヤナギ等がカドミウム吸収量の多い植物であることが示されたが[25]，農用地のカドミウム濃度を低減する対策は清浄な土を農地に運び入れる客土工法により進められてきた。近年，WHOとFAO合同の食品規格委員会であるCodexにおいて米のカドミウム含量を0.2mg/kg以下にする案が提唱された国際情勢を受け，2010年4月，厚生労働省は同規格基準を「玄米及び精米で0.4ppm以下」に改正した。

新基準が適用されると，国内水田250万ヘクタールの約0.3％に当たる7,500ヘクタールの水田で生産された米が基準を満たせない可能性があり，客土に替わる対策工法としてファイトレメディエーションが再び着目されている。独立行政法人農業環境技術研究所を中心とした研究グ

表2 国内における土壌汚染に対するファイトレメディエーションの開発状況

分類	対象物質	浄化植物	研究段階	参考文献
ファイトエクストラクション	砒素	モエジマシダ	試験段階	12)
	砒素・銅・亜鉛	マツバイ	実証段階	13)
	カドミウム	マリーゴールド	試験段階	14)
	水銀	キジノオシダ	試験段階	15)
		アジサイ		
	アンチモン	ヘクソカズラ	試験段階	16)
ファイトスタビリゼーション	鉛	ギニアグラス	試験段階	17)
リゾデグラデーション	油	イタリアンライグラス	実証段階	18)
			実用化	19)

第 4 章　原位置浄化技術の概要

ループは，カドミウム高吸収イネを「早期落水栽培法」で年に2～3作栽培することにより，汚染土壌中のカドミウム濃度を20～40％低減できる水田のファイトレメディエーション技術を開発した[26, 27]。本技術は，「もみ・わら分別収穫法」と「現地乾燥法」を組み合わせることにより，カドミウムを吸収させたイネの処理費用を抑制することに成功しており，対策コストも従来工法の7分の1程度になると試算している。

2.4.4　ファイトレメディエーションの課題

(1) 植物の選定

　ファイトレメディエーションは，播種→育苗→植えつけ→栽培管理→収穫→後処理からなり，基本的には農作業と変わらない。植物種については，適用するエリアでの栽培特性が優れ，栽培方法も十分に確立したものを使用することが適切である。また，種子の値段が安く，大量供給が可能な植物を選定する方が有利である。海外で選抜された浄化用植物を国内で扱う場合には，近縁の在来種が国内の絶滅種に登録されている場合もあるため，在来植生に対する影響を考慮する必要がある。また，海外で選抜された植物を国内へ適用しても，気候が異なるため植物の浄化能力が最大限発揮できない場合もある。国内の沖積土試験圃場でカドミウムを約60倍に濃縮できる外来のインドカラシナを用いて吸収試験を行った結果，植物体中のカドミウム濃縮率は2倍以下であった事例もある[28]。このような結果から国内のファイトレメディエーションの普及には，日本の土壌や気候に適応でき，栽培も容易で収穫量の安定した植物の中から比較的浄化能力の高い植物種を選定することが重要である。

(2) 浄化能力の不確実性

　ファイトレメディエーションは浄化期間が長いことに加えて，植物の汚染物質吸収などの活性が，季節，降雨量，日照量，肥培管理に応じて変動するなど不確実性が高い。例えばイネの同一品種でも，玄米のカドミウム濃度が栽培年度に応じて，0.01～0.05mg/kg程度ばらつきがあることが知られている[29]。そのため，浄化期間の試算等を行う場合には浄化性能の年間変動幅を考慮すると共に，ファイトレメディエーションの不確実性についての認識を浄化事業に関連する人々の間で共有しておくことが重要である。

(3) 浄化に用いた植物体の後処理技術

　浄化に用いた汚染物質を含む植物体を収穫する際，その後の処理工程が収穫期に集中するため，大規模な処理施設が必要になることや年間稼働率が低くなることが課題として挙げられる。年間2作の栽培の実施，収穫時期の分散化，収穫後の貯蔵技術などを組み合わせるなど，後処理工程を分散化させる工夫が必要となる。植物の浄化能力の評価については多くの研究報告があるのに比べて，浄化に用いた植物体の焼却以外の後処理方法についての研究例は少ない。高温焼却はコストおよびエネルギー使用量が高く，ファイトレメディエーションの低コスト・低負荷の利点が小さくなる。重金属を吸収した植物の後処理工程において，植物体をバイオマスとしてエタノール生産を行う技術に関する特許が成立しており，バイオマス成分をバイオマスリファイナリーの原料として再利用する技術開発を進めていくことが重要であると考えられる。

2.4.5 まとめ

ファイトレメディエーションは土壌の浄化技術として発展途上段階ではあるが,国内においても長期的視点での土壌浄化が進められるようになれば広く実用化される可能性がある。また,ファイトレメディエーションは有害物質を浄化すると同時に,汚染土壌の飛散防止効果や景観向上効果を期待できるなど他の土壌浄化に無い特長を持っており,本技術の進展が期待される。

文　　献

1) U. S. EPA, Introduction to Phytoremediation, EPA/600/R-99/107 (2000)
2) U. S. EPA, Phytoremediation Resource Guide, EPA/542/R-99-003 (1999)
3) T. McIntyre, *Adv. Biochem. Eng. Biotechnol.*, **78**, 97-123 (2003)
4) D. E. Salt *et al.*, *Annu. Rev. Plant Physiol. Plant Mol. Bio.*, **49**, 643-668 (1998)
5) L. Q. Ma, *et al.*, *Nature*, **409**, 579 (2001)
6) R. L. Chaney, *et al.*, *J. Environ. Qual.*, **36**, 1429-1443 (2007)
7) S. D. Cuningham *et al.*, *Trends Biotechnol.*, **13**, 393-397 (1995)
8) S. Fiorenza *et al.*, Phytoremediation of hydrocarbon-contaminated soil, CRC Press (2000)
9) B. T. Walton, *et al.*, *Curr. Opin. Biotechnol.*, **3**, 267-270 (1992)
10) I. Alkorta, *et al.*, *Bioresour. Technol.*, **79**, 273-276 (2001)
11) http://www.epa.gov/superfund/accomp/news/phyto.htm
12) 北島信行ほか,第11回地下水・土壌汚染とその防止対策に関する研究集会講演集, pp.725-729 (2005)
13) Nguyen Thi Hoang Ha ほか,第14回地下水・土壌汚染とその防止対策に関する研究集会講演集, pp.550-553 (2008)
14) 松川一宏ほか,第16回地下水・土壌汚染とその防止対策に関する研究集会講演集, pp.575-577 (2010)
15) 巽正志ほか,第14回地下水・土壌汚染とその防止対策に関する研究集会講演集, pp.663-666 (2008)
16) 内海あずさ,第15回地下水・土壌汚染とその防止対策に関する研究集会講演集, pp.167-170 (2009)
17) 松古浩樹ほか,第14回地下水・土壌汚染とその防止対策に関する研究集会講演集, pp.562-567 (2008)
18) 田崎雅晴ほか,第15回地下水・土壌汚染とその防止対策に関する研究集会講演集, pp.398-402 (2009)
19) 海見悦子,第16回地下水・土壌汚染とその防止対策に関する研究集会講演集, pp.515-519 (2010)
20) 榊原正幸ほか,第13回地下水・土壌汚染とその防止対策に関する研究集会講演集, pp.35-

第4章　原位置浄化技術の概要

   38（2007）
21) 佐藤貴彦ほか，第13回地下水・土壌汚染とその防止対策に関する研究集会講演集，pp.690-693（2007）
22) 榊原正幸ほか，第15回地下水・土壌汚染とその防止対策に関する研究集会講演集，pp.525-530（2009）
23) 浅田素之ほか，第13回地下水・土壌汚染とその防止対策に関する研究集会講演集，pp.626-629（2007）
24) 農林水産技術会議事務局，研究成果92，農用地土壌の特定有害物質による汚染の解析に関する研究，pp.1-105（1976）
25) 環境庁水質保全局，重金属特異吸収植物検索研究報告書，pp.1-20，（1975）
26) M. Murakami *et al.*, *Environ. Sci. Technol.*, **43**, 5878-5883（2009）
27) T. Ibaraki *et al.*, *Soil Sci. Plant Nutr.*, **55**, 421-427（2009）
28) 早川孝彦ほか，環境バイオテクノロジー学会誌，2：103-115（2002）
29) 阿江教治，第19回土・水研究会資料，農業環境技術研究所，p33-40（2002）
30) 特許第4565986号

3 地下水汚染拡大防止技術

3.1 バリア井戸

佐藤徹朗（Tetsuro Sato）

3.1.1 はじめに

1980年代よりトリクロロエチレン等による地下水汚染が顕在化し，その除去や汚染された地下水の拡大防止のために地下水揚水対策が広く実施されている。このため，揚水対策に関する理論的考察等も多くなされているが，本項では汚染地下水の敷地外への拡大を地下水揚水により防止するバリア井戸について述べる。なお，個々の揚水技術については，第4章の1.2項に記述されているので参照されたい。

3.1.2 バリア井戸の位置づけ

バリア井戸は，有害物質が溶解した地下水（汚染地下水）が敷地外に拡大することにより引き起こされる環境リスクの低減を目的とした原位置対策に位置づけられる。

具体的には工場等の敷地の地下水流向下流側に揚水井戸を設置し，地下水を汲み上げることにより人為的に地下水の流れを変化させることで，汚染地下水の敷地外への拡大の防止や既に流出した汚染地下水を回収するための技術であり，措置の分類としては曝露経路遮断に該当する。

平成22年4月に施行された改正土壌汚染対策法[1]において，本技術は「揚水施設による地下水汚染の拡大の防止」として新たに指示措置に位置付けられ，その考え方や技術的な基準が規定されている[2]。

3.1.3 バリア井戸の実施

バリア井戸による汚染地下水の拡大防止対策は，①「現地調査による対策範囲の特定や水理定数等の把握」，②「地下水流動解析及びその結果を用いた設計」，③「施工及び効果の検証」，④「モニタリング及び維持管理」の手順で進めるのが一般的である。

また，バリア井戸を実施する契機としては，法律や条例に基づく調査で土壌溶出量基準値を超過する土壌が確認され，詳細調査において地下水基準を超過する有害物質が確認された場合の他，企業における環境管理の一環として地下水調査を実施し，基準値を超過する有害物質が確認

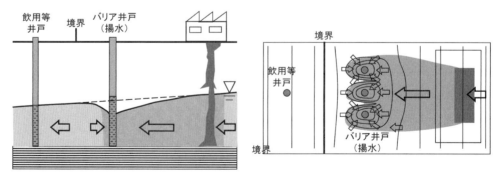

図1 バリア井戸概念図

第4章 原位置浄化技術の概要

された場合等の自主的な取り組みが契機となることも多い。したがって，バリア井戸を検討する段階では，土壌や地下水汚染の状況を十分に把握できていない場合もある。

(1) 現地調査

バリア井戸の設計に必要となる地質及び帯水層の状況，地下水流動の状況等を把握するための「地盤環境調査」，汚染地下水の拡大防止が必要となる平面範囲を特定するための「地下水質調査」，帯水層の水理定数を把握するための「帯水層試験」を実施する。

【地盤環境調査】

ボーリング調査による地質状況等の把握に加え，これらの結果に基づき帯水層区分を行った上でボーリング調査孔を用いて観測井戸を仕上げる。バリア井戸の設計には地下水流動状況を予め把握する必要があり，対策範囲の周縁地域を含む範囲において複数の地下水位観測井戸で，ほぼ同時刻に水位を測定すること（一斉測水）により地下水流向及び動水勾配を把握できる[3]。一斉測水には少なくとも3本以上の観測井が必要であるが，工場内においては漏水等の原因で地下水位が複雑に変化していることも多いため，出来る限り多くの観測井を用いることが望ましい。

ボーリングや土壌試料採取の方法については，「地盤調査の方法と解説[4]」や「地質調査技術マニュアル[5]」が参考となる。

一方，地下水位観測井戸の構造や設置位置については，地盤環境調査結果の他，地下水流動，土壌・地下水汚染の分布，バリア井戸の影響範囲からサイト毎に設定する必要があるが，土壌汚染対策法に基づく調査及び措置に関するガイドライン改訂版[3]のAppendix-7に示される考え方も参考となる。

【地下水質調査】

バリア井戸による汚染地下水の拡大防止範囲を設定する地下水質調査では，必ずしもオールコアボーリングによる調査や観測井戸を設置した上での地下水採取の必要はない。例えば，ウォーターサンプラーによる地下水採取と現場簡易分析の組み合わせにより，効率的・効果的に調査を進めることができる。

環境化学分析のための地下水の採取方法としては，地盤工学会基準（JGS 1912-2004）[6]が参考となる。

【帯水層試験】

バリア井戸設計に用いる透水係数等の水理定数は，建築工事等において対象地近傍で実施された既存の試験結果等を用いることもできるが，より的確な設計のためには，帯水層試験はバリア井戸の計画範囲内で実施したほうが良い。

透水係数を求める現地試験方法としては揚水試験[7]が一般的であり，可能な限り揚水試験を実施すべきである。揚水試験は比較的規模の大きな水理試験の方法であり，比較的広範の平均的な水理定数を求めることができる反面，有害物質を含む汚染地下水も大量に発生するため，試験後には適切に処理する必要がある。これに対して，透水試験[8]は，揚水試験より精度は劣るが，当該ボーリング地点近傍の水理定数値を反映する傾向があるため，ボーリング孔等を用いることに

より多数の地点での透水係数を求めることができ，また排水量も小さい長所がある。現場透水試験法の一種であるスラグ法[9]は，汚染地下水の処理の必要や地下水の攪乱の懸念がなく，比較的精度よく測定できる方法である。

(2) 地下水流動解析及び設計

バリア井戸の設置範囲を設計し，地盤環境状況を把握した上で，揚水井戸の配置や個別の揚水量を設定するには，揚水による地下水位低下量とその影響範囲を予測する必要がある。

地下水揚水に伴う水位の低下範囲は，時間とともに拡大していくが，一定の時間が経過すると地下水位は安定する。このような平衡状態においては，チーム（Thime）の公式等により解析的に地下水位低下範囲を求めることができる。また，MODFLOW等の市販流動解析ソフトを用いた数値シミュレーションを利用することも可能である。しかしながら，それぞれの公式が成り立つための前提条件やソフトを利用する際の境界条件等の設定があるため，解析を行う場合にはこれらの条件を理解した上で，現場揚水試験結果等との妥当性の確認を行いつつ，実施工において許容できる結論を引き出すことが重要である。

Visual MODFLOW（ver.4.3）によるシミュレーション結果を図2，解析条件を以下に示す。

① 地盤環境調査によると，対象地の帯水層区分は，第1帯水層（不圧地下水），第2帯水層（被圧地下水），及び第3帯水層（被圧地下水）に区分される。それぞれの帯水層間は粘性土（難透水層）により明確に区分されている。

② 地下水質調査によると，汚染地下水の外部流出が生じている帯水層は，深度12.0～20.5mに分布する第2帯水層である。したがって，この帯水層を汚染拡散防止対策の対象とした。

③ 対象地の第2帯水層の地下水の流れを再現するための三次元地下水流動モデルを作成した。モデルのスケールは2,000m×2,000mであり，グリット間隔は一律に5m×5mとした。

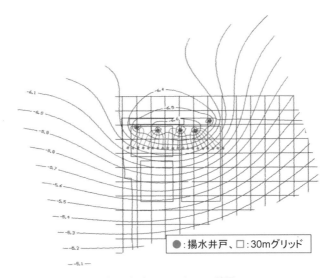

図2　シミュレーション結果

第4章　原位置浄化技術の概要

また，モデルの構造は，難透水層，及び第2帯水層の2層モデルとした。

④ モデルの上流側及び下流側は固定水頭境界とした。境界の地下水位には，対象地周辺の広域地下水位等高線から読み取った地下水位を用いた。また，難透水層の地下水位も固定水位境界とした。難透水層の地下水位には，地下水位一斉測水結果より得られた第1帯水層の地下水位を用いた。

⑤ 既存の観測井戸を用いた単孔透水試験[8]を3箇所で実施し，その平均値を第2帯水層の透水係数（$3.0×10^{-5}$m/sec）とした。また，第2帯水層上位の難透水層の透水係数を土質から10^{-7}m/secと推定した。

⑥ 工場敷地全域に設置した31本の観測井戸から求められる第2帯水層の実測地下水位分布とモデルにより再現された第2帯水層の地下水位分布の比較により，本モデルは対象地の地下水の流動を再現しうるものと判断した。

これらの条件のもとに揚水井戸の設置本数を3本，5本，7本とした場合において，それぞれ解析を行った。解析結果による1本当たりの揚水量及び地下水低下量の他，工場の施設配置，イニシャルコスト，ランニングコスト等を考慮し，最終的には5箇所に揚水井戸を設置し，各井戸の揚水量を11L/minに決定した。

(3) 効果の検証

バリア井戸の検証は，揚水井戸稼動後に実際に地下水位を測定し，事前の水位低下予測（シミュレーション結果等）と比較することによって行う。ここで，予測結果と大きく異なる場合には，境界条件や推理定数等を検証し再度シミュレーション等を行う。この結果を踏まえ，汚染地下水が適切に流出防止できるよう，バリア井戸の揚水量の調整を行う。

また，バリア井戸の稼動は一般的には長期にわたることから，計画揚水量が維持されていることを継続的に確認する必要がある。ただし，長期の揚水による局所的な流れ場（みずみち）の発生，井戸の老朽化等の障害や周辺地下水位の変化による揚水量の低下等により，稼動当初とは異なる影響が生じる可能性がある。このため，自記水位計による地下水位の連続的な記録や定期的に地下水位測定を行い，この結果，汚染地下水の敷地外への拡大が懸念される場合には，揚水井戸の再配置や揚水量の再設定が必要となる。なお，効果検証，揚水井戸の維持管理を行うことを目的としたモニタリング結果から，汚染源の状態の予測検証も可能となることも多い。

図3にバリア井戸稼動前及び稼動後（3年経過）に実測した地下水等高線，図4に観測井戸における地下水濃度の推移を示す。

地下水中の有害物質濃度に大きな低下は見られないが，バリア井戸稼動後の地下水等高線は，シミュレーション結果と同等の傾向となっていることから，拡散防止機能が維持しているものと判断される。

なお，改正土壌汚染対策法で規定された措置の効果の確認方法は以下のとおりである。

① 地下水流向下流側に位置する要措置区域の周縁に，30m以下の間隔で観測井戸を配置する。

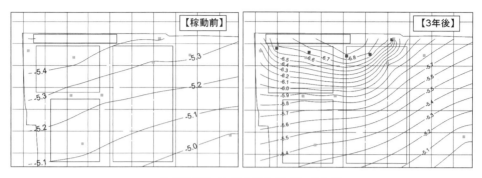

●：観測井戸、●：揚水井戸、□：30mグリッド

図3 バリア井戸稼動前後における地下水位測定結果（実測）

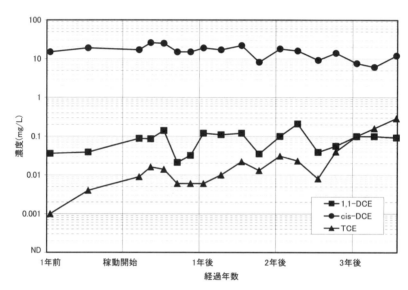

図4 観測井戸（バリア井戸影響圏内）における汚染物質濃度の推移

② 観測井戸から1年に4回以上定期的に地下水を採取し，地下水中の有害物質濃度（区域の指定に係る物質）を公定法により分析する。

③ 上記結果をもって地下水汚染が区域外に拡大していないことを確認するとともに，結果を都道府県知事に報告する。

3.1.4 バリア井戸の課題と留意点

(1) 対策期間

バリア井戸は主に地下水への溶解成分のみを回収するため，有害物質の回収量は，一般的には有害物質の漏洩量や汚染源対策による回収量，分解量，除去量と比較すると少ない。長期にわたってバリア井戸を稼動したとしても，汚染源対策によって汚染物質を除去しない限り，バリア

第4章 原位置浄化技術の概要

井戸を停止できる程度にまでは地下水中の有害物質濃度が低下しないことが多い。このため，敷地境界における地下水中の有害物質濃度を低下させ，バリア井戸を停止するには，汚染源（有害物質が浸透した場所）における対策を計画的に実施していくことが重要となる。特にVOCs（揮発性有機化合物）による地下水汚染の場合には，原液状物質の対策が重要である。また，汚染源対策を講じずにバリア井戸のみを稼働させることは，敷地境界付近への有害物質の移動を促進させるおそれもあるので留意が必要である。

なお，改正土壌汚染対策法においても，バリア井戸対策のみでは要措置区域を解除することはできず，区域を解除するには土壌汚染の除去等の措置を別途実施する必要がある。

図5にバリア井戸影響範囲内の敷地境界観測井戸における水質モニタリング結果の一例を示す。本サイトでは，工場の環境管理の一環として行われた地下水調査で基準値を超過するVOCsが確認されたため，汚染地下水の拡大防止のためバリア井戸を開始した。その後，工場全域の調査を実施し，優先度の高い範囲から計画的に汚染源対策を実施してきた。

本観測井戸に影響していると推定された汚染源の対策は，バリア井戸開始から5年目に実施したが，対策の効果により敷地境界の観測井戸について濃度が低下し，7年目には地下水基準値に適合するまでに改善された。地下水基準値に適合した後はバリア井戸を停止し，水質モニタリングにより敷地外への汚染地下水が拡大していないことを確認している。

汚染源対策により回収された有害物質量は，バリア井戸6年間で回収された有害物質量の数倍以上と推計されることから，仮に汚染源対策を実施しなかった場合には，少なくとも数十年にわたりバリア対策を継続する必要があったものと考えられる。

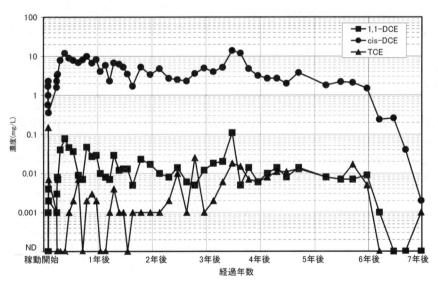

図5 バリア井戸影響範囲内における地下水中の有害物質濃度の推移

(2) 揚水した地下水の取扱い

バリア井戸により揚水した汚染地下水は水質汚濁防止法上の特定地下浸透水には該当しないが[10]，新たな地下水汚染や土壌汚染を発生させないように適切に処理しなければならない。土壌汚染対策法においては，「揚水した地下水に含まれる特定有害物質の濃度が水質汚濁防止法における排水基準又は下水道法における排除基準を超える場合には，それらを除去し，排水基準に適合させて公共用水域へ排出するか，排除基準に適合させて下水道に排除する」とされている。

(3) 地下水中から除去した有害物質の取扱い

汚染地下水から有害物質を取り除く地下水浄化プラントは，水質汚濁防止法上の特定施設には該当しないものの，バリア井戸は長期間実施されることが多く，曝気処理等により取り除かれた有害物質については，一般的には活性炭に吸着させる等を行い大気環境に悪影響を与えないようにしている。

文　献

1) 土壌汚染対策法（平成14年5月29日　法律第53号）
2) 環境省水・大気環境局長，環水大土発第110706001号「土壌汚染対策法の一部を改正する法律による改正後の土壌汚染対策法の施行について」，平成23年7月8日
3) 環境省，土壌汚染対策法に基づく調査及び措置に関するガイドライン改訂版，平成23年7月
4) 社団法人地盤工学会，地盤調査の方法と解説，丸善，平成16年6月1日
5) 関東地質調査業協会，現場技術者のための地質調査技術マニュアル，平成17年11月
6) 社団法人地盤工学会，打撃貫入法による環境化学分析のための試料の採取方法，地盤工学会基準　JGS1912-2004，2004
7) 中澤弌仁，地下水ハンドブック，建設産業調査会，平成10年8月1日
8) 社団法人地盤工学会，単孔を利用した透水試験，地盤工学会基準　JGS1314-2003，2003
9) 中島誠・村田正敏，地下水汚染調査における試験透水について，日本地下水学会1996年秋季講演会講演要旨，74-79（1996）
10) 環境庁水質保全局水質管理課長，環水管第93号「地下水汚染対策の推進について」，平成5年6月28日

3.2 透過性地下水浄化壁

根岸昌範(Masanori Negishi)

3.2.1 工法の概要

透過性地下水浄化壁工法の概念図を図1に示す。汚染地下水の下流側に地下水の流れを妨げずに，汚染物質のみと反応する浄化材を含んだ透水性の浄化壁を構築する手法である。必要に応じて遮水壁を併用する場合もあり，funnel and gate（漏斗と門の組合せ）と称されることもある。また，広義には，汚染地下水を受け止めるように連続的な反応域を注入工法などで形成する，バイオバリアなどのアプローチも浄化壁工法の一つとされる場合もある[1]。

透過性地下水浄化壁を用いた地下水の原位置浄化工法に関する最初の提案は，1985年のDavid C. McMurtryら[2]によるものと考えられる。透水性の浄化壁とスラリーによる止水壁との組合せで，地下水を原位置浄化する手法を提案している。浄化する対象物質と反応剤の組合せとしては，有機化合物に対しては活性炭，無機物および重金属等に関してはイオン交換樹脂などを提案し，ほかに生物学的な手法や破砕した石灰石による酸廃液漏出の防止などについて述べられている。

このように，処理対象物質に応じた様々な浄化材の検討が可能であり，市街地事業場だけでなく廃棄物不法投棄場所の複合汚染地下水に対する応急対策などとしての適用性も考えられる技術である。

3.2.2 浄化対象物質と浄化材の組合せ例

(1) 揮発性有機塩素化合物

TCEやPCEなどのクロロエチレン系化合物など，揮発性有機塩素化合物に対しては，鉄粉を利用した浄化壁の適用例が最も一般的である。

鉄粉を利用した浄化壁の最初の報告例は，Pulsら[3]が1994年からノースカロライナ州のEPA実証サイトで実施した，有機塩素化合物と六価クロムに対する事例と考えられる。鉄と砂の混合体をホローステムオーガーにより円筒杭状に深さ3～8mの範囲で21本打設し，モニタリング井戸で水質の連続観測を行った。浄化杭の設置から3ヶ月後には，円筒杭の中央の箇所において，初期濃度1～3mg/Lの六価クロム濃度が0.01mg/L程度まで低減し，0.3mg/LのTCE濃度が

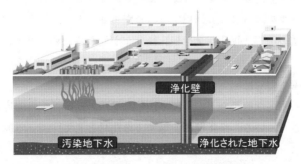

図1 透過性地下水浄化壁工法概念図

0.02mg/L 程度まで低減することを確認している。わが国では，1997年に電子部品工場の汚染サイトで実施した事例が最初のものであり[4]，円柱杭方式の浄化壁を千鳥状に配置し下流側地下水をモニタリングしたところ，流入濃度10mg/L程度のシス1,2-ジクロロエチレン（以下cis1,2-DCE）が浄化壁下流側で徐々に清浄な地下水に入れ替わり，60日後には環境基準を満足し，100日後には定量下限値未満まで濃度低減を確認した。

なお，バイオバリアとして微生物反応領域を汚染地下水の下流側に設ける方法についても，広義の透過性地下水浄化壁として捉えることができる。ポリ乳酸ナトリウム系などの各種有機資材を帯水層に供給し，地盤中にもともと存在する嫌気性微生物を活性化させ，生物化学的な還元脱塩素反応を利用する方法である。

(2) **重金属汚染地下水に対する対応**

揮発性有機塩素化合物の場合と同様に零価の金属鉄粉を使用して，ヒ素，鉛，六価クロム，カドミウムを安定化する方法が報告されている。重金属種類ごとに安定化メカニズムは異なるが，ヒ素や六価クロムなどは部分的に金属態まで還元されて安定化される報告がある[5]。

その他，イオン交換性樹脂や粘土鉱物ベースの資材など，イオン交換反応で鉛やカドミウムを安定化する方法や，非晶質の酸化鉄系の材料を用いて，ヒ素を疎水性吸着あるいはヒ酸鉄（$FeAsO_4$）などの難溶性物質として安定化する方法などが考えられる。

(3) **フッ素ホウ素への対応**

フッ素あるいはホウ素に対しては，ハイドロタルサイト様化合物などの，いわゆる陰イオン交換性の合成粘土鉱物による安定化機能の浄化壁が考えられる。フッ化カルシウム（CaF_2）の溶解度はフッ素イオンとして排水基準値（8 mg/L）オーダーであり，原位置地下水対策として環境基準を満足できる処理目標とした場合には，こうした浄化材の使用が必要となる。図2にハイドロタルサイトの模式図を示す。

ハイドロタルサイト様合成粘土鉱物は，ヒ酸イオンやリン酸イオンなど他の陰イオン系化合物に対しても適用可能性があり，異なった層間距離になるように合成することで，選択性の順序を入れ替えることが可能である[6]。

(4) **ベンゼンあるいは難揮発性有機化合物対応**

ベンゼン，クロロベンゼン類，あるいはその他の難揮発性有機化合物に対しては，活性炭などの疎水性吸着を処理メカニズムとして採用することが可能である。活性炭は，ヤシ殻あるいは石炭系などの原料や製造方法で，細孔容量や細孔径分布が異なるため，対象物質に適したものを選定する必要がある。

(5) **硝酸性窒素汚染への対応**

農用地などにおける過剰な施肥などの影響で，帯水層中の硝酸性窒素濃度が地下水環境基準を上回るケースも報告されている。浄化壁に使用する浄化材として，還元雰囲気を形成するための鉄粉と生分解性ポリマーを組み合わせて使用し（図3），微生物脱窒による硝酸イオンの拡散防止に対する実証試験の報告例がある[7]。

第4章　原位置浄化技術の概要

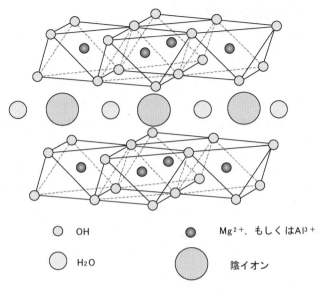

○ OH　　● Mg²⁺，もしくはAl³⁺
○ H₂O　　○ 陰イオン

図2　ハイドロタルサイトの模式図

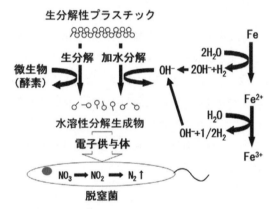

図3　生分解性プラスチックと鉄粉による硝酸性窒素浄化のメカニズム

3.2.3　透過性地下水浄化壁設計上の留意点

(1) 地盤状況と地下水流動状況の把握

　透過性地下水浄化壁工法は汚染地下水の自然流動を待ち受けて対象物質のみを分解あるいは無害化する受動的な処理技術（Passive Treatment）であり，浄化壁の設置箇所，設置深度，必要滞留時間に応じた壁厚の3点を適切に設定することが必要である。とくに，地形図や季節ごとの地下水位コンターなどによる大局的な地下水流動状況を把握して浄化壁の平面配置を決定することと，地盤の不均質性を考慮した一定の安全率を見込んだ設計実流速の設定が重要となる。

(2) 浄化材の耐久性や特性に関する留意点

本工法は，設置後はモニタリング以外の維持・管理が不要になるという最大の利点があるが，浄化材の反応性あるいは残余吸着能などの適正な評価が求められる。

反応性バリアの浄化材である鉄粉の反応性については，6年間の長期カラム試験の経過や腐食皮膜の直接観察結果などから，反応性の減衰に関する長期性能曲線が提案されている[8]。反応性の経年的な変化にあわせて汚染源対策を徐々に進める，あるいは初期の性能設計時に耐用年数にあわせた安全率を確保するなどの対応が必要である。

また，重金属類，フッ素，ホウ素などの吸着機能による浄化壁の耐用年数を設計するにあたっては，流入濃度に対する安定化量を推定し，浄化壁中に耐用年数に応じた浄化材を設置すればよいことになる。留意点としては，土壌の不溶化処理の観点からは短期的な最大吸着量を重視すべきであるが，地下水浄化壁の材料として使用する場合には，長期的に反応メカニズムを維持できるかという観点が必要になることが挙げられる。一例として，酸化マグネシウム系の吸着材を水道水に浸漬したもののX線回折（XRD）スペクトルを図4に示す。6ヶ月浸漬してほぼ水和してしまった段階では，反応性が維持されなくなっている[9]。

(3) 水質要因の影響

浄化壁中の浄化材は，各種メカニズムで対象物質を分解あるいは安定化する。それにともなって，浄化壁内のpHあるいは酸化還元電位の変動，他の有機化合物の取込みなど，地下水中にもともと含まれる溶存物質とさまざまな相互作用を生じることになる。

浄化用鉄粉に対しては，地下水pHが4～10の範囲では大きく腐食速度が影響を受けることはないが[10]，溶存カルシウムなど硬度成分が鉄粉周囲に沈積し反応性や腐食皮膜に影響を与えることなどがいわれている[11]。また，イオン交換性の浄化メカニズムを利用する場合にはイオンの選択性に対する配慮が必要であり，疎水性吸着を利用する活性炭などの場合には他の溶存有機物による阻害等もあらかじめ検討しておくことが望ましい。

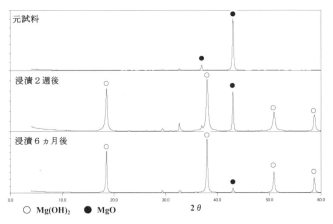

図4 マグネシウム系吸着材のXRDスペクトル

第4章　原位置浄化技術の概要

地下水中の溶存成分などが長期耐久性にどのように影響を与えるか等については，今後の研究報告や初期に実施した事例の追跡検証報告が待たれる状況である。

3.2.4 周辺影響について

汚染地下水の拡散防止対策であり，浄化壁下流側への周辺影響は少ない対策技術である。鉄粉を使用した反応性浄化壁の場合には，浄化壁内で一旦溶解した二価の溶存鉄が下流側へ流下することになる。しかしながら，その濃度レベルは0.1mg/L程度であり[12]，さらに酸化されて不溶性の水酸化第二鉄となると地盤中にトラップされることになる。

また，陰イオン交換性の材料を使用する場合，水酸イオンが放出されるため，浄化壁内部の間隙水のpHがアルカリ側にシフトする。これらについては，下流側原地盤のpH緩衝能により速やかに緩和されると考えられ，影響範囲は地下水流動条件と土質条件に依存するが，概ね数m未満と考えられる。

3.2.5 まとめ

透過性地下水浄化壁工法は，モニタリング以外のメンテナンスが不要な汚染地下水拡散防止対策として幅広い汚染物質に対応可能な対策技術である。一方で，バリア井戸などの他の拡散防止対策技術におけるランニングコストの積み重ねと比較した場合，少なくとも10年以上の耐用年数は必要であり長期耐久性に配慮した計画が必要となる。

なお，本稿では触れなかったが，浄化壁設置位置の下流側に既に汚染がある場合においても，浄化壁を通過した清浄な地下水で徐々に濃度低下するという二次的効果が期待できる。ただし，対象物質の種類や地盤条件に応じて遅延効果がさまざまであり，下流側の濃度低減が波及する範囲は限定的になる場合もあるので留意が必要である。

文　　献

1) Permeable Reactive Barriers：Lessons Learned/New Directions, ITRC（2005）
2) McMurtry, *et al., Environmental Progress*, Vol.4, pp.168-170（1985）
3) Puls R. W. *et al.*, Extended Abstract of 209th National Meeting, Anaheim, CA. American Chemical Society, pp.783-791（1995）
4) Imamura S. *et al.*, Proceedings of the seventh International Symposium on Semiconductor Manufacturing, pp.484-487（1998）
5) 根岸昌範ら，第12回地下水・土壌汚染とその防止対策に関する研究集会講演集，pp.615-619（2006）
6) 亀田知人ら，The Chemical News, No.195, pp.10-16（2005）
7) 副島敬道ら，土木学会論文集G, Vol.63, pp.58-67（2007）
8) 根岸昌範ら，第13回地下水・土壌汚染とその防止対策に関する研究集会講演集，pp.181-186

(2007)
9) 深澤道子ら,第 12 回地下水・土壌汚染とその防止対策に関する研究集会講演集,pp.683-686 (2006)
10) Uhlig H. H. and Revie R. W.(松田精吾,松島巌 訳):腐食反応とその制御(第 3 版),産業図書 (1989)
11) McKenzie, *et al*, International Containment Technology Conference Proceedings, pp.781-787 (1997)
12) 根岸昌範ら,土木学会論文集 G,Vol.62,pp.268-277 (2006)

3.3 バイオバリア

高畑　陽（Yoh Takahata）

3.3.1 バイオバリアの定義と特徴

バイオバリア（biobarrier）は，汚染物質の生物学的な分解・無害化・固定化（沈殿物形成）などの浄化機能を利用する汚染地下水の拡散防止技術である[1]。現在実用化されているバイオバリアは，徐放性物質を埋設する方法と浄化井戸を用いる方法に大別できる。

(1) 徐放性物質を埋設するバイオバリア

本技術は，有用微生物の増殖に必要な物質を長期的に地下水に供給できる徐放性物質を汚染域またはその周辺の帯水層に埋設する方法であり，地盤中の有用微生物を利用する浄化技術（バイオスティミュレーション）である。徐放性物質は地盤に埋設すると，微生物の増殖活性を高める物質を数年から数十年と長期間にわたって地下水に供給する。そのため，徐放性物質を埋設してしまえば浄化施設が不要になるため，地下水のモニタリングを除くとランニングコストが生じず，地上部を自由に使用できる利点がある。一方で，徐放性物質はいったん地盤に埋設してしまうと，浄化機能を人為的にコントロールすることが難しい。わが国では環境基準値に基づく地下水管理が行われる場合が多いため，室内および原位置において徐放性物質の性能試験やその結果に基づくシミュレーションを行って，バイオバリアが長期的に地下水の環境基準値を満たせることを施工前に確認する必要がある。バイオバリアは，物理・化学的手法を用いる透過性地下水浄化壁等と比較して汚染物質の急激な濃度変動に対処することが難しい。このような観点から，徐放性物質を埋設するサイトでは，バイオバリアで処理する汚染物質の濃度が急激に再上昇（リバウンド）することがないように，基本的に汚染源対策を施しておくことが望ましい。

(2) 浄化井戸を用いるバイオバリア

本技術は，浄化井戸と浄化装置を用いて帯水層中の有用微生物の増殖に必要な物質を連続的もしくは断続的に供給する方法である。本技術も基本的にはバイオスティミュレーションで実施されている場合が多いが，近年では，有用細菌を導入する浄化技術（バイオオーグメンテーション）が米国では実用化され[2]，国内でも実証レベルでの研究開発が進められている[3]。本技術は，徐放性材料を埋設する方法と比較して浄化効果が早く現れ，地下水の汚染状況に応じて浄化剤等の投入量を柔軟にコントロールできる長所がある。一方，浄化装置を設置して長期間運転する必要があるため，地上部の利用制約を受けると共に，ランニングコストが大きくなる課題がある。

3.3.2 バイオバリアの浄化対象物質

(1) 塩素化脂肪族炭化水素

テトラクロロエチレン（PCE），トリクロロエチレン（TCE）等の塩素化脂肪族炭化水素（CAHs：Chlorinated Aliphatic Hydrocarbons）を対象としたバイオバリアは，土壌環境中の生物学的脱塩素化反応を利用して行われる。本反応は，嫌気的環境下で水素を電子供与体，汚染物質を電子受容体としてCAHs分子中の塩素を水素に置換する嫌気性細菌を利用する。そのため，浄化の促進には嫌気環境を形成しつつ水素を放出可能な有機物を長期的に供給できる有機材料が適しており，様々な浄化剤が商品化されている。

CAHsを対象とした代表的な浄化材料はHRC™（Regenesis社製）である。HRC™は加水反応によってゆっくりと乳酸を放出するように加工されたポリ乳酸エステルを主成分とする徐放性の水素供給剤であり，HRC™から放出された乳酸は，地盤中に生息する微生物の活動によって水素を放出しながらピルビン酸，酢酸へと変化していく[4]。これらの有機酸は水素を供給するだけでなく，微生物が成長するための栄養源としても消費される。HRC™は米国において多くの使用実績があり，詳細な浄化実施例についての報告もある[5]。また，近年では，高級脂肪酸[6]や植物油[7]を用いた徐放性有機材料を用いた浄化も行われている。

　浄化装置を用いるバイオバリアでは，アルコール類，糖類，有機酸，アミノ酸の水溶液を浄化井戸から供給する方法が用いられており，浄化効果や持続性を高めるために数種類の有機物を混合して帯水層に供給した場合の効果についても報告されている[8]。

(2) 鉱油類

　鉱物油のうち，国内の地下水汚染で報告例の多くバイオバリアの対象となる炭化水素化合物は，ベンゼン，トルエン，エチルベンゼン，キシレン（BTEX）などの単環芳香族炭化水素類（Monocyclic Aromatic Hydrocarbons）であり，ガソリンが汚染源となっている場合が多い。また，国内では汚染例がほとんど報告されていないが，国外ではガソリンのオクタン価向上添加剤として使用されていたメチル・ターシャリー・ブチル・エーテル（Methyl Tertiary Butyl Ether：MTBE）が浄化対象となっている場合がある[9]。BTEXやMTBEは帯水層に存在する好気性微生物によって炭素源として利用され分解する[10, 11]。しかしながら，鉱油類で汚染されている帯水層は多くの場合，酸素が存在しない嫌気環境となっており，好気性分解菌が炭化水素を利用して増殖するためには酸素の供給が不可欠である[12]。

　酸素を長期的に放出可能な徐放性物質（酸素徐放剤）として代表的なORC™（Regenesis社）は，過酸化マグネシウム（MgO_2）を主成分としてリン酸塩が混合されているペースト状の浄化材料である。ORC™埋設後の酸素供給期間は帯水層の特性に大きく影響を受けるが，概ね1年程度である。ORC™は反応後にアルカリ物質の水酸化マグネシウムを生成するため，薬剤周辺の地下水のpHが上昇する場合がある。近年では，pHの上昇を抑制する効果がある過酸化カルシウム（CaO_2）を主原料とした薬剤も市販されている[13]。酸素除放剤の投入量は，対象とする汚染物質だけでなく，生物学的および化学的酸素要求量（BOD，COD）や二価鉄，二価マンガン等の被酸化物質量を考慮して設計する。したがって，浄化対象物質以外の被酸化物質が多く存在するサイトは，薬剤の使用量が多くなるため適用が難しくなる。

　浄化井戸を用いて酸素を帯水層に供給するバイオバリアには，空気を供給するスパージング井戸を敷地境界線に沿って直線上に設置したり[14]，トレンチを用いて過酸化水素を連続的に供給したりする方法が存在する[15]。これらの方法は浄化井戸から連続的もしくは断続的に空気や薬剤を供給するため，浄化装置を長期的に設置することが可能な敷地が必要となる。また，工場などの敷地境界の道路上に浄化井戸を設置するような場合には，道路の使用に支障にならないようにトレンチ（U字溝）などに井戸や配管を設置することにより，道路を使用しながら浄化を行うこと

第4章　原位置浄化技術の概要

写真1　U字溝内に設置したバイオバリアとして使用しているスパージング井戸

が可能である（写真1）。

(3) 重金属

重金属は，CAHsや鉱油類のような有機系汚染物質のように微生物分解を受けないため，硫酸還元細菌による硫化物の形成[17]や，鉄酸化バクテリア[18]による重金属の固定化を視野に入れたバイオバリアの研究開発が進められている。六価クロムは，嫌気性細菌によって無害な三価クロムに還元する浄化方法が存在しており，CAHsなどの浄化と同様に徐放性有機材料を供給して浄化を行っている事例がある[16]。

(4) 硝酸性窒素及び亜硝酸性窒素

地下水中の硝酸性窒素及び亜硝酸性窒素（以下，硝酸性窒素とする）は1999年に地下水環境基準項目に追加され，それ以降，水質汚濁防止法に基づく常時監視が行われている。環境省が実施している国内の約4000箇所の観測井戸における概況調査では，硝酸性窒素の環境基準値超過率は近年5％前後で推移しており，環境基準値が存在する項目中で最多となっている[19]。この原因として，硝酸性窒素による地下水汚染は，過剰な施肥，家畜排泄物，生活排水など汚染原因が多岐にわたり，汚染が広範囲に及ぶ場合も多いためである。一方，水道水源の約25％程度は井戸水・伏流水などの地下水に依存しており[20]，硝酸性窒素濃度の上昇による水道水源の将来的な汚染が懸念されている。

水道水源となる地下水の硝酸性窒素を長期的に浄化する方法として，生物学的脱窒機能を持つバイオバリアが注目されている。バイオバリアは生物学的脱窒反応を長期的に高めることが可能な徐放性有機材料を混合した透過性浄化壁であり，地盤に存在する脱窒菌は徐放性材料から供給される有機物を利用して硝酸性窒素で汚染された地下水を無害な窒素ガスに還元する。生分解性プラスチックを徐放性有機材料として用いた実証試験では，浄化壁内の従属栄養型の脱窒菌を活性化して，浄化壁を通過した地下水中の硝酸性窒素濃度を長期的に低減できることを確認している[21]。また，透過性浄化壁の浄化材料として硫黄・カルシウム系基質を用いて，硫黄を電子供与

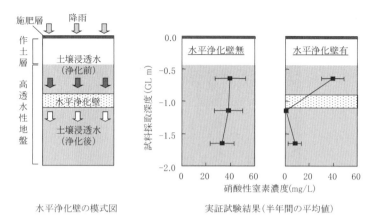

図1 水平透過性浄化壁の模式図と実証試験結果

体として利用する硫黄酸化脱窒細菌を長期的に活性化させて脱窒反応を促進させる方法も開発されている[22]。

多施肥型農地や家畜排泄物の集積場など高濃度の硝酸性窒素汚染が予測されるエリアに対しては、地下水汚染を未然に防ぐことが可能な水平透過性浄化壁の開発が進んでいる[23]。静岡県の茶畑に対して、安全で比較的安価な徐放性有機資材であるステアリン酸を重量比で2%混合した水平浄化壁を埋設した実証試験を行った結果[24, 25]、水平浄化壁の透水性を作土層とほぼ同等に調整することにより、降雨時における作土層の湛水の危険を回避しつつ長期的に土壌浸透水中の硝酸性窒素濃度を低減できることが確認されている（図1）。本試験では、ステアリン酸の寿命が約14年程度と試算され、茶樹の植え替えサイクル（25～30年間）毎に水平浄化壁を設置して減肥等の対策を併用していけば、地下水に対する窒素負荷量を長期的に低減することが可能であると結論づけている。

3.3.3 まとめ

バイオバリアはコストや環境負荷を低減できる可能性がある一方で、物理化学的な浄化機能を持つ汚染物質の拡散防止技術と比較して確実性が低くなる要素が大きい。したがって、バイオバリアの適用にあたっては、浄化技術に対するリスク評価を十分に行い、リスクが生じた場合の対策について検討しておくことにより、微生物浄化に対する周辺住民の合意形成を深め、実用例が増えていくと考えられる。そのためには、リスク評価に基づく浄化設計手順の確立や、微生物群集構造解析などのモニタリング技術の向上が今後期待される。

第4章　原位置浄化技術の概要

文　　献

1) US EPA, Green Remediation Best Management Practices：Bioremediation, EPA 542-F-10-006
2) M. S. Kovacich *et al.*, Proceedings of the Ninth International In Situ and On-Site Bioremediation Symposium, Paper I-18（2007）
3) 奥津徳也ほか，第16回地下水・土壌汚染とその防止対策に関する研究集会講演集，pp.42-45（2010）
4) S. S. Koenigsberg *et al.*, Engineered approaches for in situ bioremediation of chlorinated solvent contamination, Battelle Press, pp.67-72（1999）
5) US EPA, Hydrogen Release Compound（HRC）Barrier Application at the North Basin F Site, Rocky Mountain Arsenal, EPA 540/R-09/004（2009）
6) 伊藤善孝ほか，Matsushita Technical Journal, **53**, 16-21（2007）
7) R. C. Borden, *J. Contam. Hydrol.*, **94**, 13-33（2007）
8) 緒方浩基ほか，大林組技術研究所報，No.72, pp.1-6（2008）
9) S. Saponaro *et al.*, *J. Hazard. Mater.*, **167**, 545-552（2009）
10) L. P. Wilson *et al.*, *J. Ind. Microbiol. Biotechnol.*, **18**, 116-130（1997）
11) T. C. Schmidt *et al.*, *J. Contam. Hydrol.*, **70**, 173-203（2004）
12) Y. Takahata *et al.*, *Appl. Microbiol. Biotechnol.* **73**, 713-722（2006）
13) http://panasonic.biz/kankyo/eng/geo_environment/amteclean/data/e_01.pdf
14) P. J. J. Alvarez *et al.*, Bioremedation and Natural Attenuation（ed.）A John Wiley & Sons, Inc., Publication, pp.402-405（2006）
15) A. Tiehm *et al.*, *Water. Sci. Technol.* **58**, 1349-1355（2008）
16) B. Faybishenko *et al.*, *Environ. Sci. Technol.* **42**, 8478-8485（2008）
17) L. Diels, *et al.*, Chapter 6, Heavy metal immobilization in groundwater by in situ biopercipitation：comments and questions about efficiency and sustainability of the process, Proceedings of the Annual International Conference on Soils, Sediments, Water and Energy, **11**, 100-111（2006）
18) B. Wielinga *et al.*, *Appl. Environ. Microbiol.*, **65**, 1548-1555（1999）
19) 環境省地下水質測定結果，http://www.env.go.jp/water/chikasui/index.html
20) http://www.jwwa.or.jp/shiryou/water/water.html
21) 副島敬道ほか，土木学会論文集G, **63**, 58-67（2007）
22) 新日鉄エンジニアリング技報，**2**, 75-76（2011）
23) 須網功二ほか，土壌環境センター技術ニュース，**13**, 9-16（2007）
24) 高畑陽ほか，第44回日本水環境学会年会講演集，p.428（2010）
25) 伊藤雅子ほか，第44回日本水環境学会年会講演集，p.429（2010）

4 MNA（科学的自然減衰）

高畑　陽（Yoh Takahata）

4.1 MNA（科学的自然減衰）の定義

　地下水中の汚染物質の濃度が自然に減少することを自然減衰（Natural Attenuation：NA）と呼ぶ。土壌環境中における汚染物質のNAには，①土壌粒子への吸着，②気相への揮発，③希釈・拡散，④化学分解，⑤微生物分解がある。多くの汚染サイトでは汚染物質のNAが発生していると考えられるが，そのメカニズムやポテンシャルはサイト固有のものであり，これを科学的に評価して浄化に組み入れる手法を科学的自然減衰（Monitored Natural Attenuation：MNA）と呼ぶ。MNAは科学的な論拠を用いてサイト固有のNAの可能性を評価し，人為的な浄化処理を行わずに汚染物質の濃度を適切な期間内に低下させる戦略的な浄化方法である。

4.2 MNAの対象物質と適用範囲

　MNAが多く適用されている米国において，MNAの対象物質はベンゼン，トルエン，キシレン（以下，BTX）などの石油系炭化水素化合物とテトラクロロエチレンやトリクロロエチレンなどの塩素化脂肪族炭化水素（Chlorinated Aliphatic Hydrocarbons：CAHs）がほとんどであり，適用範囲は概ね帯水層（地下水）に限定されている[1]。近年では重金属の硫化物などへの変換や放射性物質の崩壊などのNAを対象とするMNAも検討されているが，実施例は少ない[2,3]。

4.3 MNAの前提条件

　MNAは全ての汚染サイトに無条件で適用されるものではなく，十分に管理・監視される必要がある。ここでは，地下水（帯水層）汚染を対象としたMNAを実施する場合の前提条件について概説する。

4.3.1 科学的条件

　地下水汚染サイトにMNAを適用するためには，少なくとも数年間の継続的な地下水観測データを取得してNAの起こりうる可能性を検証することが必要である。地下水観測は，汚染プルームの大きさや地下水流向を考慮して，複数本の観測井戸を設置して行う（図1）。観測井戸の施工時に帯水層の汚染状況や土質性状に関するデータを取得しておけば，MNAを実施する際に評価を行い易くなる。

　MNAの適用に必要な評価項目としては，汚染物質の種類と濃度，汚染プルームの減少傾向，汚染物質の減少傾向，自然減衰に係る地球科学的指標の取得・解析[4]，微生物学的情報，溶出輸送・移流拡散モデルの解析[5]，リスク評価[6]などが挙げられる。MNAの適用は，NAのプロセスにおいて汚染が拡散したり危険な副生成物が生じたりせず，妥当な期間（概ね5〜10年程度）で汚染物質の濃度が目標値まで低減すると科学的に予測された場合にのみ実施できる。

4.3.2 技術的条件

　帯水層中に浄化目標を超過する汚染物質が存在している一方で，合理的な諸条件下で他に適切

第 4 章　原位置浄化技術の概要

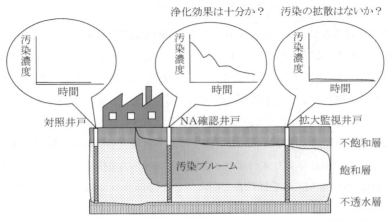

(NA確認井戸および拡散監視井戸は汚染プルームの大きさに応じて複数本設置)

図 1　MNA の科学的条件の評価を行うために必要な観測井戸

な浄化手法がなく，科学的条件の検討の結果，他の浄化手法と比較して妥当な期間内に浄化が達成できると判断された場合に MNA は実施できる。したがって，多くの場合は能動的な浄化により汚染源対策を実施し，且つ可能な限りの浄化手段を行って地下水中の汚染物質濃度を低減していることが MNA 実施の前提条件となる。また，MNA を試行する場合には，NA に係るデータを十分に管理・監視できる観測井戸が複数存在していることや（図1），MNA 試行時に汚染プルームの拡散がみられた場合などに備えて予備的な修復対策を準備していることも必要である。

4.3.3　社会的条件

MNA の適用判断は浄化実施者が判断するものでなく，第三者の評価によることが望ましい。その観点から，原則として MNA は行政（自治体）を主体として行われるべきである。自治体が地下水汚染対策に積極的に関与し，将来的に地下水が水道水源として飲用されないことなど，周辺住民への健康被害を防止できることを確認しておくことが必要である。そのためには，地域社会全体が汚染に関する情報を共有し，周辺住民が意志決定の過程に参加できる機会を提供することが MNA による一連の汚染修復プロセスにとって重要である。

4.4　国内における MNA の取り組み
4.4.1　山形県における CAHs 汚染サイトに対する MNA の取り組み

山形県では，県内 4 箇所の広域的に拡散した CAHs による地下水汚染について長期的観測を行い，MNA の適用可能性を検討している[7, 8]。この結果，微生物分解による CAHs の濃度低減が生じているサイト，微生物分解は生じずに移流拡散のみで濃度低減が生じているサイト，濃度低減がほとんどみられないサイトの 3 タイプに分類できることが示された。このうち，微生物分解による CAHs の濃度低減が生じているサイトでは，地下水が還元的雰囲気であり，脱塩素化細菌として知られる *Dehalococcoides* 属細菌が検出されるなどの微生物学的な根拠が裏付けられ

ている[9]。

4.4.2 熊本市におけるガソリン汚染サイトに対する MNA の取り組み

　MNA の適用を検討した熊本市のガソリン汚染サイトは，1991 年に各家庭の掘り抜き井戸からガソリン汚染が発覚し，1992 年より汚染原因であるガソリンスタンドの地下タンク撤去と揚水処理によるガソリン原液および汚染地下水の回収を開始した[10]。その結果，ガソリンの主成分である BTX の汚染範囲は年々縮小していったが，1997 年頃から揚水処理の浄化効率が急激に低下し，汚染源に近い高濃度汚染域ではベンゼン濃度の地下水環境基準値を長期的に満たすことができなかった。そこで，2000 年より本汚染サイトにおける MNA 適用可能性の検討を開始した。

　ここでは，2002 年から MNA を試行した際に用いた評価ツールについて詳述する。なお，ここで紹介する評価ツールは，㈳土壌環境センターの「MNA に関する調査研究部会」で検討・考案したものである[11]。

(1) MNA プロトコールによる適用可能性の判断

　MNA プロトコールは，MNA を一定期間試行後に，MNA の前提条件である科学的，技術的，および社会的評価を総合的に判断できるように作成されている[12]。これらの内容に対して，不備な点が一つでもあれば MNA の適用が難しいということでなく，MNA の実施に際して検討すべき個々の項目が抜けていないことを確認することが本プロトコール使用の目的である。

　本サイトに対して MNA プロトコールによる検討を行った結果を表 1 に示す。これより，MNA 移行後も一部のエリアでは難水溶性物質（Non Aqueous Phase Liquids：NAPLs）の存在が疑われ，NAPLs の存在量や位置が正確に把握できていないため，シミュレーションによる評価が難しいなどの課題があった。しかしながら，複数の観測井戸により汚染プルームが拡大していないことを確認していること，汚染サイトで生物的 NA が生じている科学的証拠が確認され長期的な浄化効果が期待できること，自治体が主体となり住民に対するリスク管理が行われていることから，MNA への移行が可能であると判断された。

(2) 予備スクリーニング分析を用いた生物的 NA 現象の評価

　MNA 実施後に汚染物質を無害化するという観点においては生物的 NA が重要であり，その兆候を客観的に評価する方法として，米国 EPA では測定結果に基づく予備スクリーニング分析が CAHs を対象として考案されている[13]。これを参考にして作成した，地下水中の BTX の生物的 NA ポテンシャル[14]を評価するための予備スクリーニング分析項目を表 2 に示す。

　本サイトでは，2002 年 4 月に浄化装置を停止して MNA の試行を開始し，汚染域および非汚染域の観測井戸における地下水データを約 2 年間にわたって取得・解析した。その結果，汚染域では好気性細菌だけでなく硝酸還元細菌や硫酸還元細菌の増殖が示唆され，汚染域における生物的 NA により BTX が分解されている可能性が高いと判断された。また，本サイトでは地下水中の微生物群集構造を明らかにするための DNA 解析も実施されており，好気的および嫌気的にBTX を分解する細菌の存在が確認されている[15]。

第4章　原位置浄化技術の概要

表1　MNA プロトコールによる検討

1. MNA 実施のための前提条件			
1.1　汚染源対策			
1.1.1	汚染源は特定されているか？	○	ガソリンスタンドであること特定。
1.1.2	汚染源対策が土壌溶出量の10倍を目途に実施済みか？	○	汚染源の地下タンクおよびタンク周辺の汚染土壌は撤去済み。
1.1.3	経済合理的で積極的な対策方法がないか？	○	揚水曝気処理の効率が低下し，他に有効な対策方法も存在しなかった。
1.2　NAPL の存在			
1.2.1	汚染物質の地下水濃度は水飽和度の1％以下か？	×	ベンゼン：1750mg/L に対して 1.1mg/L，トルエン：515mg/L に対して 1.2mg/L，キシレン：170mg/L に対して 14mg/L。
1.2.2	NAPL の存在が疑われるか？	×	汚染源の下流部の複数の井戸で BTX 濃度のリバウンドが確認され，NAPL の存在が疑われる。
1.3　汚染プルーム			
1.3.1	汚染プルームの範囲が，複数の観測井により確認されているか？	○	約290本の井戸より汚染の平面的な広がりを確認している。
1.3.2	汚染中心から離れた井戸での濃度が環境基準の10倍程度か？	×	環境基準 0.01mg/L に対して 10～100 倍程度のベンゼンが存在。
1.3.3	敷地外の汚染も複数の地点で監視できるか？	○	観測井戸は，全て汚染原因施設の敷地外に設置されてる。
1.4　リスク評価			
1.4.1(a)	現在及び今後も地下水は飲用されないか？	○	汚染井戸については，全て上水道に切り替え済み。
1.4.1(b)	人への健康被害の防止について自治体は関与しているか？	○	これらの対策は，自治体が中心になって進めている。
1.4.2	住民・市民の理解と同意が得られているか？	○	発覚当時から地域住民に対するリスクコミュニケーションを実施している。
1.4.3	自治体が汚染状況を把握し，情報を開示しているか？	○	汚染の恐れのある地域は全て調査をしており，その調査結果は公表している。
1.4.4	浄化対策停止後の影響が評価されているか？	○	2002年4月の浄化装置を停止による MNA 試行期間に汚染範囲の拡大がないことを確認している。
1.5　生物分解もしくは化学分解による MNA の可能性			
1.5.1	汚染の減衰は認められるか？	○	浄化装置の影響範囲外にある井戸で減衰を確認。
1.5.2	シミュレーションにより10年間で目標値まで濃度低減可能か？	×	土壌含有量等のデータが不足しており，シミュレーションを実施していない
2. MNA の起こりうる状態の評価方法			
2.1　化学分解もしくは生物分解が発生している科学的根拠			
2.1.1	汚染物質が明らかで，濃度変化を観測しているか？	○	BTX 濃度の経年変化から減衰が確認されている。
2.1.2	分解副生成物のモニタリングしているか？	○	最終生成物である炭酸塩の増加が確認されている。
2.1.3	汚染サイトの帯水層の地盤や水理特性は明らかであるか？	○	土壌調査，水位の連続測定を実施しているが，地下水流速等は不明である。
2.1.4	予備スクリーニングにおけるポイント総点が16点以上か？	－	16点は揮発性有機塩素化合物を対象としている[8]。表2参照。
2.1.5	生物分解を評価する指標をモニタリングしているか？	○	全菌数や汚染物質分解菌数をモニタリングしている。

表2　予備スクリーニングシートによる検討

分析項目		項目抜粋の根拠	熊本サイトの評価	上段：汚染域* 下段：非汚染域*
微生物が増殖可能な環境条件	pH	微生物の多くは中性域で分解活性がある（5＜pH＜9が適）	汚染域は中性付近であり，微生物の増殖は十分期待できる	6.6 6.1
	水温	分解活性は温度に大きく依存する（＜5℃は不適，＞20℃が適）	20℃を下回っているが，微生物の増殖は十分期待できる	19℃ 19℃
微生物が増殖した直接的証拠	全菌数	全菌数増加は微生物増殖の直接的な証拠である	約15倍の菌数増加があり，微生物の増殖が生じている	3.4×10^6 cells/mL 2.2×10^5 cells/mL
	炭酸イオン	好気・嫌気分解による最終生成物であり，微生物活性の指標となる	約4.8倍増加しており，微生物活性は高い	186mg/L 25mg/L
微生物によるNAが起こるポテンシャル	溶存酸素	好気性細菌の増殖に必要な酸素の供給と消費	酸素が供給され，好気性細菌が増殖していると考えられる	0.6mg/L 7.6mg/L
	硝酸塩	硝酸還元細菌の増殖に必要な硝酸塩の供給と消費	硝酸塩が供給され，硝酸還元細菌が増殖していると考えられる	1.0mg/L 5.0mg/L
	硫酸塩	硫酸還元細菌に必要な硫酸塩の供給と消費	硫酸塩が供給され，硫酸還元細菌が増殖していると考えられる	0.6mg/L 15.9mg/L

*MNA試行後の，汚染域（4箇所）および非汚染域（8箇所）の観測井戸[16]における2年間の平均値

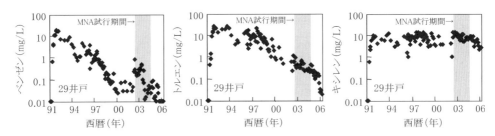

図2　汚染域（29井戸）におけるBTX濃度の推移

(3) MNA施行後のBTXの挙動

　汚染プルーム内にあり，BTX濃度の高い観測井戸（29井戸）[16]における汚染発覚からMNA移行後までのBTX濃度の推移を図2に示す。地下水中のベンゼン濃度は，浄化装置を停止してMNAの試行を開始して約1年間は再上昇（リバウンド）したが，その後は濃度が低下した。MNA試行終了時のBTX濃度はいずれも試行開始時より低くなり，本試行期間中に汚染プルーム周辺域の8本の観測井戸でBTX濃度が一度も検出されなかったことから，2004年8月にMNA完全移行した。MNA移行後の2年間でベンゼンおよびトルエンについては環境基準値（トルエンについては要監視項目指針値：0.6mg/L）を下回ったが，キシレンについてはMNA移行時の濃度が高かったため，要監視項目基準値の0.4mg/L以下までキシレン濃度が低減するには5年以上の期間が必要であると推測された。

第4章　原位置浄化技術の概要

4.5　おわりに

近年，揚水処理の代替法として，汚染域の生物的 NA ポテンシャルを促進させる浄化技術（Enhanced natural attenuation：ENA）を適用するサイトが増えている。ENA を実施する際に浄化終了後の MNA を視野に入れて浄化計画を立案することにより，浄化事業のコストや環境負荷を低減できる可能性があるが，残念ながら国内で MNA を有効に活用していく機運は高まっていない。今後，国内各所の汚染サイトで継続的に取得されている地下水データを MNA に活用することを視野に入れ，住民の健康および生活環境リスクの低減に役立てられることを期待する。

文　　献

1) US EPA, Monitored Natural Attenuation for Ground Water, EPA/625/K-98/001（1998）
2) US EPA, Monitored Natural Attenuation of Inorganic Contaminants in Ground Water, Volume 2, EPA/600/R-07/140（2010）
3) US EPA, Monitored Natural Attenuation of Inorganic Contaminants in Ground Water, Volume 3, EPA/600/R-10/093（2010）
4) 駒井武ほか，MNA（Monitored natural attenuation），土壌・地下水汚染-原位置浄化技術の開発と実用化，シーエムシー出版，pp.125-126（2004）
5) http://www.epa.gov/nrmrl/gwerd/csmos/index.html#download
6) 川辺能成ほか，第 12 回地下水・土壌汚染とその防止対策に関する研究集会講演集，pp.366-369（2006）
7) 渡邉英治ほか，第 11 回地下水・土壌汚染とその防止対策に関する研究集会講演集，pp.114-118（2005）
8) 渡邉英治ほか，第 12 回地下水・土壌汚染とその防止対策に関する研究集会講演集，pp.262-266（2006）
9) X. Maymo-Gatell *et al.*, *Science*, **276**, 1568（1997）
10) 津留靖尚，熊本市の事例，土壌・地下水汚染-原位置浄化技術の開発と実用化，シーエムシー出版，pp.336-341（2004）
11) 白鳥寿一，土壌環境センター技術ニュース，**9**, 72-77（2004）
12) 谷口紳ほか，第 11 回地下水・土壌汚染とその防止対策に関する研究集会講演集，pp.50-55（2005）
13) US EPA. Technical protocol for evaluating natural attenuation of chlorinated solvents in groundwater；EPA/600/R-98/128（1998）
14) US EPA, Monitored Natural Attenuation of Petroleum Hydrocarbons；EPA/600/F-98/021（1999）
15) Y. Takahata *et al.*, *Appl. Microbiol. Biotechnol.*, **73**, 713-722（2006）
16) 高畑陽ほか，第 12 回地下水・土壌汚染とその防止対策に関する研究集会講演集，pp.807-812（2006）

第5章　原位置浄化のための薬剤・微生物等の供給技術

奥田信康（Nobuyasu Okuda）

1　概要

　汚染土壌の原位置浄化処理では，地面の下の地盤中に存在する汚染物質に適切な量の浄化剤を接触させ，所定の反応条件に維持することが必要となる。比較的深い地盤への浄化剤の供給方法として，注入工法や原位置混合工法が用いられている。これらの技術は，原位置地盤改良を目的として既に多くの施工実績がある。注入・原位置混合工法の種類[1]を図1に示す。

　原位置浄化で使用される注入・原位置混合工法一覧[2]を表1にまとめ，概要を以下に示す。

① 薬液注入工法

　薬液注入工法とは，地盤中に浄化剤を注入，土粒子間隙の水と置換する施工方法である。長所は，狭小・低空頭な空間でも施工可能であり，透水性が高い地盤に対しては，1本の影響範囲が広いことである。短所は，粘性土地盤への適用が困難。浄化剤と土壌との混合が不均一となりやすいことである。

② 機械式攪拌工法

　機械式攪拌工法とは，攪拌翼を地盤中に貫入し，土壌と浄化剤を攪拌混合する施工方法である。長所は，汚染土壌と浄化剤を均等に混合でき，施工効率が高く，余掘土の生成が少ない。短所は，ある程度の作業広さ・空頭高さが必要。地中障害物の事前除去必要となることである。

③ 高圧噴射式工法

　高圧噴射式工法とは，超高圧流体を噴射し，地盤を緩めながら浄化剤を注入し，混合または

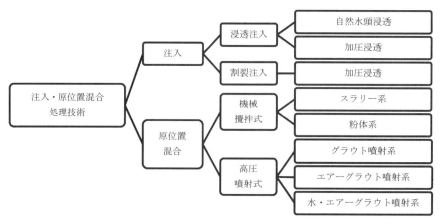

図1　注入・原位置混合処理工法の種類

第5章　原位置浄化のための薬剤・微生物等の供給技術

表1　原位置浄化工法の比較一覧表

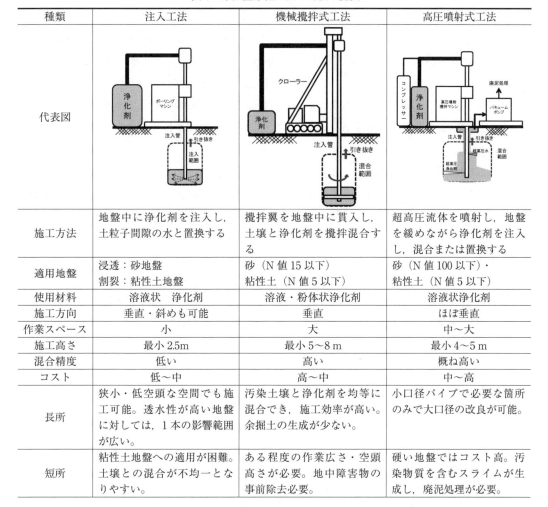

種類	注入工法	機械攪拌式工法	高圧噴射式工法
代表図			
施工方法	地盤中に浄化剤を注入し，土粒子間隙の水と置換する	攪拌翼を地盤中に貫入し，土壌と浄化剤を攪拌混合する	超高圧流体を噴射し，地盤を緩めながら浄化剤を注入し，混合または置換する
適用地盤	浸透：砂地盤 割裂：粘性土地盤	砂（N値15以下） 粘性土（N値5以下）	砂（N値100以下）・ 粘性土（N値5以下）
使用材料	溶液状　浄化剤	溶液・粉体状浄化剤	溶液状浄化剤
施工方向	垂直・斜めも可能	垂直	ほぼ垂直
作業スペース	小	大	中～大
施工高さ	最小2.5m	最小5～8m	最小4～5m
混合精度	低い	高い	概ね高い
コスト	低～中	高～中	中～高
長所	狭小・低空頭な空間でも施工可能。透水性が高い地盤に対しては，1本の影響範囲が広い。	汚染土壌と浄化剤を均等に混合でき，施工効率が高い。余掘土の生成が少ない。	小口径パイプで必要な箇所のみで大口径の改良が可能。
短所	粘性土地盤への適用が困難。土壌との混合が不均一となりやすい。	ある程度の作業広さ・空頭高さが必要。地中障害物の事前除去必要。	硬い地盤ではコスト高。汚染物質を含むスライムが生成し，廃泥処理が必要。

置換する施工方法である。長所は，小口径パイプで必要な箇所のみで大口径の改良が可能である。短所は，硬い地盤ではコスト高。汚染物質を含むスライムが生成し，廃泥処理が必要となることである。

2　注入技術

2.1　注入のメカニズム

溶液状または微細な粒子を含むスラリー状の浄化剤を注入ポンプまたは井戸内の水頭圧で対象地盤中に供給する技術であり，礫質土や砂質土を主体とする透水性の高い地盤における地下水汚染浄化に有効な施工方法である。地盤中に浄化剤が入って行く状態により，浸透注入と割裂注入

に大別することができる[3]。浸透注入とは，砂質土地盤で浄化剤が土粒子の間隙を埋め，土粒子の配列に変化のない注入形態である。浸透注入では，浄化剤と土壌中の汚染物質が均等に接触することができ，一様な浄化達成が期待できる。一方，割裂注入とは，粘性土を含む地盤にて，浄化剤が地盤中の透水性の高い部分や弱い部分に脈状や枝状に走る注入形態である。割裂注入では，土壌中での浄化剤分布が不均一となるため，浄化効果持続期間が短い浄化剤を用いた場合は浄化達成にムラが生じる可能性がある。しかし，浄化効果持続期間が長く，水溶解度の高い浄化剤を用いれば，脈の周囲への浄化剤が拡散し，全体的な浄化促進が期待できる。

2.2 浸透注入となる注入条件

地盤の透水性および浸透水量の設定により，浸透注入か割裂注入のどちらの状態となるかが決定される。浄化剤を均等に広げるには，浸透注入条件が有利となる。薬液注入工法において実用的な注入速度では地盤の細粒分割合が30〜35％以下では浸透注入，それ以上では割裂注入になるといわれている[2]。

浸透注入における注入量と地盤の透水係数，注入圧力等との関係をThiemの式[4]を用いて説明する。モデルを図2に示す。注入対象地盤を一様な透水係数，一様な厚さの被圧帯水層の条件とし，上下の不透水層からの地下水の流入・流出はないものとする。この場合，注入量Qは以下の式で示すことができる。

$$Q = 2\pi \frac{\mu_W}{\mu_L} kD \frac{S}{ln\left(\frac{R}{r}\right)}$$

Q：注入流量（m³/s），μ_W：水の粘性係数（Pa·s），μ_L：注入剤の粘性係数（Pa·s），k：帯水層

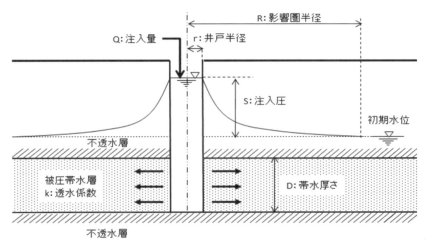

図2 被圧帯水層への注入状況（Thiem式 被圧帯水層への注入モデル）

第5章 原位置浄化のための薬剤・微生物等の供給技術

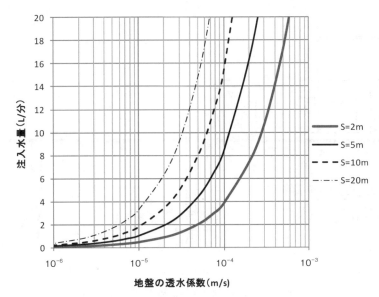

図3 注入量計算結果（条件 μ_L/μ_W=3, D=1m, r=0.05m）

の透水係数（m/s），D：帯水層の厚さ（m），S：注入圧力（m），R：影響圏半径（m），r：注入井戸半径（m）

ここで，影響半径 R は，地盤の透水係数により決定され，以下の Sichart の式を用いる。

$$R = 3000 \cdot s\sqrt{k}$$

注入液の比粘性（μ_L/μ_W）を3，注入対象の帯水層の厚さ D を1m，注入井戸半径 r を0.05m，注入圧 S を2, 5, 10, 20m の条件下で，帯水層の透水係数 k が 10^{-3}m/s～10^{-6}m/s の範囲における注入量を計算し，その結果を図3に示す。この条件では，注入圧5mとした際の注入井戸1m当たりの注入量は，透水係数 10^{-5}m/s で 1.0L/分，透水係数 10^{-4}m/s で 8.3L/分，透水係数 10^{-3}m/s で 73L/分となる。実用的な注入量として5～10L/分を得るためには，透水係数が 10^{-4}m/s 以上では加圧ポンプ等を用いずに井戸内水位差だけで注入することができ，透水係数が 10^{-5}m/s～10^{-4}m/s では一般的な薬液注入圧力（水頭差10～50m）で達成することができる。一方，透水係数が 10^{-5}m/s 以下の地盤で，実用的な注入速度で注入を行えば，浸透注入ではなく割裂注入の形となる。

2.3 施工方法

注入工法の具体的な施工方法として，薬液注入方式，自然水頭注入方式，溶解浸透注入方式について概要を図4に示し，技術概要，利点および施工上の注意点について列挙する。

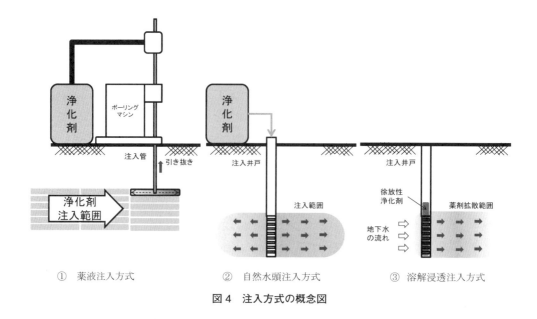

図4　注入方式の概念図

2.3.1　薬液注入方式

　薬液注入装置により浄化剤を加圧注入する施工方法である。まず所定の深度まで削孔してモニターを設置し，所定量の浄化剤を深度方向に50～25cmピッチで注入する。注入箇所の影響範囲は1～2m程度である。注入管構造により単管ロッド注入，二重管ストレーナー，二重管ダブルパッカーなど複数の注入方式があり，注入材の種類に合わせて適切な注入装置を選定する必要がある。

【利点】
- 施工費が安価で，狭小な場所や，空頭制限のある場所でも施工可能である。
- 注入工法の中で最も浄化精度の高い方法であり，汚染源浄化に用いることができる。
- 必要深度でのみ薬剤を供給することができる。
- 不飽和帯への浄化剤の供給が可能である。

【施工上の注意点】
- 地盤の透水性が不均一な場合は，注入材の供給先が偏りが生じる可能性がある。
- 汚染源対策の場合は，浄化剤注入量は浄化対象地盤の有効間隙と同量程度となる。注入により当初の間隙水は押し出されるため，注入作業周辺の地下水モニタリングを行い，不用意に汚染物質を拡散しないよう留意する必要がある。
- 注入作業時に供給圧が急に低下する場合は，水みち等が存在するまたは発生させた可能性がある。この場合は一旦注入を停止し，一定以上の供給圧が維持できる注入量に低下させることが望ましい。
- 透水性の低い地盤においては，所定量の注入液が地盤中に入りきらず注入ロッドの周囲か

第 5 章　原位置浄化のための薬剤・微生物等の供給技術

ら噴き出すことがある。この場合は，注入速度を低下させて対応する。または，あらかじめ注入ロッドの隙間をグラウト材で充填する。などの対策を講じる必要がある。
- 本方式で時間を空けて再度注入する際には，もう一度注入孔のボーリングから行う必要がある。よって，浄化設計に当たっては，1回の注入作業で十分な効果が得られる量を見極める必要がある。

【薬液注入方式に適した事例】
　比較的高い濃度の地下水汚染に対し，粘性の高い浄化剤や浄化持続期間の短い浄化剤を集中的かつ高密度に注入する事例に適している。参考例を以下に示す。
- 塩素化エチレン類，ベンゼンを対象とした酸化剤の注入
- 塩素化エチレン類を対象とした還元剤（微粒子鉄粉）の注入[5]
- 塩素化エチレン類を対象とした水素徐放剤の注入
- 第2種特定有害物質を対象とした不溶化剤の注入

2.3.2　自然水頭注入方式

　浄化対象エリア内に注入井戸を設置し，必要量の浄化剤をポンプ等を用いて注入井戸に供給し，注入井戸の水頭差により地盤中に注入する施工方法である。注入井戸から注入した薬剤が，溶液として地下水の移動に伴い処理対象地盤に拡がるため，適用対象は透水性の高い地下水帯水層に限定される。

【利点】
- 注入井戸の設置と浄化剤供給装置という簡便なシステムで施工可能であり，装置コストの低い工法である。
- 一旦井戸を設置すれば，必要に応じて繰り返し浄化剤を注入することができる。
- 注入液の供給圧力が小さいので注入井戸の周辺では，比較的ムラのない浄化が達成しうる。

【施工上の留意点】
- 浄化剤の拡散範囲および期間が，地下水の移動速度に支配されるため効果の短い薬剤（フェントンなど）については，適切な設計条件が求められる。
- 微生物活性剤を高濃度で注入すると，井戸周りで微生物が増殖し，透水性を著しく低下させるケースが生じやすい。
- 注入を継続すると徐々に透水性が低下することがある。原因には，地盤中の細粒分の圧密による阻害やバイオ処理時の微生物の井戸周りでの急激な増殖などがある。これに対し，注入薬剤の濃度管理を適正に行うと共に，定期的な井戸洗浄を実施することで，注入井戸の閉塞を未然に防止することが有効である。

【適した工法】
　中程度以下の地下水汚染に対し，粘性が低い浄化剤を比較的広範囲に注入する事例に適している。浄化剤の浄化効果の持続期間が長い方が，影響範囲を広くとることができる。

- 塩素化エチレン類を対象とした嫌気性微生物活性溶液の供給[6]
- ベンゼン，油分を対象とした溶存酸素水・栄養塩溶液の供給
- 塩素化エチレン類，ベンゼンを対象とした酸化剤溶液の供給[7]

2.3.3 溶解浸透注入方式

浄化対象エリア内の汚染物質が存在する帯水層に，徐放性浄化剤を杭上に打設または注入井戸内に充填し，地下水の流動により設置した浄化剤が徐々に溶解し，対象地下水中に拡散させる施工方法である。適用対象は透水性の高い地下水帯水層に限定される。低濃度の地下水汚染に対し，ある程度の処理期間は必要となるが低コストな処理方法である。

【利点】
- 施工費が最も安価である。
- 狭小な場所や，空頭制限のある場所でも施工可能である。

【施工上の注意点】
- 適用に当たっては，地下水流動およびバイオ処理の適用性について事前検討が必要。
- 対象エリア全域に，必要十分量の浄化剤が供給できるように，適切に浄化設計を行う。
- 適用時には，処理状況のモニタリングを行い，適切に処理が進行できているか確認し，何らかの問題が見出された場合には，改善策を検討し，実施する。
- 地盤の透水性が不均一な場合は，浄化剤分布に偏りが生じ，未処理となる部分が生じる可能性がある。

【適した工法】

比較的低濃度の地下水汚染に対し，長期間に渡って徐々に地下水に溶解するように設計された浄化剤が用いられる。

- 塩素化エチレン類を対象とした水素徐放剤の注入[6]
- ベンゼン，油分などを対象とした酸素徐放剤の注入

3 攪拌混合技術

シルト，粘性土を主体とする透水性の低い地盤の土壌汚染浄化に有効な施工方法である。代表的な施工方法を図5に示す。砂質土地盤にも適用可能であるが，砂地盤は混合攪拌により締め固まり混合に大きなトルクが生じるため，N値にて適用条件が規定されている。

機械攪拌式では，攪拌ロッドを地上部から対策深度まで貫入するため，地盤の影響を受けやすく，適用上限N値はスラリー系が15程度，粉体系が30程度である。一方，高圧噴射式では，処理対象深度までは小口径パイプで掘進し処理対象区間でのみ高圧噴射を行うので，N値の大きい砂地盤に対しても施工可能である。

深層混合処理工法の対象地盤は一般的に軟弱地盤である。自然の地盤は複雑かつ多様であるため，事前の土質調査により対象地盤の条件を精度よく把握すると共に，実施設計段階では配合試

第5章　原位置浄化のための薬剤・微生物等の供給技術

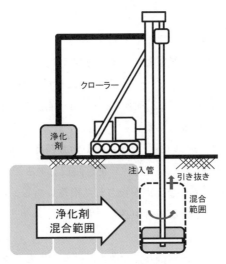

図5　機械式撹拌混合（スラリー式深層混合処理機）の施工状況

験を行い，その結果を設計施工に反映させることが重要である[7]。

3.1　施工管理

原位置浄化施工では，改良体の出来型を直接管理することができないため，改良剤の配合量，撹拌混合の程度，深度管理など品質を確保するための適切な管理基準の設定と施工管理が重要である。さらに施工後にも事後調査を行い品質確保に努める必要がある。また，施工では，背の高いリーダーを備えた処理機を用いるため，処理機の安定性を確保するなど施工時の安全確保にも努めなければならない。

3.2　改良材

3.2.1　スラリー系

一般的な地盤改良を目的として普通ポルトランドセメント，高炉セメントB種，セメント系固化剤などに水を加えたスラリーが用いられる。水と改良材重量比（水セメント比）は，一般に0.8〜1.2である。土壌浄化の浄化剤としては，不溶化剤（マグネシア系セメント，硫化物，鉄塩など），還元分解剤（微粒子鉄粉[9, 10]，嫌気性微生物活性剤など），酸化分解剤（フェントン剤[10]，過硫酸塩など）が用いられる。

3.2.2　粉体系

粒径5mm程度以下の乾燥粉粒体であれば適用可能。セメント系改良材の他に，生石灰等の石灰系改良材，高炉スラグ，砂なども使用できる。土壌浄化では，生石灰混合による揮発性物質のガス化促進[11]や鉄粉混合による還元分解[12]の用途に用いられている。

3.3 処理機の構成
3.3.1 スラリー系深層混合処理機

　処理機は，改良材サイロ，水供給装置とミキシングプラントとスラリー圧送ポンプ等からなる改良材プラント，クローラークレーンベースの処理機で構成される。処理機本体は，1軸型～4軸型，改良径は1.0～1.6m，改良深度は2軸型で最大55m程度まで可能である。既設構造物への近接施工が可能な変位低減型の機種もある。

　1軸型は多軸型に比べ施工性はよいが，攪拌精度や鉛直精度が劣る点に留意する必要がある。これに対し，1軸型に複数の攪拌翼を取り付け，正逆回転とすることで相対する翼間の土砂を対流流動させ，均質な混合させるような工夫がなされた機種もある。1軸型を用いる場合は対象地盤全域を均一に処理するための十分な検討が必要である。

3.3.2 粉体系深層混合処理機

　処理機は，改良材サイロ，空気圧縮機および改良材プラントと，クローラークレーンベースの処理機本体（二軸型・最大改良深度33m）で構成される。改良径は，標準が1.0～1.3mである。

3.3.3 浅層・中層混合用処理機

　混合対象深度10m以浅で適用可能なバックホーベースの混合処理機。いずれも地上部から，改良深度までを鉛直に混合する形式である。ベースマシンがバックホーであり，機動性に優れる利点を有する。地下10mより浅い深度に汚染土壌が存在することが多いことから，原位置浄化の混合施工に使用される。なお，深層混合処理機に比べ攪拌精度のばらつきが生じやすいため，適切な施工品質管理が達成できるように留意する必要がある。装置の事例を以下に示す。

【トレンチャー型攪拌混合機】

　バックホーベースにトレンチャー型攪拌混合機を装備した地盤改良専用機で，セメント・セメント系固化材などの改良材をスラリー状に混練後，地中に噴射し原位置土と改良材を強制的に攪拌混合する。改良深さは，浅層（1.0～3.0m），中層（3.0～10.0m以内）を対象。

【矩形型改良装置】

　バックホーベースに先端部の左右両側に取り付けた大径攪拌翼を鉛直方向に回転させる攪拌装置を取り付けた形式で，最大深度13mまでの中層領域の攪拌混合が可能。

3.4 施工計画の立案

　基本的な施工フローを図6に示す。フロー中の「試験工事」は，確実な浄化を達成するための設計仕様を確定するために必要に応じて本工事に先駆けて実施するものである。汚染土壌の原位置浄化工事は地盤改良工事に比べ実施件数が少なく，実施工では浄化達成に左右する影響要因が多いので，試験工事を実施することが望ましい。

　施工の重要ポイントは，対象となる汚染地盤に適した浄化剤を所定量均質に混合することにある。そのためには，対象の汚染状況，地盤，周辺環境，現場，機械などの諸条件を十分に考慮した上で，施工計画を立案することが必要である。

第5章　原位置浄化のための薬剤・微生物等の供給技術

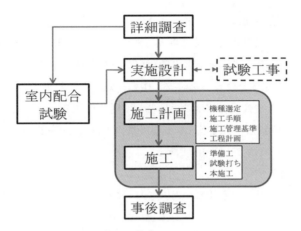

図6　施工の基本フローチャート

表2　準備工における確認項目

確認項目	確認点
施工位置	・プラントヤード（150〜200m^2） ・プラントと施工場所の距離（スラリー系：約100m，粉体系：約75m） ・組立ヤード（改良長さ，機種による　40〜60m×40m程度）
搬入路	（公道）大型車，高さ，重量の制限，一方通行路の確認。 　　　　関係機関への事前申請 （現場）仮設道路（幅，勾配，トラフィカビリティ）
障害物	・上空障害物，地中埋設物の確認 ・移設・切りまわし等　施設管理者との協議
作業環境	・交通量 ・鉄道や民家等への近接作業 ・河川，海等への距離
作業条件	・作業時間，他工手との取り合い，工期 ・工事関係者，住民等との協議

準備工における確認項目を表2に示す。

3.5　施工手順と留意事項
3.5.1　浄化剤の吐出方法

　浄化剤の吐出方法には，貫入時吐出方式と引抜き時吐出方式の2種類がある。貫入時吐出方式では，土と浄化剤の攪拌が，貫入と引抜きの両方ででき攪拌の均質性が向上する。軟弱地盤に対して，一般にスラリー系では採用されることが多い。引抜き時吐出方式では，貫入時は，空堀りまたは水堀りにより一旦地盤を緩めてから，引抜き時に浄化剤を吐出する。対象地盤が不均質で一定速度での貫入が困難な場合に実施される。

3.5.2 処理機の貫入・引抜き速度[8]

スラリー系の場合，貫入時吐出方式では貫入・引抜き速度は1.0m/分を標準とし，引抜き時吐出方式では羽根切り回数350回/mを確保するため，引抜き速度が0.7m/分程度となる。羽根切り回数とは，攪拌翼が改良材を投入した対象土中の任意の1m区間を下降・上昇する間の攪拌翼の回転数の総和であり，攪拌混合程度の指標として用いられている。

粉体系の場合，引抜き時吐出方式を基本とし，貫入速度は1.0～2.0m/分，引抜き時は速度が0.7m/分程度，羽根切り回数は274回/mである。

3.5.3 最低浄化剤添加量[8]

スラリー系では浄化スラリー量が少ないとスラリーの搬送に脈動が生じ安定供給が困難となるため，最低スラリー量は90L/min（水セメント比1.0の場合，改良材添加量70kg/m^3）である。

粉体系工法では，改良材添加量が少なすぎると改良体品質のばらつきが生じやすくなるため，最低添加量はセメント系で100kg/m^3，生石灰系で40kg/m^3とされている。

3.5.4 混合体形状

スラリー系の標準的な形状は，2軸瓢箪型（1000mmφ×2，軸間800mm）である。大口径化として1200mmφ～1500mmφ×2軸，1200mmφ×3～4軸の施工機械も開発されている。粉体系の標準的な形状は，2軸瓢箪型（1200mmφ×2，1300mmφ×2）である。

土壌汚染対策での改良形式は，浄化対象エリア全域を均一に混合するために基本的には接円ラップ式とする。なお，地盤に混合した浄化剤の効果が，離れた場所の汚染にも有効となる場合は杭式もありうる。ただし，浄化効果がきちんと発揮されていることをモニタリングにより確認することが必要である。

3.5.5 環境対策

スラリー系では，供給したスラリーの一部が地上部に余剰汚泥として発生する。地盤条件によって異なるが，発生量は供給スラリー量の70～80％の事例がある。これら余剰汚泥の中にも有害物質が含まれているので，適切に処分する必要がある。

粉体系では，削孔時に高圧エアーを供給するため，余剰エアーが発生する。揮発性物質の処理を対象とする場合は，余剰ガス中に揮発分が含まれるため，地上部または周辺より回収し，地上部への揮散および地下不飽和地盤中への拡散の防止を行わなければならない。

3.5.6 攪拌混合処理における地盤の軟弱化

土壌・地下水汚染の原位置浄化において，深層混合地盤改良機を用いる場合には，浄化剤混合後の地盤の軟弱化について事前に検討する必要がある。もともと深層混合処理工法は，軟弱地盤に固化材を供給することで地盤強度を向上させる目的で開発・実施されている。しかし，土壌浄化目的で使用する場合には浄化対象物質の酸化，還元，吸着および浄化に関する微生物の活性化を目的とする薬剤を使用することとなる。これら浄化用薬剤は概ね地盤の固化作用については考慮されておらず，既存の固化剤として一般的なセメント等と併用すると浄化効果が発揮できないものがある。よって，「浄化は達成できたが，対象地盤が軟弱化したため，追加で地盤改良を行

第5章　原位置浄化のための薬剤・微生物等の供給技術

う必要が生じた」「継続的な地下水対策を目的に原位置鉄粉還元混合を行ったが，引き続きその上で重機施工を行うためにセメント系固化剤による地盤改良を行い，浄化効果が阻害された」などの不具合を生じる可能性がある。

とくに鋭敏比の高い粘性土地盤においては，単に練り返すだけで地盤強度が著しく低下することが知られているため，施工計画策定において十分な検討が必要である。強度低下を改善するためには，固化材を混合する必要があるが，一般的なセメントでは高アルカリ性となり，鉄粉による還元反応やフェントン試薬による酸化反応を阻害するため同時に使用することができない。よって，一旦浄化が完了したのちに再度固化材を混合するか，反応を阻害しないように石膏系の中性固化材，リン酸マグネシア系セメントの活用が検討されている。

4　置換技術

汚染土壌の置換方法には，高圧噴射攪拌工法とケーシング掘削工法がある。本節では，原位置浄化施工である高圧噴射攪拌工法に限定して解説する。高圧噴射攪拌工法の代表的な施工状況を図7に示す。

4.1　施工方法

高圧噴射攪拌工法とは，水に高い圧力を加えて得られる強力なエネルギーによって，地盤の組織を破壊し，それを地表に排出することによって，地中に人為的空間を作り，改めてそこに浄化剤および硬化剤を充填して土と硬化剤とを出来る限り置き換える工法である。シルト，粘性土を主体とする透水性の低い地盤の土壌汚染浄化に有効な施工方法である[13]。処理対象深度までは小

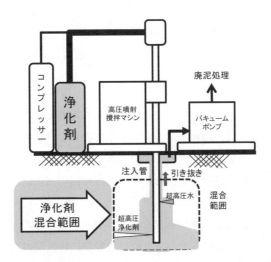

図7　高圧噴射式混合装置（水・エアーグラウト噴射系装置）の施工状況

表3 高圧噴射攪拌工法の運転条件例

		グラウト噴射系 （CCP工法）	エアー・グラウト噴射系 （JSG工法）	エアー・水・グラウト噴射系 （ジェットグラウト工法・ジェットクロス）
対象 土質	砂質土	N値<30	N値<50	N値<200
	粘性土	$C≤30kN/m^2$	$C≤50kN/m^2$	$C≤50kN/m^2$
グラ ウト	吐出量	40～50L/分	40～50L/分	180L/分（水）
	吐出圧	20MPa	20MPa	40MPa
超高圧 空気	吐出量	—	—	4～8m^3/分
	吐出圧	—	0.7MPa	0.6～1.05MPa
硬化剤	吐出量	—	—	190～250L/分
	吐出圧	—	—	3～5MPa
改良径		Ø=0.3～0.5m	Ø=1.6～2.0m	Ø=2.5m

口径パイプで掘進し，所定の深度でのみ施工が可能であるので，砂層や粘性土層が交互に存在するような複雑な地盤において施工性に優れている。

施工方法によりグラウト噴射系，エアー・グラウト噴射系，エアー・水・グラウト噴射系の3種類に分類される。各々の運転条件例を表に示す。対象地盤により運転条件の最適化が必要となるため，個別工法毎の運転条件には違いがある。

4.2 原位置浄化の適用事例

地下水中のテトラクロロエチレンが約0.1mg/Lの砂を主体とする汚染サイトにおける高圧噴射攪拌工法の適用事例では，ボーリング孔に2重管を建て込み，圧縮空気と鉄粉増粘水（鉄粉濃度約200kg/m^3，圧力30MPa）を高圧噴射し，平面的に約30%の改良率となる施工間隔で現地の砂と鉄粉との混合体を作成した。必要鉄粉添加量を鉄粉施工時の排出率20%を見込み，室内実験の結果から安全率2.8倍となる55kg/m^3—土として施工を行い，良好な浄化結果が得られた[14]。

4.3 適用上の留意点

・ 本工法のメリットは，小口径パイプで必要な箇所のみで大口径の改良が可能である。ただし，事前に対象地盤および汚染状況について十分に調査し，検討する必要がある。

・ 実際の改良範囲は，対象地盤状況の影響を大きく受ける。施工においては，適切なモニタリングを実施し，所定量の浄化剤を目的とする場所に適切に供給されたことを確認することが必要である。

・ 硬い地盤では，掘削可能な範囲が小さくなり，コスト高となる。

・ 削孔のために高圧水を供給するため，供給した容量に相当量の汚染物質を含むスライムが生成し，廃泥処理が必要となる。

第5章　原位置浄化のための薬剤・微生物等の供給技術

- 削孔のために高圧エアーを用いる場合は，浄化対象地盤中の揮発性物質が回収ガス中に含まれることとなる。不用意に汚染を拡散しないようにオフガス処理の準備が必要である。
- 浄化剤混合において，供給した浄化剤の一部が余剰汚泥として排出される。浄化剤の供給量にはこれらのロス分も見込む必要がある。

文　　献

1) 地盤工学会，続・土壌・地下水汚染の調査・予測・対策—地盤工学・実務シリーズ 25，pp99〜101，地盤工学会（2008）
2) 日本薬液注入協会，正しい薬液注入工法，p259，相模書房（2002）
3) 地盤工学会，薬液注入工法の調査・設計から施工まで—現場技術者のための土と基礎シリーズ 9，pp252，地盤工学会（1985）
4) Karlheinz Spitz and joanna moreno 著（岡山地下水研究会訳），実務者のための地下水環境モデリング，pp76-80，技法堂出版（2003）
5) 沖中健二ら，ナノ鉄粉スラリーの原位置注入工法による VOC 浄化事例，第11回地下水・土壌汚染とその防止対策に関する研究集会講演集，pp.198-202（2005）
6) 中島誠ら，水素供給剤の注入による自然減衰効果と微生物環境の変化，第9回地下水・土壌汚染とその防止対策に関する研究集会講演集，pp.22-25（2003）
7) 笹本譲ら，過酸化水素注入による分解促進工法，土壌・地下水汚染の原位置浄化技術，pp.197-203，シーエムシー出版（2004）
8) 土木研究センター，陸上工事における深層混合処理工法設計・施工マニュアル改訂版，pp.118-163，土木研究センター（2004）
9) 武井正孝ら，酸化鉄と中性固化材を用いた VOC 汚染土壌の原位置処理方法，第10回地下水・土壌汚染とその防止対策に関する研究集会講演集，pp.505-508（2004）
10) 奥田信康ら，VOC 汚染土壌の原位置浄化技術，土壌環境センター技術ニュース No.10，pp14-20（2005）
11) 氏家正人ら，LAIM（石灰混合抽出）工法，土壌・地下水汚染の原位置浄化技術，pp.160-165，シーエムシー出版（2004）
12) 友口勝ら，DIM 工法による有機塩素化合物汚染土壌の浄化，土壌・地下水汚染の原位置浄化技術，pp.208-212，シーエムシー出版（2004）
13) 川端淳一ら，エンバイロジェット工法（ウォータージェットを用いた土壌汚染浄化技術），土壌・地下水汚染の原位置浄化技術，pp.131-137，シーエムシー出版（2004）
14) 伊藤圭二郎ら，混合不均一性を考慮した CVOCs 汚染地盤への鉄粉混合量の設計手法とその原位置検証，材料，vol.57，No.12，pp.1240-1247（2008）

第6章 注目される原位置浄化技術

1 分離・抽出技術

1.1 原位置土壌洗浄による鉱油類の分離・抽出

1.1.1 はじめに

岡田正明（Masaaki Okada）

原位置で油汚染地盤の修復を行う方法として，原位置土壌洗浄（In Situ Soil Flushing. または，原位置洗浄（In Situ Flushing））がある。地盤を掘削せずに汚染を除去する方法である。掘削した汚染土壌を洗浄プラントで分離処理する土壌洗浄（Soil Washing）と区別されている[1]。

地下埋設タンクからの漏洩により長期に渡って大量の油が地下に浸透すると，フリーフェーズ（油相）を形成する場合がある。このような汚染への対策方法として1990年代から欧米において原位置洗浄法が用いられるようになった。米国では，原位置洗浄は，土壌や地下水の汚染された範囲に洗浄剤等の液体を注入または浸透し，地下水を揚水して汚染物質を抽出することと定義されている[2]。この方法は，油以外にもVOC，重金属等の汚染の除去に用いられている[1,3]。本稿では，油の除去を促進する界面活性剤を用いた原位置洗浄技術について紹介する。

1.1.2 原位置洗浄法の概要

(1) 界面活性剤による洗浄促進

原位置洗浄の原理を以下に述べる。鉱物油は一般的に水よりも軽いので，地盤中に浸透し帯水層に達すると地下水面付近に留まると考えられる。また，鉱物油は土壌粒子に吸着されやすく，土壌間隙に捕捉される。地下水位変動の影響を受けて飽和層の土壌間隙に取り込まれた形で存在する場合も認められる。このような油で汚染された地盤において，油の分布範囲に界面活性剤を注入すると油と土壌粒子との吸着面に作用し油が土壌粒子表面から離れやすくなる。離れた油は，水と共に移動しやすい形態となる。これを揚水井戸で回収する方法が原位置洗浄である（図1）。

使用する界面活性剤は，生分解性を有し，有害物質を含まないものが選択される。原位置洗浄に供するため，対象油種に対し洗浄性能を発揮するように界面活性剤の配合を設計する。このようにして調製された洗浄剤を用いると，簡易なテストにおいて水のみでの洗浄と比べ明確な効果の違いを見ることができる。図2は，試験管に充填した模擬汚染土での洗浄試験終了時の状況である。まず，水で飽和した砂質層底部に軽油を注射器で注入すると，軽油は注入位置付近の土壌間隙に捕捉され汚染帯を形成する。引き続き同じ位置に水道水を注入しても，この汚染帯は砂質土層内を移動することはない。軽油用に配合された洗浄剤を注入すると，汚染帯は，洗浄剤との接触直後から上昇を開始し，帯状に試験管内の砂質土層を上向きに移動する。10mlの模擬土層の場合，5ml/minの注入によって，約2分で汚染帯が砂質土層上に浮上した。試験管内で起こ

第6章 注目される原位置浄化技術

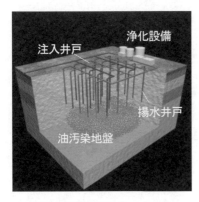

図1 原位置洗浄のイメージ

図2 試験管を使った模擬洗浄試験例

表1 原位置洗浄技術の概要

項目	内容
区分	原位置抽出
対象地	工場・事業所，SS・油槽所，他
土質	礫，砂
油種	軽油，ガソリン，灯油等の軽質油（一部の潤滑油にも適用可）
効果	・油相（フリーフェーズ）の除去 ・地盤中油分濃度の低減

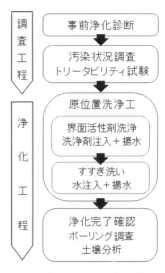

図3 原位置土壌洗浄の手順

るこの現象は，界面活性剤が軽油を土粒子表面から引き剥がす効果のあることを示すものである。

本稿で紹介する技術は，油種ごとに界面活性剤の配合（非公開）を設計することを特徴としている。これにより，ガソリン，灯油，軽油等の異なる油種の汚染に対し80～90％以上の除去率を得ることが可能となった。原位置洗浄法の概要を表1にまとめた。

(2) 原位置洗浄法の手順

原位置土壌洗浄法の一般的な手順を図3に示す。浄化井戸（注入井戸と揚水井戸）を汚染範囲に配置し，事前のトリータビリティー試験で配合設計した洗浄剤を注入しながら，揚水井戸から揚水を行う界面活性剤洗浄と，水の注入に切り替えるすすぎ洗いにより浄化を行う。

浄化完了確認は，浄化対象範囲内においてボーリングにより土壌試料を採取し，分析を行うこ

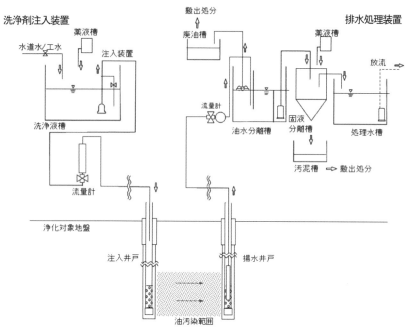

図4 浄化装置の構成（一例）

とにより，浄化目標とする濃度値以下に達していることを確認して浄化を完了する。

(3) 浄化装置の構成

浄化装置の構成を図4に示す。地上部装置は，洗浄剤注入装置，と排水処理装置より構成する。浄化井戸は，注入井戸，揚水井戸，および観測井戸である。

(4) 洗浄剤の調製

対象となる油種毎に界面活性剤の配合設計を行う。使用する界面活性剤は，生分解性が高く，食器用洗剤，シャンプーなどの用途に用いられている物の中から選定している。軽油用配合洗浄剤の一例を挙げると，主にアニオン系界面活性剤を使用し，界面活性剤濃度は約1％である。生分解性は，97％（28日間，メチレンブルー法）であった。次項で紹介するカラム試験を行って浄化目標を達成する性能を確認したものを対象サイト用の洗浄剤とする。

1.1.3 洗浄剤の性能評価 [4, 5]

(1) 試験の目的と方法

各油種用に配合した洗浄剤の性能評価は，図5に示すカラム試験により行った。小規模の模擬充填層における油の移動状況を観察し，土壌分析により洗浄剤の性能を評価することを目的とした。豊浦砂を脱気および水締めにより土壌間隙率が41～45％となるようにガラスカラムに充填し，飽和状態とした。供試した油は，市販軽油，市販レギュラーガソリンおよび市販エンジンオイル（5W-30）をズダンⅣで赤く染色して用いた。充填土に対し約30,000mg/kg相当の供試油をカラム下部よりポンプで注入した。

第6章 注目される原位置浄化技術

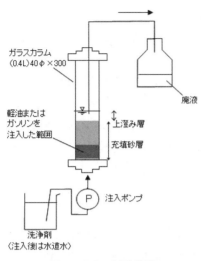

図5 カラム試験装置

表2 カラム試験土壌充填条件

項目	数量		
	軽油汚染土	ガソリン汚染土	エンジンオイル汚染土
洗浄剤	A 軽油用	B ガソリン用	C エンジンオイル用
充填土量 (g)	200.0	200.0	100.0
充填体積 (ml)	137.0	132.0	39.0
土壌間隙率 (%)	43.8	41.6	44.4
油注入量 (ml)	10.0	5.0	3.0

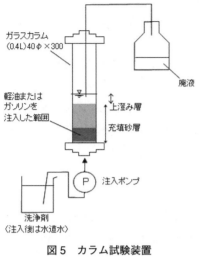

図6 カラム試験状況（ガソリン）
左は，水道水を通水。汚染帯がカラム下部に残る。
右は，洗浄液を通水。油は上部上澄み相に浮上。

表3 油汚染土カラム試験結果

項目	油種		
	軽油	ガソリン	エンジンオイル
TPH (mg/kg)[1] 洗浄前	37,000	24,000	30,000[2]
TPH (mg/kg)[1] 洗浄後	260	<100	2,100

※1：湿潤土壌当たりの測定値
※2：添加量による計算値
※3：軽油汚染土カラムは，ノルマルヘキサン抽出重量法で測定。ガソリン汚染土カラム，エンジンオイル汚染土カラムは，GC-FID法で測定。

　上向流で水道水だけを流しても，カラム底部の油の移動は認められない。洗浄剤の配合が対象油種に対し適した配合であれば，染色油は，上に向かって移動し，カラムの外に排出される。
　洗浄剤は，各供試油に対し別々に配合が決められる。洗浄剤の既定量を注入し，すすぎ洗いを終えた段階での排出水の油膜油臭，濁りを確認し，土壌分析を行って残留油分濃度が浄化目標で以下となるかを評価した。浄化目標は，油相（フリーフェーズ）を除去した浄化レベルとして1,000mg/kg以下と設定した。カラム試験の充填条件を表2に示す。

(2) 試験結果
　試験結果を表3に示す。浄化日数は，軽油およびガソリン汚染土カラム試験が4日間，エンジ

ンオイル汚染土カラム試験が，6日間であった。

軽油に対しては，洗浄後の土壌中 TPH 濃度（ノルマルヘキサン抽出重量法）は 260mg/kg となり浄化目標を達成した。除去率は 99% となった。

ガソリンに対しては，洗浄後の土壌中 TPH 濃度（GC-FID 法）は 100mg/kg 未満となり浄化目標を達成した。除去率は 99% となった。実用的な性能と評価した（図6）。

エンジンオイル（5W-30）に対しては，洗浄後の土壌中 TPH 濃度（GC-FID 法）は 2,100mg/kg，除去率は 93% となった。浄化目標には達しなかったが，油相（フリーフェーズ）の除去には効果を認めた。

1.1.4 実物大土槽実証試験[6]

(1) 試験の目的と方法

軽油で飽和した模擬汚染層を想定した 600L 土槽による洗浄試験を行った。洗浄剤注入に伴う油の移動状況の観察と，土壌分析による浄化のばらつき，油収支の把握を目的とした。浄化目標を残留油分濃度 1,000mg/kg 以下とした。

市販されている国産界面活性剤の中から洗浄性，生分解性が高いものを選択し，軽油用の洗浄液を調製した。供試軽油は，市販軽油をズダンⅣで赤く染色したもの（以下，染色軽油と記す）を用いた。

土槽の充填条件を表4に，井戸および汚染層配置を図7に示す。

土槽は，0.39m×1.80m×0.90m の鋼製槽で，観察用に両側面をアクリル板（1.80m×0.90m）と

表4　土槽充填条件

項目	内容
土槽容積（L）	600
供試土	浜岡砂
汚染層体積（L）	70
非汚染部体積（L）	500
軽油添加量（L）	8

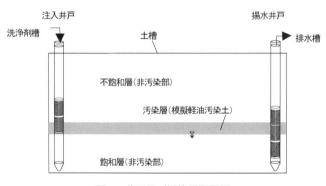

図7　井戸及び汚染層配置図

第6章 注目される原位置浄化技術

し，鋼製枠との接触面を防水加工したものを用いた。

供試砂の充填は，次の様に行った。染色軽油を添加していない浜岡砂を槽底部から高さ 0.30m の位置まで充填し，水で飽和させた。

染色軽油を混合した模擬汚染土を，図7に示す厚み 0.10m の帯状の範囲に充填した後，軽油を添加していない浜岡砂で槽上部を覆土して締め固めを行った。土槽の両端に φ0.05m の塩ビパイプを注入井戸，揚水井戸として設置した。

洗浄剤の使用量は，事前のカラム試験結果から汚染層が洗浄剤で満たされる量とした。洗浄は，洗浄剤を注入し，一定水位で揚水することにより行った。

所定量の洗浄剤を注入した後，水道水ですすぎ洗いを行った。アクリル板面で汚染層の赤色が認められなくなり，揚水井戸からの排出水が清澄になった時点で洗浄を終了とした。浄化日数は，洗浄剤の注入に 4 日，すすぎ洗いに 22 日，合計 26 日間とした。

洗浄終了後，土槽内の注入井戸から揚水井戸までの間を 6 層×8 区＝48 試料に区分して土壌試料を採取した。採取した土壌試料は，1 試料ずつ均質化し，10.0g を採取してノルマルヘキサン抽出物質の測定を行った。また，回収した排水についてもノルマルヘキサン抽出物質の測定を行い，排水として回収された油分量を算定した。

(2) **試験結果**

揚水井戸，注入井戸間の水位差を一定に保ち，定常状態に達したときの水位差，流量から透水係数は，1.4×10^{-2} cm/sec と算出した。

洗浄の進行に伴って，汚染層の赤色部分が揚水井戸側に移動していく経過が観察された。アクリル板面で視認された汚染層の濃い赤色部分の面積は，3 日目にはほぼ 85％ が消失した。一方，汚染層上部の非汚染層に界面活性剤と染色軽油が混合した薄いピンク色の乳化物の拡散が認めら

表5 土壌試料の分析結果

項目	ノルマルヘキサン抽出物質(mg/kg)[※1]		土量(L)	除去率(%)
	初期濃度	洗浄後		
油汚染層(平均)	59,000[※2]	440	70	―
非汚染部(平均)	(<100)[※3]	2,200	280[※5]	―
土槽中(平均)	12,000[※4]	1,900	350	84

※1：湿潤土当たりの濃度
※2：土槽の充填前に採取した模擬汚染土の分析結果
※3：非汚染土の分析結果
※4：※2 の値による計算値
※5：表層土壌（油臭無し，厚み 10cm）を除いた非汚染部の土量

表6 回収油量算定結果

項目		油量(L)	比率(%)[※1]	累積回収率(%)[※2]
回収量	0〜3 日目	4.4	55	55
	4〜17 日目	1.4	18	73
	18〜26 日目	1.1	14	87
土槽内残留量		1.1	14	―
計		8.0	101	―

※1：浄化期間において排水として回収された油量および土槽内残留油量の合計 8.0L（＝添加油量 8.0L）を 100％ としたときの割合
※2：※1 の比率を洗浄日数の経過にともない累積した数値

れた。その後の洗浄によって、汚染層の範囲は10日目に95％が消失し、乳化物の拡散範囲も揚水井戸側に移動して17日目にはわずかに筋状に認められる程度となった。水道水を注入して乳化物と界面活性剤を排出するリンシングを行った結果、26日目には、乳化物の拡散範囲も縮小した。

浄化前後の土壌試料の分析結果を表5に示す。汚染層濃度は浄化後には平均440mg/kgまで低下した。一方、非汚染層への乳化物の拡散が認められた。非汚染層の油分濃度は、平均2,200mg/kgであった。汚染層および非汚染層を含む土槽中平均値は、浄化前12,000mg/kg、浄化後1,900mg/kg、除去率84％であった。

表層では油膜は認められなかったが、非汚染層においては、一部油膜油臭が認められた。当初の汚染層においては油膜、油臭は軽微であった。

回収された排水中に含まれる油分は、静置することで浮上分離した。排水試料のノルマルヘキサン抽出物質濃度は、28,000〜1,200mg/Lであった。排水分析結果による染色軽油の回収量（（排水中油分濃度×排水量）の累計）を表6に示す。浄化3日目までで総油量（排水で回収された油量と土槽内に残留する油量の合計。添加した油量8Lとほぼ一致）の55％が回収された。浄化期間中に排水で回収された油分の割合は、総油量に対し87％となった。

1.1.5 現場実証試験[7]

実際の油汚染サイトにおける実証試験の例を紹介する。

対象地の汚染油分は、主に中沸点炭化水素（C10からC30）を主体とするウエザリングを受けた燃料油であった。

高濃度の油が分布している区域の一部に試験区画を設定した。浄化井戸および試験装置の配置を図8に示す。当該エリアは、GL-1.0〜-1.2mの比較的浅い地層にフリープロダクトを含む油の

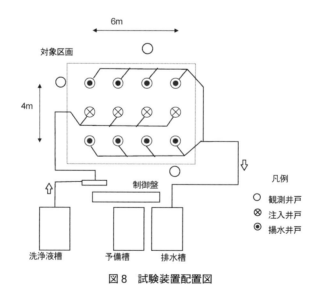

図8　試験装置配置図

第6章　注目される原位置浄化技術

表7　現場浄化試験分析結果（平均値）

項目	未処理	洗浄後	除去率（％）
TPH（GC-FID）(mg/kg)	10,000	2,700	73
n-ヘキサン抽出物質 (mg/kg)	15,000	2,900	81

※湿潤土壌当たりの測定値

汚染が認められた。土質は砂質土であった。$24m^2$を対象区画とし，12本の浄化井戸を設置した。井戸の設置から，浄化完了確認試験までをおおむね1カ月で実施した。

地盤中の油分濃度は，界面活性剤により洗浄した結果，当初ノルマルヘキサン抽出物質濃度として15,000mg/kgであったものが2,900mg/kgまで浄化された（表7）。油除去量は，約100kgであった。

1.1.6　まとめ

本稿で示したように，実大土槽実証試験，現場実証試験は約1ヶ月で実施した。1年以上を要する従来の地下水揚水法に比べ，原位置洗浄法は，比較的短期間で油相（フリーフェーズ）を除去できることを示している。実サイトにおいては，経過確認試験やモニタリングを含めた数カ月の浄化期間を想定した設計を行っている。軽質油に関しては，浄化目標値である1,000mg/kg以下を達成することは可能であると考えている。

本技術は，汚染範囲に井戸を配置すれば油の浄化管理ができるため，掘削が困難な地中深くの汚染や，建物の下の汚染に対しても適用が可能である。今後は，洗浄剤配合や装置の改良を含めて浄化性能の向上を検討していく。

文　　献

1) Julie Van Deuren *et al.*, Remediation Technologies Screening Matrix and Reference Guide, 4th Edition,（2002）
2) Diane S Roote *et al.*, In Situ Flushing, GWRTAC, p.2,（1998）
3) 環境省　水・大気環境局　土壌環境課，土壌汚染対策法に基づく調査及び措置に関するガイドライン暫定版，p.262, 平成22年
4) 岡田正明ほか，フジタ技術研究報告，**44**, p.43-48（2008）
5) 岡田正明ほか，第15回地下水・土壌汚染とその防止策に関する研究集会講演集, p.666-669（2009）
6) 岡田正明ほか，フジタ技術研究報告，**45**, p.13-18（2009）
7) 岡田正明ほか，フジタ技術研究報告，**43**, p.41-46（2007）

1.2 原位置土壌洗浄による重金属等の分離・抽出

西田憲司 (Kenji Nishida)

1.2.1 はじめに

原位置土壌洗浄は，通水洗浄やソイルフラッシングとも呼ばれる。この手法は，図1に示すとおり，揚水と注水の設備を配置して，浄化対象地盤に積極的に水を流すことで，地盤内の重金属を分離・抽出して浄化する方法である。

溶解性の重金属等は除去できるが，土粒子に吸着しているもの，難溶性化合物として存在している重金属には適用が難しい。また，土質の面からも，透水性の良いほぼ均一な砂質地盤以外は適用が難しいこと等が起因し，実際に施工された事例は必ずしも多いといえない。しかし，適用できる汚染地盤であれば，掘削の必要がなく，地表面を乱さずに汚染物質を地中から除去できるため，比較的低コストで環境負荷の少ない有効な手法である。

重金属等の中でもほう素，ふっ素は，比較的土粒子に吸着しにくく，地下水によって拡散しやすい[1]ため，原位置洗浄で浄化できる可能性は高い。しかし，実際に洗浄できるかは，土壌中に存在する物質の物理・化学的な存在形態に影響されるものと思われる。

ここでは，実際のほう素汚染地盤を対象に，原位置土壌洗浄の適用性について，事例を交えながら解説する。まず，適用性評価を目的として，地下水及び土壌の性状，洗浄に係わる土中ほう素の化学的性状，カラムを用いた洗浄試験等の室内試験の実施について述べる。また，これらの結果をもとに，実際に原位置洗浄を施工し，洗浄効果の検証を実施したので，その一連の結果を紹介する。

1.2.2 設計・施工手順

原位置土壌洗浄の概略の設計・施工手順を図2に示す。

土壌・地下水調査の後，設計のために洗浄の適用性について，室内試験を通して検討する。その結果に基づき，浄化目標，工期，コスト等を考慮し，原位置における井戸配置等の仕様，配管，水処理設備の計画を行う。可能であれば，計画の一部を現地で具現化し実証試験とよばれる現地試験も行い，設計の妥当性を検証する。

そして洗浄の本施工に進む。洗浄が開始された後も，適宜モニタリングを行い，必要に応じて井戸配置，揚水注水箇所の見直しをしなければならない。

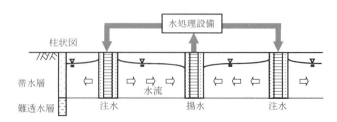

図1 一般的な原位置通水洗浄の概要

第6章 注目される原位置浄化技術

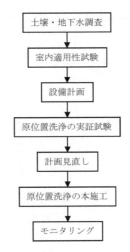

図2 原位置土壌洗浄の手順

1.2.3 設計のための室内適用性試験

(1) **試験の目的**

原位置洗浄の可能性を検討するためには，通水性，通水に伴う濃度の低下傾向を把握する必要がある。ここでは，ほう素汚染地盤における原位置洗浄の可能性確認を目的とした室内試験例を述べる。

(2) **地下水と試料土の性状**

室内試験で用いる試料は現地から採取したものが望まれる。ここで用いた地下水と試料土の性状を表1に示す。地下水のpHは中性で，ほう素濃度は1.2mg/Lと地下水の環境基準（1mg/L）を超えていた。

試料土は帯水層に位置する土で，礫混じり砂であった。試料土のpHは中性であり，環告46号のほう素溶出量は0.09mg/Lで土壌の溶出量基準（1mg/L）以下であった。環告19号のほう素含有量は1.5mg/kgで，含有量基準（4,000mg/kg）以下であった。すなわち，溶出量と含有量ともに環境基準値以下であったが，地下水基準値を超えている汚染地盤を対象とした。

(3) **試験方法**

図3に室内試験装置を示す。表2に使用したカラム充填土の性状を示す。試験手順は以下のとおりである。

① 直径5cmのカラムに，高さが5cmとなるように土を充填した。充填時の湿潤密度は1.96g/cm^{3}であった。

② 地下水をカラム下部から入れて，土の上部まで湛水した。

③ カラム下部から水道水を通水速度約1mL/minで流した。

④ カラムの上部から排出された浸出液を10mLずつ採取し，ほう素濃度を測定した。

⑤ 排水中のほう素濃度が環境基準以下になるまで通水した後，カラムを解体して土のほう素

表1 室内試験に用いる地下水と土壌性状

種類	項目		単位	値
地下水	pH			6.7
	電気伝導度		mS/m	28.0
	ほう素濃度		mg/L	1.2
試料土	含水比		%	14.1
	土粒子密度		g/cm³	2.65
	粒度組成	>2 mm	%	9.6
		0.075〜2 mm	%	86.6
		<0.075mm	%	3.8
	pH			6.6
	環告46号ほう素溶出量		mg/L	0.09
	環告19号ほう素含有量		mg/kg	1.5
	底質調査法ほう素含有量		mg/kg	1.8

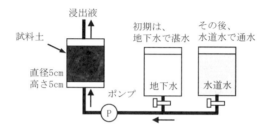

図3 通水洗浄の室内カラム試験装置

表2 室内試験におけるカラム条件

項目	単位	値
カラム土柱の高さ	cm	5.0
カラム土柱の体積	cm³	98.1
充填時の含水比	%	12.4
充填時の湿潤密度	g/cm³	1.96
充填時の間隙率	%	35.0
充填時の飽和度	%	63.5
透水係数	cm/sec	5.2×10^{-3}

溶出量を測定した。

(4) 試験結果

図4に通水による間隙交換回数（通水量を飽和間隙水量36.4mLで除した値）とほう素濃度，土1kgあたりの累積ほう素除去量の関係を示す。浸出水のほう素濃度は，間隙交換回数とともに減少し，通水開始直後に環境基準値以下となった。安全を考慮して，環境基準値の半分以下を浄化目標とすれば，本試料土においては，飽和間隙水量に対して，3倍以上の水を通水することで，浄化が可能であると考えられた。累積ほう素除去量は，間隙交換回数とともに増加し，最終時には0.7mg/kgにまで達した。これは，繰返し洗浄により除去できるほう素量0.63mg/kgと，

第6章　注目される原位置浄化技術

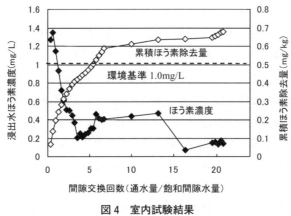

図4　室内試験結果
（間隙交換回数とほう素濃度の関係）

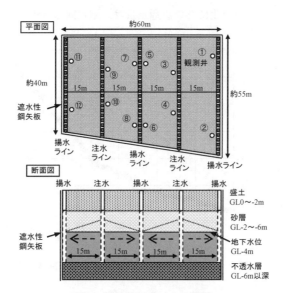

図5　現地施工サイトの概要

湛水時に使用した地下水（ほう素1.2mg/L）に含まれるほう素量0.06mg/kgの合計とほぼ一致していた。したがって，通水洗浄は，水に溶出する可能性のあるほう素の大部分を除去できると考えられた。なお，カラム解体後の試料土のほう素溶出量は，定量下限以下であった。

1.2.4　現場への適用

(1) 施工概要

原位置洗浄の施工サイトの概要を図5に示す。面積約3,000m^{2}の台形の範囲を鋼矢板で締め切ったほう素汚染地盤を対象に，原位置での洗浄を実施した。揚水井と注水井は，ともに約2mの間隔で設置した。揚水ラインと注水ラインの間隔は15mとし，深度は不透水層が存在する6mまで打設した。各井戸は，砂層のGL－2～－6mの範囲を有孔，砂層上部の盛土範囲は無孔とし

た。

　通水は，地下水位のGL-4～-6mを対象とした。すなわち，洗浄対象の地盤体積は5,700m^3となる。洗浄期間は約60日間で，洗浄開始から30日間の揚水量を約50m^3/day，30日後から60日までの揚水量を約130m^3/dayと設定して，日中の9時間ポンプを作動した。注水量は帯水層の水位を維持するために必要な水量を投入した。なお，現地で測定した透水係数は2.4×10^{-2}cm/secで，室内試験よりも大きかった。観測井は，各ラインの近傍に12箇所設置し，定期的に水を採取してほう素濃度を測定した。なお，本現場の土壌のほう素溶出量は環境基準値以下であったため，地下水中のほう素濃度が基準値の半分以下にすることを浄化目標とした。

(2) 施工結果

　図6に積算揚水量の推移を示す。通水洗浄期間中の総揚水量は約5,400m^3であった。間隙率を0.3，間隙容量を1,710m^3とした場合，飽和間隙水量に対して，約3.2倍の水が通水したことになる。室内カラム試験から求めた浄化に必要な通水量は，飽和間隙水量の3倍であったため，目標

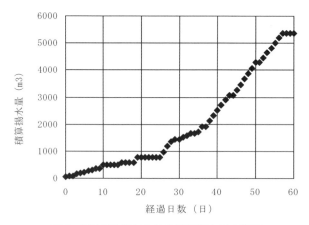

図6　原位置洗浄における積算揚水量の推移

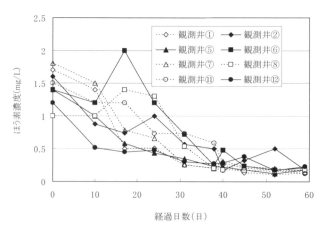

図7　原位置洗浄における観測井地下水ほう素濃度の推移

第6章　注目される原位置浄化技術

とする水量とほぼ同じ通水量となった。

図7に揚水ラインの近傍にある観測井のほう素濃度の変化を示す。各観測井のほう素濃度は，通水開始前には1～1.8mg/Lの範囲にあったが，通水開始とともに減少し，約30日後にはいずれの観測井においても環境基準1mg/L以下となった。また，約40日後には浄化目標である環境基準値の半分以下にまで達した。したがって，原位置での通水洗浄で，本地盤を浄化することができたといえる。

図8に洗浄期間中のほう素濃度の分布を示す。ほう素濃度は，通水開始の後，注水ラインから低減しており，汚染された地下水が揚水ラインに集まって除去されている傾向を示した。後のほう素濃度は，揚水ラインの観測井⑥と⑪で高い値を示していたが，40日後にはいずれの観測井においても1.0mg/L以下に低減しており，対象範囲全体の浄化が達成できた。

1.2.5　おわりに

ここでは，重金属汚染地盤の原位置対策として，土壌洗浄について通水設備の設計や，現地での状況を解説した。本事例における洗浄は，工業用水を用いたが，洗浄効率向上のために薬剤を溶解させて通水する場合もある。ただし，土壌溶出を過剰に誘発させてしまうリスクも考えられるため，適用にあたっては留意点として認識せねばならない。

また論じなかったが，揚水された地下水は放流先基準に適合するよう，あるいは再度洗浄のために地盤へ注入できるよう適正に処理しなければならない。処理は，対象物質，濃度，量などによりその方法が分かれる。水処理については，その分野の専門書に解説を譲る。

原位置洗浄が終了した後は，必要に応じて地下水モニタリングを行い，再汚染の有無を確認することとなる。本節で紹介した

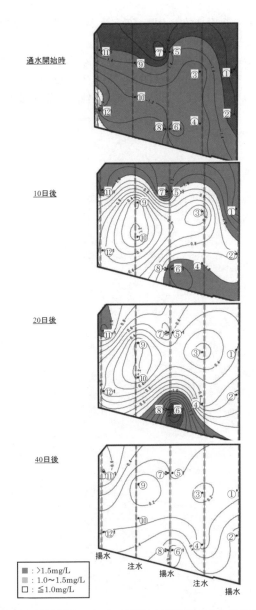

図8　原位置洗浄における地下水ほう素濃度分布の推移

原位置洗浄の事例においては，工事終了後2年間，観測井でほう素濃度をモニタリングしたが，濃度は増加していない。

文　　献

1) 坂田昌弘，土壌へのヒ素とほう素の吸着特性，電力中央研究所エネルギー研究所研究報告，No.285049（1986）
2) 丸茂克美，土壌中の重金属溶出量値・含有量値に対する重金属存在形態からの考察，資源・素材，Vol.2005, No.C/D, pp.151〜152（2005）
3) 平田健正，前川統一郎，他，土壌・地下水汚染の原位置浄化技術，シーエムシー出版，pp.58〜63（2004）

1.3 ファイトレメディエーションによる重金属の分離・抽出

北島信行（Nobuyuki Kitajima），近藤敏仁（Toshihito Kondo）

1.3.1 はじめに

(1) ファイトレメディエーションについて

重金属を対象としたファイトレメディエーション（以降，単に「ファイトレメディエーション」という）は，根からの吸収，地上部への移行・蓄積というプロセスを利用して土壌汚染を低減させ（図1），対象重金属を蓄積した植物体を収穫することによって汚染物質をサイトから除去するものである。このときの汚染物質除去量は植物体地上部の重金属等の濃度と植物体生産量の積で表され，ファイトレメディエーションは低コスト・低環境負荷を特長とする原位置浄化技術として位置づけられる。

重金属を吸収し植物体地上部に高濃度で蓄積できる能力を持った植物（超集積植物，Hyperaccumulator）を活用したファイトレメディエーションのうちヒ素汚染の低減・除去を目的としたファイトレメディエーションに対する取り組みを紹介する。

(2) ヒ素の超集積植物 －モエジマシダ－

2001年にMaら[1]によって，イノモトソウ属の植物であるモエジマシダ（*Pteris vittata* L.）が持つヒ素の超集積能と汚染浄化用植物としての大きな可能性が初めて報告された。彼らは，ヒ酸カリウムを添加した土壌（1,500mg/kg）で栽培した結果として，植物体乾燥重量に対して22,630mg/kgという極めて高濃度でのヒ素集積を確認した。さらに，バイオマス生産性が高く様々な栽培環境への適応性が広い植物であることを示し，ヒ素汚染土壌を対象としたファイトレメディエーションへの適用に対する期待を述べている。

北島らは，この植物の持つ汚染除去能力に注目し，2002年にモエジマシダの浄化能力の評価試験を実施した。その結果，実汚染土壌を用いた栽培試験において乾燥重量当たり17,000mg/kgという植物体中ヒ素濃度が得られ，また，水耕栽培試験からは吸収されたヒ素の80％以上が植

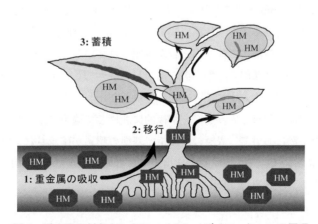

図1 重金属を対象としたファイトレメディエーションの原理

物体地上部に分配されることが明らかになった。

　重金属を対象としたファイトレメディエーションでは，植物体の収穫によって土壌から汚染物質を取り除くことになる。その場合，地上部のみの刈り取りによってなるべく多くの汚染物質が除去できる事が望ましいと考えられる。従って，高いヒ素吸収能力を持ち，根から吸収されたヒ素の大部分を地上部に移行・蓄積するモエジマシダは，ファイトレメディエーションへの適用に対して理想的な性質を備えているものと判断された。

　そこで，これまでに日本国内4カ所で，合計1,200m^2の汚染サイトを対象として，モエジマシダを用いたファイトレメディエーションを実施している。

(3) 適用の視点

　2010年4月から施行された改正土壌汚染対策法（以下，「法」という）第7条第1項で「都道府県知事は，要措置区域の指定をしたときは，当該要措置区域内の土地の所有者等に対し，当該措置を講ずべきことを指示する」こととした。さらに，指示措置等の実施方法と具体的内容については，法施行規則第40条及び別表第6に定められており，「地下水の水質の措置」から「盛土」までの11項目が「汚染の除去等の措置の種類」に掲げられている。

　ファイトレメディエーションについては，このうちの「五　土壌汚染の除去」「二　原位置での浄化による除去」の「ロ　土壌中の気体又は地下水に含まれる特定有害物質を抽出又は分解する方法その他の基準不適合土壌を掘削せずに行う方法により，イにより把握された基準不適合土壌から特定有害物質を除去すること」に該当する。環境省（2010）[2]によれば，ファイトレメディエーションは，「地下水の摂取等によるリスクに対する措置」においては「原位置分解法（生物的な処理法）」として，「直接摂取によるリスクに対する措置」においては「原位置浄化」として整理され，「ファイトレメディエーションは，植物の吸収作用を利用して土壌中の特定有害物質量を低下させる方法である。浄化に長期間を要し，用いた植物を処理する必要があるが，条件が合致すれば有効な方法である。」と記載されている。

　ファイトレメディエーションは，その原理上，吸収できる深度が表層（モエジマシダの場合，根の到達深度であるGL-0.5mまで）に限定される。また，他の物理的・化学的修復手法と比べて，目標値（例えば法に掲げる「汚染状態に関する基準」）まで浄化する期間が長期間にわたる。

　これまでにも，表層から深部まで基準不適合が確認されているようなサイトにおいても適用したケースがあり，この場合は深部の汚染土壌を掘削して敷き均した上で栽培を行った。また，表層部の特定有害物質を吸収・除去することによる「飛散防止」効果，あるいは植物の栽培であることから「緑被率の増加」効果という側面を積極的に評価して適用に至ったケースもある。自主対策として実施した事例において，表層のみで指定基準の超過が確認されているような単位区画（10m×10m格子）において，モエジマシダを用いてヒ素の溶出量基準（0.01mg/L以下）を満足することが可能であるデータを得ている。

1.3.2 計画・実施フロー

(1) 概要

図2に，ファイトレメディエーションの計画・実施フローの概要を示す。

実際の汚染サイトでの浄化工事（図中B）に先立ち適用可能性の判断を行う（図中A）こととしており，このトリータビリティ試験はポット栽培試験と土壌分析で構成され，1カ月程度の試験期間で実施することを基本としている。

(2) トリータビリティ試験

ポット栽培試験では，浄化対象土壌でモエジマシダが栽培可能であり，土壌中ヒ素が吸収・蓄積され得ることを確認する。基本的には3週間の栽培期間をとり，採取したモエジマシダの生育調査と植物体中ヒ素の分析を行う。表1にポット試験結果の例を示す。

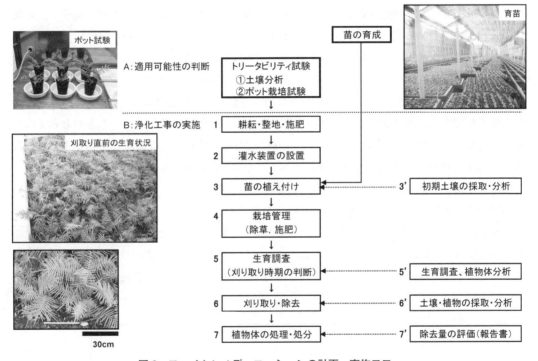

図2 ファイトレメディエーションの計画・実施フロー

表1 ポット栽培試験における分析結果の例

採取時期	採取部位	ヒ素濃度 mg/kgDW	乾燥重量 g/株	ヒ素蓄積量 mg/株
植付時	地上部	N.D.	0.12	−
3週間後	展開前の葉	877.0	0.08	0.073
	展開後の葉	698.7	0.56	0.391
	地上部全体	721.7	0.64	0.464

土壌分析では，法に定められた分析項目（溶出量試験，含有量試験）の他にファイトレメディエーション開始後の比較的短期間での吸収が期待される水溶態と交換態のヒ素が土壌中のヒ素全含有量に占める割合を明らかにすることを目的とした分別定量を実施している（図3）。

具体的には，Keon らが提案しているヒ素の逐次抽出法[3]の中から，塩化物イオンによる交換抽出（1 mol/L $MgCl_2$ による振とう抽出）と，リン酸イオンによる交換抽出（1 mol/L NaH_2PO_4 による振とう抽出）による測定の2つを採用し，溶出量，1 mol/L 塩酸抽出（法で言う含有量），全含有量測定の3つと併せて合計5段階による分別定量法を構成した。

北島の既往のデータ[4]では，1 mol/L 塩酸抽出のヒ素（乾土当り mg/kg）は全含有量に対して40～60％の割合であった。塩化物イオン抽出によって溶出してくるヒ素は全含有量に対して1～5％という比較的小さな割合であったが，リン酸イオン抽出によるヒ素は全含有量の15～40％に達し，塩化物イオン交換態の10倍に近いプールサイズであった。

土壌粒子では負荷電が優勢ではあるが，Al，Fe 酸化物，水酸化物の表面や粘土鉱物の辺縁部では低 pH 側で正荷電を生ずる[5,6]。土壌溶液中のアニオンのうち Cl^-，NO_3^-，NO_2^- 等はこうした正荷電に吸着され，F^-，SO_4^{2-}，PO_4^{3-} 等ではそのほかに土壌粒子表面に生じる水酸基を直接交換する形で吸着される[6]。したがって，無機のヒ素のうち塩化物イオンで交換抽出されるものは，オキソ酸アニオンとして土壌中の正荷電に吸着されている形態のヒ素であり，リン酸イオンで交換されてくるヒ素は水酸基との直接交換によってより強く吸着されているものと考えられる。ただし，亜ヒ酸の pKa1 は 9.1 であり，一般的な pH の範囲では非解離化学種が主になるため[7]，土壌固相の正荷電への吸着はヒ酸に比べてごく小さいと考えられる。

実際の汚染サイトにてモエジマシダの栽培を複数年繰り返す場合，土壌中のヒ素の減少は植物への可給性に応じて化学形態ごとに異なる傾向を示すと考えられる。直接的には土壌溶液中に存在する水溶態ヒ素がシダによって吸収され，その減少に応じて液相との間で平衡状態にある他の画分からヒ素の移動がおこると想定される。ここで紹介した土壌中ヒ素の分別定量は，対象土壌にさまざまな化学形態で含まれているヒ素を環境中での拡散のしやすさを軸に区分けして分析を

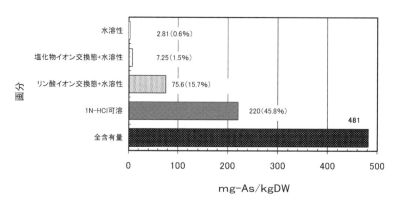

図3　土壌中ヒ素の分別定量結果の例

行うものである。すなわち，土壌のヒ素汚染の構成を明らかにするとともに，水の移動に伴う拡散リスクの大きい形態のヒ素であるほどモエジマシダには吸収されやすいという考え方に基づいて，浄化目標の設定の基盤とすることを目的とした方法である。

(3) 適用

対象面積に応じて必要株数を算定し，冬季より育苗を開始する。育苗期間は5～6カ月であり，春の植付け時には写真1に示した規格のプラグ苗を用いる。植付け時の耕運，施肥，栽培時の除草，灌水等は農作業と共通する点が多く，きめ細かな管理が必要となる。モエジマシダは日当たりが良く，水はけの良い環境を好む植物であり，降雨時に株が冠水するような条件下では著しく生育量が低下することに留意して生育基盤づくりを行う必要がある。

植物体生育量が最高になる晩秋（初霜が降りる時期が目安）に，刈取り作業を実施する。刈取量はサイトの条件に左右されるが，これまでの筆者らの経験では新鮮重量で $0.4 kg/m^2$ 以上の収穫量が得られている例が多い。

1.3.3 施工例

はじめに述べたように，北島らはこれまでに日本国内4ヶ所でモエジマシダによるファイトレ

写真1　モエジマシダの苗

写真2　耕うん作業

写真3　植付け直後の状況

写真4　灌水装置の設置状況

写真5　植え付け作業から3カ月後の生育状況

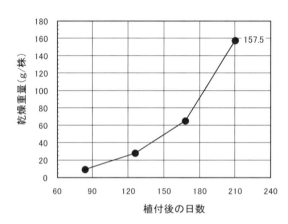

図4　モエジマシダの生育経過（株当たりの乾燥重量の増加状況：2010年度調査結果）

メディエーションを実施しており，そのうちの1カ所（稼働中の工場敷地内　面積：100m^2）を施工例として紹介する。2010年度で実施6季目となるサイトである。

図2に示した計画・実施フローに示したように，浄化工事の実施に先立ち，予定地の土壌を用いてトリータビリティ試験を行い，モエジマシダによるファイトレメディエーションが適用可能であることを確認した。

モエジマシダは専用の育苗トレイを用いてプラグ苗として育成した（写真1）ものを用い，5月中旬に植付作業を行った。実施個所の土壌が固く締まった状態であったため，植え付けに先立ち耕耘・整地を行って（写真2）から植付けを開始した（写真3）。次いで，植え付け後に灌水装置（タイマー制御のドリップチューブ方式）を設置した（写真4）。

図4には，モエジマシダの生育経過を株当たりの乾燥重量の増加で示した。乾燥重量の増加傾向から判るように，植付けから約3カ月を経過した頃からモエジマシダの生育が旺盛になり始める。この間における雑草の過繁茂はモエジマシダの生育を著しく低下させることとなる。雑草防

第6章 注目される原位置浄化技術

①

②

写真6 2010年度における生育状況（刈取直前，②の写真に立てたスケールは100cm）

除に関しては，選択性除草剤の利用が効果的であることを確認している。2010年度刈取時（12月上旬）での株当たりの乾燥重量は158gであり，葉長（最長）は105cm，葉数は73枚に達していた。

栽培期間中に随時生育調査を実施して，結果を栽培管理に反映させるとともに，毎年の気象条件を考慮しながらモエジマシダの刈り取り時期を判断する。このサイトでは，5月中旬に植え付けを行い，11月下旬から12月中旬にかけての期間で刈り取り日を設定している。

写真6には，2010年度の刈取直前における生育状況を示した。モエジマシダの生育は極めて良好であり，刈り取った植物体の新鮮重量は実施面積100m^{2}に対して137kgであった。また，植物体の分析結果から，モエジマシダによるヒ素除去量として114gという数値が得られた。

1.3.4 まとめ

これまで述べたように，モエジマシダを用いたヒ素汚染土壌のファイトレメディエーションは，研究開発から実用化フェーズに移りつつある。本技術は植物栽培による汚染除去であり，育苗から植え付け，栽培管理，刈取り・除去にいたる技術体系は農業に極めて近い。また，10,000mg/kgを越える高濃度でヒ素を蓄積しながら生活環を完結しえるというモエジマシダの持つ超集積能は非常に特異的なものであり[1, 8〜10]，その機構には未だ解明できていない点が多い。したがって，浄化効率の安定化のためには，植物生理，土壌化学に関する知見と実際のフィールドでの栽培経験の蓄積に基づく適切な栽培管理が重要である。

法においては，汚染土壌の要措置区域等からの区域外への搬出の規制が厳しくなったことから，今後，低コスト・低環境負荷の原位置浄化技術は適用の機会が増えるものと推測し，モエジマシダの吸収能力を最大限発揮する栽培管理方法の検討を進めているところである。

文　　献

1) L. Q. Ma, *et al.*, *Nature*, **409**, p.579 (2001)
2) 環境省 水・大気環境局 土壌環境課, 土壌汚染対策法に基づく調査及び措置に関するガイドライン暫定版 (2010)
3) N. E. Keon, *et al.*, *Environ. Sci. Technol.*, **35**, pp.2778-2784 (2001)
4) 北島信行, フジタ技術研究報告, 第 42 号, pp.55-60 (2006)
5) G. H. Bolt, M. G. M. Bruggenwert 編著, 岩田進午ら訳, 土壌の化学, 学会出版センター, pp.99-105 (1980)
6) 和田信一郎, 日本土壌肥料学雑誌, **59**, 3, pp.328-332 (1988)
7) 藤永太一郎 監修, 海と湖の化学 微量元素で探る, 京都大学学術出版会, pp.332-342 (2005)
8) A. Hokura, *et al.*, *J. Anal. Atom. Spect.*, **21**, pp.321-328 (2006)
9) 北島信行ら, X 線分析の進歩, 37, pp.301-310 (2006)
10) N. Kitajima, *et al.*, *Chem. Lett.*, **37**, 1, pp.32-33 (2008)

2 分解技術

2.1 過硫酸塩による揮発性有機塩素化合物汚染の化学的酸化分解

星野隆行（Takayuki Hoshino），鈴木義彦（Yoshihiko Suzuki）

2.1.1 はじめに

トリクロロエチレン（以下 TCE）等の揮発性有機塩素化合物や油分を化学的に酸化分解し浄化する手法が化学的酸化分解法である。これまでは過マンガン酸カリウム法や過酸化水素を用いたフェントン法が多く用いられてきたが，近年，過硫酸塩法も用いられるようになってきた。これは酸化剤と反応性の高い有機物等の物質を多く含む日本の土壌においては，過マンガン酸カリウムや過酸化水素は多くの添加量を必要とするが，過硫酸塩は添加量が比較的少なくすむためである。汚染した土壌や地下水に過硫酸塩のみを添加するだけでも分解効果が得られるが，最近では過硫酸塩に触媒の添加等をして，反応速度を高める（活性化する）ことにより，浄化期間の短縮，高濃度汚染を浄化する手法も用いられている。その手法として，二価鉄等の還元剤の添加や加熱，UV 照射が水処理技術として昔から知られていたが，土壌地下水浄化の分野ではアルカリ化，過酸化水素の添加といった手法も米国において実用化され，多く用いられている[1]。

ここでは過硫酸塩法の特徴や実施事例，また活性化過硫酸塩法の効果について紹介する。

2.1.2 原理と特徴

(1) 過硫酸塩の酸化力

過硫酸塩は酸化剤のひとつとして知られている。化学物質の酸化力の指標に酸化還元電位があり，過硫酸イオンは過酸化水素や過マンガン酸イオンよりも高い酸化還元電位をもつ。硫酸ラジカルはさらに高い酸化還元電位をもち，ヒドロキシラジカルと同程度である。必ずしも，酸化還元電位が高いことが反応速度の速さを意味するものではないが，電位の高さと反応速度にはある程度の相関があることから，過硫酸から硫酸ラジカルを発生させることにより，汚染物質の分解速度を向上させられることが期待できる。

(2) 原理

水溶液中では過硫酸塩が溶解し，過硫酸イオンとなる。過硫酸イオンから硫酸ラジカルが生成し，生成した硫酸ラジカルは一部ヒドロキシラジカルの生成に寄与する。こうして生成した硫酸ラジカル，ヒドロキシラジカル等が揮発性有機塩素化合物等の有機物を酸化分解する。一連の反

表 1　各種酸化剤の標準酸化還元電位[1]

	酸化還元電位 (V)
ヒドロキシラジカル	2.8
硫酸ラジカル	2.6
過硫酸イオン	2.1
過酸化水素	1.8
過マンガン酸イオン	1.7

応の内、過硫酸イオンから硫酸ラジカルの生成速度が遅いため、汚染物質の分解速度も他の過マンガン酸塩と比較して遅い。硫酸ラジカルの生成速度を速めることで汚染物質の分解速度も速めることを目的に触媒添加や加温が行われている。

(3) 過硫酸塩法の特徴

反応速度の遅い過硫酸塩もある条件においては、反応速度を速めることができ、TCE等の物質だけでなく、難分解性の物質も分解できることが知られている[2]。以下に過硫酸塩法と他の酸化分解法の比較と特徴をまとめた。

① 過硫酸塩を活性化すると硫酸ラジカルが生成して分解に寄与するが、硫酸ラジカルはフェントン法で主な役割を果たすヒドロキシラジカルよりも安定している（鉄添加で発生した硫酸ラジカルの半減期は4秒[3]）。

② フェントン法と同様に多くの物質を対象に浄化することができる。

③ 過硫酸塩はヒドロキシラジカルや過マンガン酸カリウムよりも土壌中の有機物との反応性が低く、より遠くまで酸化剤を拡散させることができると共に、より少ない酸化剤量で浄化することができる。

④ 最近の研究では活性化した過硫酸塩を用いることで、土壌の空隙が増したり、地下水の流速が向上したりするという報告もある[4]。過マンガン酸カリウムでは、二酸化マンガンの沈殿による透水性の低下や、フェントン法ではガス発生による透水性の低下といった問題があったが、過硫酸塩を用いる方法では分解生成物は主に硫酸塩や炭酸塩であり沈殿物の生成は少なく、むしろ透水性を上げることができる可能性もある。

(4) 適用可能物質

揮発性有機塩素化合物ではTCEのような二重結合をもつ物質の分解は容易に進むが、ジクロロメタン等の二重結合をもたない物質の分解速度は比較的遅い。この場合、加温等により活性化した過硫酸塩によって浄化することとなる。また、米国では揮発性有機塩素化合物だけでなく、PCB等の難分解性物質の分解も報告されている[2]。

(5) 適用可能な土質

注入工法を用いる場合には透水性の比較的よい土質が好ましく、透水性が低いほど井戸の設置頻度が密となったり注入期間が長くなったり費用面で不利となる。また、腐植質などの有機物を多く含む土壌では土壌の酸化剤消費量が大きくなり、薬剤費用面から適用が困難と判断されることが多い。

2.1.3 適用性試験

適用性を確認する試験では主に以下の項目を評価する必要がある。

(1) 土壌の酸化剤消費量

添加する酸化剤の大部分は土壌中に含まれる有機物等との反応に消費されてしまう。土壌の酸化剤消費量が大きい場合は、薬剤費の面で適用が困難と判断される。

第6章　注目される原位置浄化技術

(2) 土壌のpH緩衝能

過硫酸塩と土壌や汚染物質の反応に伴い，酸が生成し地下水中のpHが3～4まで低下する。pHの低下を土壌のpH緩衝能でどの程度抑制できるか確認する。もし，pH緩衝能が低い土壌の場合はpH緩衝剤の添加等を検討する。

(3) 土壌からの重金属溶出

酸化剤を添加することによる酸化還元電位の変化，反応に伴うpHの低下等により土壌中から重金属が溶出しやすくなる場合がある。酸化剤の添加に伴う，重金属溶出の二次汚染リスクの可否を確認する。

(4) 汚染物質分解性

純水中の汚染物質の分解は容易に進むが，地下水中あるいは土壌が共存する場合は汚染物質の分解速度が著しく低下する場合がある。共存物質の阻害がないかどうかを確認する。

2.1.4　現場施工

(1) 施工フロー

過硫酸塩による化学的酸化分解法による施工までのフローの一例を図1に示す。下記に示す現場Aについても，下記フロー図に従い浄化を実施した。

(2) 施工事例

① 現場状況

現場Aで施工を行った。現場Aの状況を図2に示す。浅層部の汚染土壌は既に掘削除去されているが，汚染物質の一部は浸透し，深度30～50 mの地下水が汚染されている状況であった。最大2.1 mg/LのTCEによる地下水汚染の範囲は約8,000 m^{2}であった。地下水汚染の範囲を図2中の楕円で示す。地下水流向は概ね西から東であり，汚染は敷地境界である下流側の井戸までは拡散していなかった。

揚水処理で約5年半浄化しており，揚水井戸における揚水開始からのTCE濃度の経時変化を図3に示す。最近は，TCEの濃度低下が鈍化している状況であった。

浄化終了までの期間が揚水処理では予想できないため，原位置酸化分解法を適用することとし

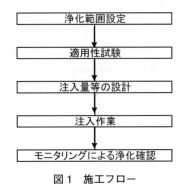

図1　施工フロー

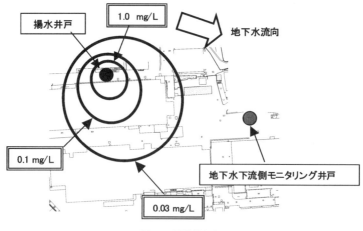

図2 現場状況図

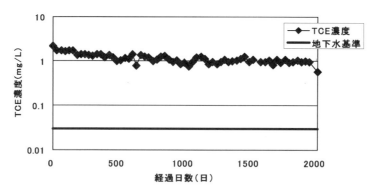

図3 揚水井戸におけるTCE濃度の経時変化

た。

② 現場浄化の設計

今回の浄化対象範囲は，主にTCE濃度が1 mg/L以上存在する高濃度の部分を中心とした半径7 mの円形エリアとした。過硫酸塩として過硫酸ナトリウムを使用した。浄化対象エリアの地下水流向上流側の縁に注入井戸を1本設置した。当該エリアの下流側には揚水井戸が存在するが，地下水中での過硫酸塩とTCEの反応時間を十分に取るため，揚水を停止し，地下水の自然流速により注入した過硫酸塩を拡散させる方法を選択した。過硫酸塩溶液の注入量・注入期間やモニタリング期間は適用性試験の結果[5]，現場の注入試験等により決定した。浄化井戸・設備の配置を図4，図5に示す。

③ 浄化結果

浄化対象範囲である揚水井戸（過硫酸塩による浄化期間中は停止）の地下水中TCE濃度の経時変化を図6に示す。

第6章　注目される原位置浄化技術

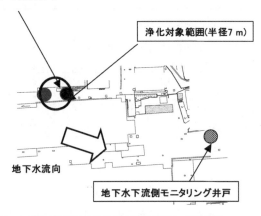

図4　浄化範囲と注入井戸設置位置図（平面図）

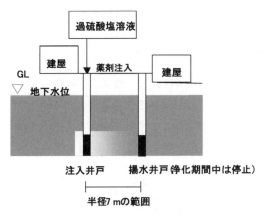

図5　浄化範囲と注入井戸設置位置図（断面図）

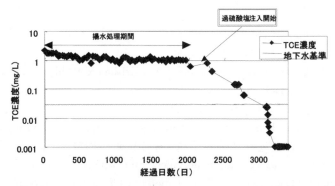

図6　揚水井戸（浄化対象井戸：揚水停止中）におけるTCE濃度の経時変化

表2 各種活性化方法による分解速度比較例

	各試験共通条件	個別活性化条件	分解速度定数 (day^{-1})
試験1 触媒	土壌添加スラリー系，対象物質：トリクロロエチレン，過硫酸ナトリウム濃度 50 g/L	二価鉄塩添加濃度：0.0g/L	0.032
		二価鉄塩添加濃度：0.1g/L	0.047
試験2 アルカリ化	純水系，対象物質：ジクロロメタン，過硫酸ナトリウム濃度 25 g/L	反応 pH：6.0～8.5	0.59
		反応 pH：10 以上	8.3
試験3 加熱	純水系，対象物質：テトラクロロエチレン，過硫酸ナトリウム濃度 1 g/L	反応温度：15℃	0.065
		反応温度：30℃	0.55

過硫酸塩注入約60日後からTCE濃度は減少し始めた。注入から約3年経過した時点でも，TCE濃度は定量下限値（0.001 mg/L）未満であり，地下水基準に適合した状態を維持している。揚水井戸から地下水流向上流側の半径7mの範囲は浄化できたと考える。

なお，浄化期間中は揚水井戸を停止するため過硫酸塩が敷地系外へ拡散していないことを確認するため，地下水下流側モニタリング井戸で過硫酸塩濃度を経時的に測定した。結果として過硫酸塩は検出されず，敷地系外への過硫酸塩溶液の拡散はなかったと考える。

2.1.5 活性化法による分解速度比較例

筆者らが実施した各種活性化法による揮発性有機塩素化合物の分解速度比較結果[6]を表2に示す。それぞれの活性化方法で擬一次分解反応速度定数が1.5～14倍程度向上した。また，触媒添加に際してはキレート剤を組み合わせることで効果を向上させる方法も報告されている[7]。実際の適用の際には，サイトによって状況が異なるため，現場条件，適用可能性試験結果等をふまえて対策計画を立てることとなる。

文　　献

1) Scott G. Huling and Bruce E. Pivetz, In-situ Chemical Oxidation, Engineering Issue of EPA（2006）
2) Yeliz Yukselen-Aksoy, Amid P. Khodadoust and Krishna R. Reddy, Destruction of PCB 44 in Spiked Subsurface Soils Using Activated Persulfate, *WATER, AIR & SOIL POLLUTION*, Volume 209, Number 1-4, pp419-427（2009）
3) Banerjee, M., Konar, R. S., Polymerization of acrylonitrileinitiated by $K_2S_2O_8$-Fe(II) redox system – comment. *J. Polym. Sci. A-1 Polym. Chem.*, **22(5)**, 1193-1195（1984）
4) Richard A. Brown, *et al.*, Contaminant-Specific Persulfate Activation, Proceedings of the Fifth International Conference on Remediation of Chlorinated and Recalcitrant Compounds（2006）

第 6 章　注目される原位置浄化技術

5) 鈴木義彦, 石田浩昭, 過硫酸塩を用いた原位置酸化分解法による地下水汚染の浄化, 第 15 回地下水・土壌汚染とその防止対策に関する研究集会要旨集, p17（2009）
6) 星野隆行, 森田暢彦, 上野俊洋, 活性化した過硫酸塩による原位置酸化分解法, 第 15 回地下水・土壌汚染とその防止対策に関する研究集会要旨集, p75（2009）
7) 野本岳志, 田熊康秀, 辻哲廣, 江口正浩, 過硫酸塩を用いた酸化分解促進化の基礎的研究, 土壌環境センター技術ニュース, No17, pp17-22（2010）

2.2 マイクロバブル・オゾン注入工法による油含有土壌・地下水の浄化技術

日野成雄（Shigeo Hino）

2.2.1 はじめに

　油は古くから各種石油製品として世の中に広く流通しており，様々な分野で使用されている（表1）。そのため，油の漏洩や不適切な廃棄などによる土壌・地下水の汚染は多いと考えられる。

　近年，それらの各種油による汚染が顕在化しており，人の健康影響や生態系への影響などが懸念されている。このような背景から，土壌・地下水汚染問題に関する調査・対策の確立が広く望まれたため，「土壌汚染対策法」において油の多くに含まれるベンゼンが規制されることとなった。

　今後，土壌汚染対策法の改正によって，さらに土壌汚染の実態が判明するにつれて，油汚染問題も益々顕在化されるものと考えられる。

　油汚染問題への対策技術の一例として「油汚染対策ガイドライン」[1]に示された手法を表2に示す。油汚染土壌の原位置浄化技術としては，従来から地下水の揚水による油分の回収やバイオレメディエーションが適用されてきたが，油は粘性が高いため，土壌からの分離回収が困難であ

表1　主な油製品とその用途

	比重	沸点範囲［℃］	用途
LPG	0.50～0.60	－42～－1	家庭用燃料，自動車用燃料
ガソリン	0.72～0.76	35～180	ガソリン車用燃料
灯油	0.78～0.82	170～250	家庭用燃料
軽油	0.80～0.85	240～350	ディーゼル車用燃料
重油	－	240～540	電力用燃料，船舶用燃料
潤滑油	0.82～0.95	340～540	エンジンオイル，機械油，切削油
アスファルト	1以上	540～	道路舗装用基材，電力用燃料

表2　油汚染問題への対策技術

対策目標	対策工法	
地表への油臭遮断・油膜遮蔽	盛土	
	舗装	
井戸水等への油分の拡散防止	遮水壁	
	バリア井戸	
	地下水揚水	
油含有土壌の浄化等	掘削除去	熱処理
		土壌洗浄
		バイオレメディエーション
		セメント原料化
	原位置浄化	土壌ガス吸引
		バイオレメディエーション
		化学的酸化分解

第6章 注目される原位置浄化技術

り，浄化期間が長期化する傾向があった。

そのため，新たな手法の一つとして，化学的酸化分解浄化技術への関心が高く，地下水・土壌汚染とその防止対策に関する研究集会（土壌環境センター主催）においても，数多くの研究発表がなされている。この化学的酸化反応による浄化の考え方としては2通りあり，1つは油分の酸化分解による浄化，もう1つは油分の酸化反応による可溶化であり，揚水対策との併用により浄化がなされるものである。マイクロバブル・オゾン注入工法は後者にあたり，土壌中に含有する油を一部酸化させ，水に溶けやすい状況に変化させた上で，揚水設備をもちいて回収するという，浄化促進技術である。

本稿では，各種油について，マイクロバブル・オゾン注入工法による浄化効果を評価した事例を紹介する。

2.2.2 マイクロバブル・オゾン注入工法の浄化原理

(1) マイクロバブル・オゾン注入工法の特徴

土壌・地下水汚染対策における化学的酸化分解法としてはフェントン法が良く知られている。しかし，現地への大量の薬品運搬が必要であることに加え，多量の沈殿物が発生するために注入薬剤が十分に浸透しなくなる可能性がある。一方で，次に示すように本工法で用いるオゾンには注入薬剤として最適な特徴がある[2]。

① 強力な酸化力を持ちながら，最終的には自己分解して残留による毒性の無い酸素に戻ること。
② オゾンが分解した後に残る酸素によって，好気性バイオレメディエーションが期待できること。
③ 電気さえあればオンサイトで簡単につくることができる手軽さがあること。

(2) オゾンによる化学的酸化反応について

オゾンは酸素原子3個からなる酸素の同素体であり，極めて不安定な物質である。表3に示すとおり，酸化剤のもつ酸化力としては，ヒドロキシルラジカル（・OH）の次に大きい。オゾンガスがマイクロバブルとして水に混合溶解すると，オゾン分子はO_3として残留するか，分解してヒドロキシルラジカル（・OH）が生成される[3]。水中での有機物とオゾンとの反応は，オゾンによる直接反応とオゾンの分解により生成されたOHラジカルによるフリーラジカル反応の2つがあるとされている。これらオゾンやヒドロキシルラジカル（・OH）が，油分などの汚染物

表3 各種酸化剤の酸化力

化学種	E^0 (V)
ヒドロキシルラジカル（・OH）	3.1
オゾン	2.1
過硫酸ナトリウム	2.0
過酸化水素	1.8
過マンガン酸ナトリウム	1.7

質に接触することによって，汚染物質が酸化され，COOH 基などを持つ有機酸などに変化する。その結果，油分は可溶化され，揚水法による油分回収の促進が可能となり，低分子の場合には最終的に無害化される。一方で，オゾンは無害な酸素に変化する。

(3) マイクロバブル・オゾン注入工法の適用方法について

オゾンは，空気中の酸素と窒素を分離することのできる PSA 装置を用いて濃縮した酸素ガスを，オゾン発生器内部にて放電させる方法により生成させる。

生成したオゾンガスは，図1に示すマイクロバブル発生器により水中に溶解させる。このようにして製造したマイクロバブル・オゾン溶解水を地中の汚染エリアに注入することで，VOCs や油分による汚染の浄化を行う。

マイクロバブルの発生方法として，ガスと水が共存する状態を乱流にし，せん断応力により微細気泡を発生させる乱流方式や超音波・衝撃波を加えて圧壊させる方式などが挙げられる。ここではオンサイトへの適用の際にスケールアップが可能であること，原位置注入する際にマイクロバブル発生装置から流送する必要があることなどの理由から，図1に示す加圧溶解方式の微細気泡発生装置を用いた。

2.2.3 各種油分のオゾン酸化分解

(1) 目的

オゾン溶解水による各種油分の分解性について評価を行うことを目的とした。

(2) 試験方法

まず，油分のオゾン酸化分解法による分解特性を評価した。使用した試験装置の模式図を図2に，試験フローを図3に示す。

揮発性の高い単環芳香族炭化水素 BTEX（ベンゼン，トルエン，エチルベンゼン，キシレン）の評価においては，オゾンガスの曝気により評価対象成分が試験系内から漏れてしまうことが考

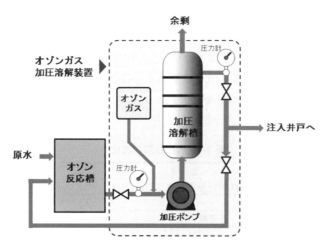

図1 マイクロバブル・オゾン注入装置概略図

第6章 注目される原位置浄化技術

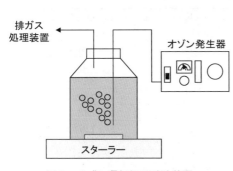

図2 オゾン曝気処理試験装置

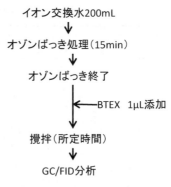

図3 BTEXのオゾン処理試験フロー

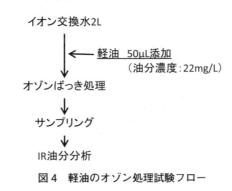

図4 軽油のオゾン処理試験フロー

えられたため，イオン交換水に対しオゾン曝気を行った後，容器を密閉し，油分の原液をマイクロシリンジにより注入し，GC/FIDにより油分濃度の変化を確認した。

次に，揮発性の低い鉱物油のオゾン酸化による分解特性を評価した。対象とした油分は，地下水の流れによって移動しやすいと思われる軽油とした。試験フローを図4に示す。

初期軽油濃度は22mg/Lとし，所定時間オゾン曝気をした後，CCl_4抽出-IR分析法により油分濃度の測定を行い，オゾンによる軽油の分解特性の評価を行った。

(3) 試験結果

オゾンによる酸化分解反応により，BTEXについてはオゾン溶解水にBTEXを添加した直後から濃度減少が見られ，数分で不検出となった。反応が一次反応に従うものと仮定すると，対象物質の見かけの反応速度定数 k'[min^{-1}] は，表4に示す値となった。

BTEXの見かけの反応速度定数 k'[min^{-1}] は，2.6～3.5min^{-1}であり，処理に必要な時間は2～3 minであった。

軽油の分解試験について，CCl_4抽出-IR油分分析結果を図5に示した。初期軽油濃度22mg/Lに対して，約2時間後にはIR油分濃度が5mg/L以下となった。見かけの反応速度定数 k'[min^{-1}]

表4 オゾン酸化処理における見かけの分解反応速度

名称	初期濃度 [mg/L]	見かけの反応速度定数 K' [min.$^{-1}$] (注1)	処理に必要な時間 [min.] (注2)
ベンゼン	4.37	2.43	2.84
トルエン	4.33	2.16	3.20
エチルベンゼン	4.31	2.69	2.57
o-キシレン	4.30	3.01	2.30
m-キシレン	4.30	3.17	2.18
p-キシレン	4.30	3.51	1.97

注1) 分解反応は，一時式にしたがうものとした。
注2) 処理に必要な時間は，初期濃度の1000分の1にすることを想定。

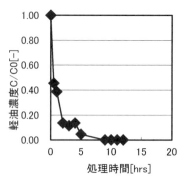

図5 オゾン酸化による軽油濃度変化

は，初期2時間までの結果から $k' = 0.017 min^{-1}$ であった。

(4) 考察

今回の基礎評価から次の知見が得られた。

① 単環芳香族炭化水素BTEX（ベンゼン，トルエン，エチルベンゼン，キシレン）は，オゾン酸化により，分解浄化が可能であることがわかった。

② 軽油は，オゾン酸化により酸化分解したことから，酸化分解による濃度低減が可能と分かったが，反応速度は非常に遅く，完全分解には時間がかかることが分かった。

以上の知見から，軽油などの鉱物油に関しては，完全分解を目標とすることは，現実的には困難であることが推測された。

2.2.4 絶縁油の浄化促進効果の確認

(1) 目的

マイクロバブル・オゾン注入工法を適用した場合に，絶縁油の浮上油回収処理において可溶化による浄化促進効果が得られるかどうかについて評価を行うことを目的とした。

第6章 注目される原位置浄化技術

(2) 試験方法

試験装置の概略図を図6に，試験条件を表5に示す。浮上油の回収状況を図7,8に示す。水槽の片側からイオン交換水，マイクロバブル水，マイクロバブル・オゾン水を注入し，所定時間経過した後の油層の厚みを持って，浮上油回収効果の評価を行った。

(3) 試験結果と考察

試験結果を図9および表6に示す。試験開始前の油層厚は12mmであった。マイクロバブル・オゾン水を注入した場合には，油層厚が1mmまで減少したが，イオン交換水および空気-マイクロバブル水を注入した場合には，油層厚の減少はわずかであった。

本試験を通じて，空気マイクロバブル水注入に対して，オゾンマイクロバブル水注入の効果が

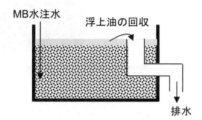

図6　絶縁油の浮上油回収装置

表5　絶縁油回収試験　試験条件

項目	条件
通水水質	水，空気MB，オゾンMB
対象物質	絶縁油（高圧絶縁油A）
通水流量	270mL/min
水槽断面積	406cm^2
見かけ流速	流速0.40m/hr → 0.67cm/min）
通水時間	3時間（約2回置換）
評価方法	砕石層の油膜・油層の厚み測定

図7　砕石充填水槽

図8　浮上油回収状況

最新の土壌・地下水汚染原位置浄化技術

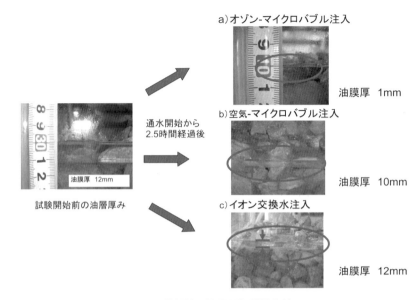

図 9　絶縁油の油層回収効果比較

表 6　絶縁油の浄化促進効果の確認試験　試験結果

条件	油層厚	
	試験前	試験後
イオン交換水	12	12
空気-マイクロバブル水	12	10
オゾン-マイクロバブル水	12	1

非常に高いことが判明した。

　オゾン酸化が単に一部の油分分解にのみ寄与しているということであれば，これほどの効果の違いは現れなかったものと考えられる。このように浮上油回収効果に違いが出たのは，オゾンによって酸化した油分が界面活性剤と同等の機能を持つようになったため，油分を水相に取り込みやすくなったからであると考えられる。

2.2.5　まとめと今後の展望

　マイクロバブル・オゾン水注入工法を油汚染土壌に適用することにより，土壌に含有する油分の水への移行を促進し，高い浄化促進効果を得ることが可能であると判明した。したがって，これまで揚水設備を稼働してきたが油の揚水回収効果が低下したような汚染サイトに対しては，浄化促進効果が得られるものと考えられる。

　また，今回の試験により，オゾンを過剰に使用した場合には，油分が乳化し白濁するという現象も見られた。したがって，油分の可溶化が過剰に進み，白濁した油分を揚水回収する場合には，より高度な油水分離および油分分解処理が必要となることがわかった。したがって，地上での水

第6章 注目される原位置浄化技術

処理についても併せて検討していくことが必要であり，今後の課題としたい。

文　　　献

1) 社団法人　土壌環境センター編，環境省の油汚染対策ガイドライン，化学工業日報社，p.163（2006）
2) 大成博文，化学工学，**71**(3) pp.154-159（2007）
3) 日野成雄ほか，日本オゾン協会　第17回年次研究講演会講演集，pp.83-86（2007）

2.3 マイルドフェントン法による揮発性有機化合物汚染の化学的酸化分解

河合達司(Tatsushi Kawai), 川端淳一 (Jyunichi Kawabata),
君塚健一 (Kenichi Kimiduka), 植村伸幸 (Nobuyuki Uemura)

2.3.1 はじめに

トリクロロエチレン等の揮発性有機化合物(VOC)や油等による土壌汚染は,重金属類や農薬等と比べると低粘性であるため地盤内で移動し易く,広範囲かつ高深度に拡散する。したがって,掘削除去による対策では,大規模な土工事が必要となるため,施工性や経済性で有利な原位置浄化技術が求められている。

VOCの原位置浄化技術として,鉄粉を用いた還元分解法(鉄粉還元法)や微生物を利用した生物処理法等の実用化が検討され,鉄粉還元法は浄化の確実性や長期持続性により,また生物処理法は経済性から実施例が増加しつつある。酸化分解法は,酸化剤を用いて汚染対象を酸化分解する浄化手法であるが,鉄粉還元法や生物処理法と比較すると,分解速度が極めて大きく,浄化期間が短いという利点を持つ。また,汚染対象の分解に直接関与する物質が,基質特異性の高い酵素や高選択性の触媒ではないことから,両工法と比較すると適用範囲が広いという利点も持つ。例えば,ベンゼンとテトラクロロエチレンによる複合汚染の場合,生物処理法は好気処理と嫌気処理を組合せる必要があり,鉄粉還元法ではベンゼンを処理できないため,鉄粉還元法以外の処理法を併用する必要がある。これに対し酸化分解法は,これらの汚染対象を同時分解することが可能であり,対象物質毎に浄化工法を変える必要がない。即ち,複合汚染に対する適用性が高いとの特徴を持つ。

一方,酸化分解法の課題として,強酸性下での反応による作業の危険性や,土壌pHの強酸性化による土壌機能の大幅な変化,特に土粒子から重金属の溶出を促進させる可能性が指摘されていた。また,原位置処理工法として浄化効率向上の観点から,薬剤の消費効率の改善と共に,地盤中で汚染対象と酸化剤を効率的に接触・反応させる施工法の確立も課題であった。

上記の課題を解決するため,筆者らは共同でマイルドフェントン法-高圧噴射撹拌工法を開発し,試験施工及び実施工によりその効果を評価した。

2.3.2 マイルドフェントン法の概要

(1) マイルドフェントン法の原理

土壌汚染の原位置浄化法として適用されている酸化分解法として,過マンガン酸カリウム法や過硫酸塩法,オゾン法,過酸化水素を用いたフェントン法等が知られている。フェントン法は,鉄(Ⅱ)イオンを触媒として用い,強酸性下で反応させることで強力な酸化力を持つヒドロキシルラジカル(・OH)を発生させ(式(1)),有機物を酸化分解する反応である。

$$H_2O_2 + Fe^{2+} \rightarrow OH^- + \cdot OH + Fe^{3+} \qquad (1)$$

フェントン法は19世紀にFentonによりその原理が見いだされて以来,様々な分野で工業利用され,特に廃水処理への適用事例が多く知られている。最近では,使用する薬剤から生じる物

第6章 注目される原位置浄化技術

質が酸素や水，鉄イオン等の環境負荷の低い物質であることから，土壌汚染の原位置浄化技術としても注目され，実適用の検討が増えつつある。

フェントン法を土壌汚染の原位置処理として適用する際の課題として，土壌 pH の強酸性化による土壌機能の変化や重金属溶出の危険性があるが，1980 年代から 90 年代初頭にかけて，エチレンジアミン四酢酸（EDTA）の鉄錯体でもヒドロキシルラジカルの発生が可能であることが見いだされ[1]，中性環境下でのフェントン法の適用検討がなされるようになってきた。

マイルドフェントン法はこのような反応を応用し，酸性から弱塩基性までの幅広い pH 領域において浄化が可能な技術を目指したものである。さらに，EDTA は環境中での残存性が問題視されているが，分解効果を向上させつつ生分解性を有した触媒を選定することにより，幅広い pH 範囲での施工を可能とすると共に，環境中に放出される物質の残存性の課題も一度に解決した。

(2) マイルドフェントン法の分解特性

マイルドフェントン法の適用可能範囲を確認するため，VOC の中から国内の水環境において問題となる 8 成分を抽出し，室内試験を行った。また同時に従来の酸性下のフェントン法（従来フェントン法）との比較も行った。100mL バイアル瓶に各成分が 1 mg/L となるように調製（表1）し，テフロンライナー付きブチルゴム栓とアルミシールにより密封した。ヘッドスペースのガスを採取し，VOC の初期濃度を測定した後に，過酸化水素及びマイルドフェントン法と従来フェントン法の触媒を各々添加した。十分に撹拌した後，室温で静置して分解反応を行ない，1日後の VOC 濃度を測定した。

VOC 初期濃度と処理後の濃度から求めた対象物質の分解率を図1に示す。生物処理法や鉄粉還元法では同時分解が困難であるベンゼンとトリクロロエチレン等が混在した場合においても，酸化分解法では同時分解可能であることを確認した。また，マイルドフェントン法による VOC の分解率は，従来フェントン法よりも高い値を示した。

(3) マイルドフェントン法に使用する薬剤開発

過酸化水素は，パルプ漂白や金属のエッチング用途等，工業的に幅広い分野で使用されている。しかしながら，このような汎用の過酸化水素は，通常の分野では安定であるものの，そのまま土壌浄化に適用すると，土中の様々な物質の影響により自己分解反応が促進され，浄化効果が低下

表1 室内分解試験条件

	マイルドフェントン法	従来フェントン法
過酸化水素水濃度	2（%）	2（%）
触媒	生分解性触媒	硫酸第一鉄
pH	6.8	3.4
対象物質 （各 1 mg/L）	テトラクロロエチレン（PCE），1,1,2-トリクロロエタン（1,1,2-TCA），1,3-ジクロロプロペン（DCP），トリクロロエチレン（TCE），ベンゼン（Benzene），シス-1,2-ジクロロエチレン（cis-1,2-DCE），ジクロロメタン（DCM），1,1-ジクロロエチレン（1,1-DCE）	

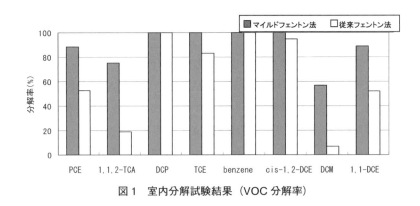

図1　室内分解試験結果（VOC分解率）

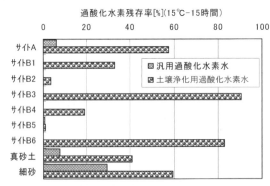

図2　土壌共存下における過酸化水素の安定性比較

する課題があった。そこで筆者らは，このような課題を解決すべく土壌浄化専用の過酸化水素を開発すると共に，生分解性の触媒の改良も行ない，両者の最適な組合せを求めた。

① 特徴

マイルドフェントン法では，地盤中で安定かつpH緩衝能を有する土壌浄化用の過酸化水素溶液と生分解性を有した特殊触媒を使用する。土壌浄化用過酸化水素水は，土壌中での過酸化水素の自己分解性を抑え，安定化させた薬剤である。また，生分解性触媒は，酸性から弱塩基性の幅広いpH領域において過酸化水素を活性化し，ヒドロキシルラジカルを発生させる薬剤である。従来の鉄イオン触媒に比べ，短時間に多量のヒドロキシルラジカルを生成させ得るため，マイルドフェントン法では従来フェントン法より高い分解率が得られる。

土壌浄化用過酸化水素水の土壌中での安定性について，汎用の過酸化水素水と比較試験を行なった。実汚染サイトA，Bの土壌と共にモデル土壌として真砂土や細砂を用い，過酸化水素の安定性を，残存率により評価した結果を図2に示す。土壌浄化用過酸化水素水は，汎用の薬剤と比較して顕著に高い残存率を示した。さらに，過酸化水素が自己分解しやすい土壌として真砂土

第6章　注目される原位置浄化技術

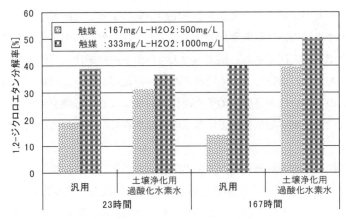

図3　真砂土共存下でのVOC分解性能比較

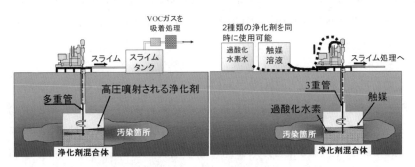

図4　2系統配管による多重管（左）及び3系統配管による3重管（右）を用いた高圧噴射撹拌工法施工概念図

を選択し，1,2-ジクロロエタン（1,2-DCA）を用いて，分解効果の比較試験を行なった。汎用の薬剤を用いた場合でも1,2-DCAの分解は可能であるが，土壌浄化用過酸化水素水を用いた場合は汎用薬剤を用いた方法と比べて，概ね高い分解効果を示した（図3）。この要因として，土壌浄化用過酸化水素水は土壌中での安定性が高く，ラジカルの発生割合が高いため，汎用の薬剤に比べ1,2-DCAの分解率が高くなったと考えられる。さらに土壌浄化用過酸化水素水には，施工時に際し薬剤を注入濃度に希釈した段階でpHが中性となるようにpH緩衝能を付与している。これにより従来の課題であった強酸性薬剤の取扱危険性が回避できると共に，重金属溶出リスクの低減や注入装置等の腐食低減も期待できる。

2.3.3　高圧噴射撹拌工法の概要

(1)　高圧噴射撹拌工法の原理

酸化分解法等，原位置での分解技術による浄化効果の改善には，分解に供する薬剤をいかに効率的に対象汚染物質と接触させることができるかが大きな課題である。今回開発した高圧噴射撹拌工法は，高圧噴射撹拌工法を地盤浄化剤の混合撹拌に応用したものである。図4（左）に示す

ように,ボーリング孔中に挿入した多重管から圧縮空気によって高圧のウォータージェットを噴射することで,汚染地盤の施工対象領域のみをピンポイントで切削するとともに,確実に浄化剤を対象地盤と混合できる工法である。従来の注入井戸からの薬剤注入(注入井戸工法)では,地盤内の透水性の不均一性の影響を大きく受けるため,浄化剤を均一に対象汚染領域に拡散させることは難しく,この不均一性が浄化の効果や浄化の速度に大きな影響を与える。高圧噴射撹拌工法は,既に鉄粉還元法による原位置施工に多くの実績を有し,浄化剤の確実な撹拌混合等その有効性が実証されている[2]。

高圧噴射撹拌工法は,施工対象領域への確実で均一な浄化剤の混合撹拌が可能であることに加え,従来の井戸注入工法では対応が困難な透水係数の低い地盤,例えば透水係数 $k = 10^{-4}$ cm/s 程度においても有効な施工方法であることが確かめられている。現在では,新たな施工機械の開発及び改良により,最大 ϕ5m 程度の地盤の改良が可能となっている。なお,施工中には,施工対象地盤の10%程度がスライムとして地上に排出される。排泥に起因する地盤沈下を防止する必要がある場合,施工後に浄化剤混合体の上部に充填材を注入し地盤沈下を防止することができる。

(2) 噴射方式の改良

従来の高圧噴射撹拌工法では,配管内で浄化剤が混合することを防ぐため配管系統を2系統として,「圧縮空気+過酸化水素」の噴射工程と「圧縮空気+触媒」の噴射工程を時間毎に切り替える必要があった。そこで,施工の合理化とフェントン反応の効率化を目指し,図4(右)のように配管系統を3系統有する3重管方式とし,「圧縮空気+過酸化水素」の噴射と「圧縮空気+触媒」の噴射を同時に行えるようにした結果,一日あたりの打設本数,歩掛りの向上等によるコスト圧縮が可能となった。

2.3.4 試験施工及び本施工例

「マイルドフェントン法-高圧噴射撹拌工法」を,ベンゼンやシス-1,2-ジクロロエチレン等の複数のVOCによって汚染されているサイトで,試験施工を実施した。本試験サイトは,対象地盤の土質はシルト混じり細砂(表2)であり,透水係数が 10^{-4} cm/s 以下であることから,従来の揚水処理や浄化剤の井戸注入工法では短期間での浄化が難しいと判断した。試験施工を実施するにあたり,まず切削距離と薬剤到達距離を確認し,試験に適した噴射圧と噴射量を調整した。その結果,確実に土壌が切削でき薬剤と対象地盤が混合できる距離(有効径)は,本サイトでは ϕ2.5m であった。

表2 試験施工サイトの地盤条件及び汚染状況

項目	概要
土 質	シルト混じり細砂
透 水 係 数	8.4×10^{-5} cm/s
浄化対象物質	ベンゼン:最大 0.034(mg/L) cis-1,2-DCE 最大 0.32(mg/L)
施工対象深度	GL-6〜8m(第2帯水層)

第6章 注目される原位置浄化技術

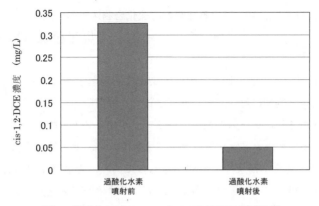

図5 試験施工時の cis-1,2-DCE 濃度の低減効果

試験施工によるVOCの浄化効果を評価するため，多重管を挿入するためのボーリング孔を利用し，施工前後に地下水をサンプリングし，GC-PIDヘッドスペース法によるオンサイトでの簡易分析によりVOC濃度を測定した。試験施工時のオンサイト簡易分析結果の一例を図5に示す。cis-1,2-DCE濃度をほぼ環境基準まで低減できることが分かる。この結果から薬剤投入量や浄化期間等を調整し，本施工時には高濃度汚染部周辺に設置した井戸における地下水が，公定分析により環境基準以下となったことを確認して対策を完了した。

2.3.5 まとめ

「マイルドフェントン法-高圧噴射撹拌工法」は，①浄化効果が高く，適用対象物質の選択幅が広い特性を有しつつ，従来法では問題とされていた地盤の強酸性化に伴う課題を克服し，酸性から弱塩基性のpH領域で適用可能な工法である。②高圧噴射撹拌工法を適用することにより，従来の井戸注入工法では浄化が難しい透水性の低い地盤の汚染に対しても，効果的で確実な浄化剤の混合が可能な原位置浄化工法である。

文　　献

1) Ernst Graf, John R. Mahoney, *et al.*, Iron-catalyzed Hydroxyl Radical Formation, *The Journal of Biological Chemistry*, Vol.259. No.6, pp.3620-3624（1984）
2) 川端淳一，大島博，浦光彦，地蔵典男，伊藤圭二郎，浜村憲，上澤進，高圧噴射撹拌工法を用いた原位置VOC汚染浄化事例，第13回地下水・土壌汚染とその防止対策に関する研究集会，pp.57〜62（2007）

2.4 バイオオーグメンテーションによる揮発性有機化合物汚染の分解

奥津徳也（Noriya Okutsu）

2.4.1 はじめに

　微生物の働きを利用して土壌・地下水中の汚染物質を分解・除去する原位置バイオレメディエーション技術は，揚水処理に比べて浄化期間が短く，掘削除去よりも低コストであることなどの理由から，近年適用されるケースが増えている。バイオレメディエーションは，バイオスティミュレーションとバイオオーグメンテーションに大別される。前者は有機物や栄養塩等の増殖基質を供給して土着微生物を増殖及び活性化するものであり，土着微生物の初濃度や分解能力によっては十分な効果が得られない場合もある。一方バイオオーグメンテーションは，汚染物質の分解能力が予め確認されている微生物を導入するものであり，浄化精度を高めることが期待できる。このため，これまで国内外において，揮発性有機化合物，石油，及び農薬など様々な化合物の分解微生物が分離され，バイオオーグメンテーションへの適用が検討されてきた。こうしたなかで，汚染サイト数が多く，かつ難分解性であるために，現在最も注目されている技術は，*Dehalococcoides* 属細菌を利用した揮発性有機塩素化合物のバイオオーグメンテーション技術であろう。本項では，揮発性有機塩素化合物の分解機構，*Dehalococcoides* 属細菌の特徴，及び欧米における当該技術の動向について概略を説明する。さらに，国内での技術開発状況についても紹介する。

2.4.2 揮発性有機塩素化合物の分解機構

　現在までに知られている主要な揮発性有機塩素化合物の嫌気分解経路と分解に関わる微生物を図1に示す。塩素化エチレン類の代表的な汚染物質であるテトラクロロエチレン（PCE）やトリクロロエチレン（TCE）については，*Dehalococcoides* 属細菌[1]のみならず，*Dehalobacter* 属細菌[2]やその他多くの分解微生物が単離されているが，シス-1,2-ジクロロエチレン（*cis*-DCE）および塩化ビニルモノマー（VC）をエチレンにまで分解できる微生物として単離されているのは*Dehalococcoides* 属細菌のみである[3]。また，塩素化エタン類についても，1,1,1-トリクロロエタン（1,1,1-TCA）をクロロエタンにまで分解できる菌株は*Dehalobacter* 属細菌しか見つかっていない[4]。しかし，これら微生物の存在が報告されたのは1990年代後半であり，今後研究が進むにつれて新たな分解微生物や分解経路が発見されることも想定される。

2.4.3 *Dehalococcoides* 属細菌の特徴

　これまでの研究から，*Dehalococcoides* 属細菌は多種多様な分解特性をもつことが明らかとなっている。そのいくつかの例を表1に示す。分解可能な塩素化エチレンの種類は，分解酵素遺伝子の種類に依存しており，例えばVC分解酵素遺伝子（*vcrA*[6]または*bvcA*[7]）を保有するタイプの株はいずれもVCをエチレンまで分解できる。もう一つの特徴として*Dehalococcoides* 属細菌のほとんどは，塩素化エチレンだけを唯一の電子受容体として呼吸をする，すなわち，塩素化エチレンが存在しないと増殖できない。また，電子供与体としては分子状水素を利用するため，有機物から水素を生成する微生物（水素生成菌）の共存が必須である。さらには，共存する微生

第6章 注目される原位置浄化技術

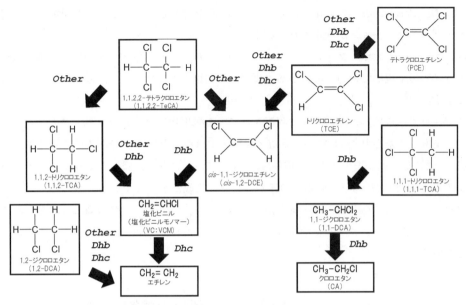

図1 主要な揮発性有機塩素化合物の嫌気分解経路と分解微生物[5]
Dhc=Dehalococcoides, Dhb=Dehalobacter,
Other=Desulfitobacterium, Sulfurospirillum, Geobacter, etc

表1 報告されている *Dehalococcoides* 属細菌の分解特性

菌株	PCE	TCE	cis-DCE	VC	保有が確認されている塩素化エチレン分解酵素遺伝子
195株	○	○	○		*pceA, tceA*
VS株			○	○	*bvcA*
FL2株		○	○		*tceA*
BAV1株			○	○	*bvcA*
CBDB1株					
GT株		○	○	○	*vcrA*
MB株	○	○			

"○" は脱塩素化により増殖できることを示す。

物からの何らかの代謝産物を必要とすると考えられている[8]。

2.4.4 欧米のバイオオーグメンテーション技術

　Dehalococcoides 属細菌を利用したバイオオーグメンテーション技術は，欧米においては既に実用化されており，野外での利用実績も多数報告されている。このように欧米で実用化が進んだ要因は，cis-DCE 以降の分解には *Dehalococcoides* 属細菌が必須であることを示すデータが集積されてきたことと[9]，VC 分解酵素の発見によるところが大きい。これらの研究成果に基づき，① cis-DCE 以降の分解が進まない，② VC 分解酵素を有する *Dehalococcoides* 属細菌が検出され

ない，③ Dehalococcoides 属細菌を増大して浄化期間を短縮したい，といった現場において，バイオオーグメンテーションが適用されている。

国内においてバイオオーグメンテーションに利用されている微生物（次項にて詳細説明）とともに，欧米の汚染現場での適用実績がある代表的な利用微生物について，概要をまとめたものを表2に示す。

ここで注目すべきは，これら事業に利用されている微生物は全てコンソーシアム（＝複合微生物系）であり，単離された Dehalococcoides 属細菌ではないという点である。これは先述のような Dehalococcoides 属細菌の生育上の制限に起因している。表中に記したように，いずれのコンソーシアムも Dehalococcoides 属細菌のほかにメタン生成菌を含んでいる。さらに，いくつかのコンソーシアムでは，Dehalobacter 属細菌の混合により，1,1,1-TCA の汚染にも対応することが可能である。コンソーシアムの安全性は各社とも独自に評価しており，病原菌を含まないことを確認している。

表2　バイオオーグメンテーションに利用される微生物の概要

	会社名				
	栗田工業	SiREM	Shaw Environmental, Inc.	Regenesis	Bioremediation Consulting Inc.
浄化実績数	―	150	160	30	6
適用先	日本	米国，英国，スウェーデン，デンマーク	米国	米国	米国
主な分解物質	TCE, *cis*-DCE, VC	PCE, TCE, *cis*-DCE, VC	PCE, TCE, *cis*-DCE, VC, 1,1,1-TCA	PCE, TCE, *cis*-DCE, VC, 1,1,1-TCA など	PCE, TCE, *cis*-DCE, VC, 1,1,1-TCA など
コンソーシアム中の主要微生物	*Dehalococcoides* *Trichococcus pasteurii* *Clostridium pertidivorans* *Methanobacterium bryantii*	*Dehalococcoides* *Geobacter* *Methanomethylovorans*	*Dehalococcoides* メタン生成菌	*Dehalococcoides* *Dehalobacter*[a] *Desulflomonas michiganensis* *Desulforomonas chloroethenica* メタン生成菌 ※ Shaw Environmental, Inc のコンソーシアムのうち1種を利用	*Dehalococcoides* *Dehalobacter*[a] 硫酸還元菌 メタン生成菌
病原菌評価	96種類の病原菌についてコンソーシアム中に存在しない事を確認。	11種類の病原菌についてコンソーシアム中に存在しない事を確認。	不明	13種類の病原菌についてコンソーシアム中に存在しない事を確認。	7種類の病原菌についてコンソーシアム中に存在しない事を確認。

※上表は各社のHPおよびESTCP資料[10]を参考に作成。a)は1,1,1-TCAを対象とした場合のオプションで混合される。

第6章　注目される原位置浄化技術

2.4.5　日本国内における技術開発状況

(1) 技術開発の背景

上野らは，これまで国内14箇所のTCE汚染現場から土壌・地下水を採取，TCEと有機酸で培養し，TCE分解の有無からバイオスティミュレーションの適用性を調査し，cis-DCE以降の分解には Dehalococcoides 属細菌が必須であることを確認した[11]。このため，cis-DCE，VCを確実にエチレンにまで分解できる Dehalococcoides 属細菌を含むコンソーシアムを取得し，これをバイオオーグメンテーションに利用するという観点で，技術開発がおこなわれている。

(2) 微生物によるバイオレメディエーション指針への適合確認

我が国では，平成17年3月に，経済産業省と環境省による「微生物によるバイオレメディエーション利用指針」が告示され，指針ではバイオオーグメンテーションに利用する微生物の生態系等への影響評価が必要とされている。このため，水本らは表2に示した病原菌評価に加え，コンソーシアムを土中に注入した際の生態系等への影響評価を実施し[12]，その結果に基づく事業計画を策定した。H20年6月には，本事業計画の指針適合確認を得ている。

(3) バイオオーグメンテーションの現場実証試験

筆者は，確認申請した事業計画に従って実証試験を行い，バイオオーグメンテーションの有効性を評価した。

試験実施サイトにおける，TCEの汚染状況と設置井戸の配置は図2に示す通りである。TCE濃度0.1〜1.0mg/L以上の範囲にコンソーシアム注入井戸（オーグメンテーション井戸：AIW）を設置し，AIWより約20m離れた地点に栄養剤注入のみの井戸（スティミュレーション井戸：SIW）を設置した。なお，各井戸の実証試験実施前における地下水中の Dehalococcoides 属細菌の16S rDNAコピー数は，いずれも検出下限値（10copies/mL）未満であった。コンソーシアムは，10L規模の発酵槽を用いVCを電子受容体として培養したものを，実施サイトに輸送した。実際の注入時には，約25Lのコンソーシアム（Dehalococcoides 属細菌の16S rDNAコピー数：約1×10^8copies/mL）を栄養剤とともにAIWに注入した。なお，実証サイトの土質は砂礫層で

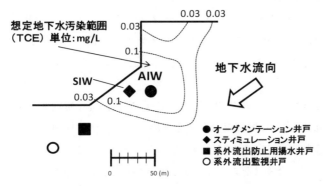

図2　TCEの汚染状況および井戸設置図

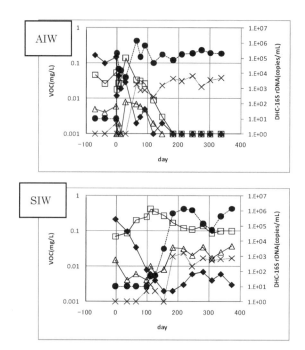

図3 AIW および SIW におけるモニタリング結果
(コンソーシアムと栄養剤を注入した日を0日とした。
◆, □, △, × は TCE, cis-DCE, VC, エチレン濃度。● は DHC 菌の 16S rDNA コピー数)

あり，地下水位は深度6m前後，帯水層厚みは約13mであった。

AIW および SIW におけるモニタリング結果を図3に示す。AIW ではコンソーシアム注入後約60日目には TCE, cis-DCE 濃度共に地下水基準値以下となり，約120日目以降 VC も地下水環境基準値以下となった。また汚染物質の分解に同調して，Dehalococcoides 属細菌の 16S rDNA コピー数は約60日目に 10^6 copies/mL に達した。一方 SIW でも，栄養剤注入後約180日目に土着の Dehalococcoides 属細菌の増殖が認められたものの，約370日経過しても cis-DCE および VC は高濃度で残留した。

これらの結果から，バイオオーグメンテーションの適用により浄化開始時から地下水の Dehalococcoides 属細菌を高めることで，バイオスティミュレーションと比較して短期間で原位置浄化できることが確認された。

2.4.6 おわりに

バイオオーグメンテーションの適用により，Dehalococcoides 属細菌が生育しない現場の浄化だけでなく，Dehalococcoides 属細菌の濃度を高めることで浄化期間を短縮し浄化費用を低減することができる。現時点では，我が国におけるオーグメンテーションの実績は欧米に対して大きく遅れを取っているが，今後はその有効性が認識されると共に，適用事例が増えていくことが期待される。

第 6 章　注目される原位置浄化技術

文　　献

1) X. Maymó-Gatell *et al.*, *Science.*, **276**, p.1568 (1997)
2) C. D. Holliger *et al.*, *Arch. Microbiol.*, **169**, p.313 (1998)
3) Y. Sung *et al.*, *Appl. Environ. Microbiol.*, **72**, p.1980 (2006)
4) B. Sun *et al.*, *Science.*, **298**, p.1023 (2002)
5) E. Edwards *et al.*, Proceedings of Tenth International In situ and On-Site Bioremediation Symposium, Baltimore, May 5-8 (2009)
6) J. A. Muller *et al.*, *Appl. Environ. Microbiol.*, **70**, p.4880 (2004)
7) R. Krajmalnik-Brown *et al.*, *Appl. Environ. Microbiol.*, **70**, p.6347 (2004)
8) K. M. Ritalahti *et al.*, Proceedings of Tenth International In situ and On-Site Bioremediation Symposium, Baltimore, May 5-8 (2009)
9) E. R. Hendrickson *et al.*, *Appl. Environ. Microbiol.*, **68**, p.485 (2002)
10) E. Cox *et al.*, Environmental Security Technology Certification Program White Paper, October (2005)
11) 上野俊洋ほか, 環境バイオテクノロジー学会誌, **10(2)**, p.79 (2010)
12) 水本正浩ほか, 土壌環境センター技術ニュース, **15**, p.1 (2008)

2.5 バイオスティミュレーションによるシアン化合物汚染の浄化

高畑　陽（Yoh Takahata）

2.5.1 地盤中でのシアン化合物の形態

シアン化合物はシアノ基を持つ化合物の総称である。このうち，遊離シアン（CN^-）は反応性が高く，生物に対して強い毒性を持つ。地盤中に漏洩した遊離シアンが土壌中に豊富に存在する鉄イオンと反応すると，安定した構造であるヘキサシアノ鉄（Ⅱ）酸（フェロシアン：$[Fe(CN)_6]^{4-}$），またはヘキサシアノ鉄（Ⅲ）酸（フェリシアン：$[Fe(CN)_6]^{3-}$）などの鉄シアノ錯体となる。また，金属加工やメッキ工場では，比較的反応性が高いジシアノ銀酸塩やテトラシアノ銅（Ⅱ）酸塩等の金属シアノ錯体が使用され，そのような金属シアノ錯体が地盤に漏洩した場合にはそのままの形態で地盤中に存在しやすい。

金属シアノ錯体は水溶性が高く，土壌中に十分な鉄イオン等の金属塩があれば難溶解性の沈殿物を形成して土壌に固定されるが，沈殿物に至らずに土壌に残存すると帯水層に到達して汚染が拡大する。また，地下水中の金属シアノ錯体は解離定数[1]に基づき一定比率で遊離シアン（CN^-）に解離した状態で存在している。

2.5.2 シアン化合物の分解経路とシアン分解菌の活性化方法

シアン化合物のうち，遊離シアンは様々な細菌による分解・無害化を受けることが知られている[2, 3]。これまで報告例のある遊離シアンの分解経路を表1に示す。①および②の分解経路では，微生物浄化には酸素の存在が不可欠であることがわかる。また，③の分解経路についてもロダナーゼ酵素を生成する微生物の多くは好気性細菌であることから知られている[10]。したがって，帯水層中のシアン分解菌を活性化させるためには汚染地下水中の溶存酸素濃度を高めることが必須条件となる。地盤中に窒素やリンなどの栄養塩が不足している場合には，汚染濃度に応じて栄養塩を供給する必要があるが，窒素についてアンモニア性窒素が代謝産物として生成される可能性が高いことを考慮して供給量を設定する必要がある。

表1に示すそれぞれの分解経路では，シアン分解菌を活性化させるための浄化助剤が異なることが確認されている。①の分解経路については，基本的に窒素やリンなどの無機栄養塩が存在すれば浄化が進行するが，資化性の高い有機物を供給することにより浄化速度が高まることが知られている[11]。②の分解経路については，エタノールなどのアルコール類を用いることにより微生物のアルコール酸化分解過程でアルデヒドが生成され，浄化が進行する。③の分解経路について

表1　微生物による遊離シアンの主な分解経路

	分解方法	反応化学式	参考文献
①	酸化的完全分解	$2HCN + 2H_2O + O_2 \rightarrow 2NH_3 + 2CO_2$	4, 5)
②	アルデヒドを利用した無害化	$6CN^- + 6CH_2O + 13.5O_2 \rightarrow 6CO_2 + 3N_2 + 3H_2O + 6HCO_3^-$	6, 7)
③	ロダナーゼ酵素による解毒化	$S_2O_3^{2-} + CN^- \rightarrow SCN^- + SO_3^{2-}$（酵素反応による解毒化） $2SO_3^{2-} + O_2 \rightarrow 2SO_4^{2-}$（化学的酸化） $SCN^- + 2O_2 + 2H_2O \rightarrow NH_4^+ + CO_2 + SO_4^{2-}$（好気微生物による分解）	8, 9)

は,酵素反応の基質となるチオ硫酸塩を添加することにより浄化速度が高まる[9, 12]。尚,③の分解経路については,解毒化された際にCN結合を持つチオシアンが生成するが,土壌環境中の好気性細菌によって速やかに分解される[13]。

2.5.3 バイオスティミュレーションによる原位置浄化

帯水層の酸素濃度を高める浄化技術として高酸素水の注入[14]などの方法が存在するが,ここでは酸素の供給効率の高く,地下水中の好気性微生物の活性化方法として最も一般的に用いられているバイオスパージング工法[15]を用いた浄化実証試験と,浄化対象地盤におけるシアン化合物の微生物分解メカニズムについて調べた事例について紹介する。

(1) 実証試験装置

浄化実証試験はジシアノ銀酸塩の使用履歴があるメッキ工場跡地で実施した。試験地盤の平均地下水位はGL-1.7m,汚染深度はGL-3.5mまでの砂混じりのシルト層(透水係数:約10^{-7}m/s)であった。汚染帯水層の地下水には,窒素が16.2mg-N/L,リンが0.04mg-P/L存在した。実証試験に用いる井戸および装置の概略断面図を図1に示す。スパージング井戸にはコンプレッサを用いて空気を供給し,空気供給量は流量計と圧力計により管理した。供給した空気は吸引管により回収して,地上部で活性炭を通過させて処理した。風量を25L/minに設定してスパージング影響範囲試験[1]を実施した結果,スパージングを継続して実施している場合にM1およびM2井戸の地下水中の溶存酸素がほぼ飽和濃度に達したが,M3およびM4井戸には空気が供給されず,地下水中の溶存酸素濃度が上昇しなかった。

(2) 実証試験方法および結果

実証試験では,1日あたり8時間のスパージングを浄化開始から5週間までは週5日,それ以

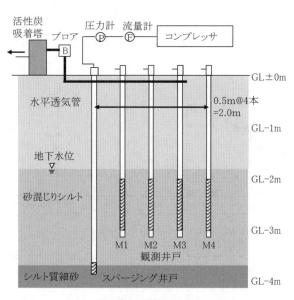

図1 実証試験装置の概略断面図

降は週1~2回実施した。試験期間中の水温は 12~16℃，pH は 6.6~8.4 とほぼ中性域で推移した。実証試験期間中のスパージング風量積算量とそれに伴う地下水中の全シアン濃度の推移を図2に示す。試験開始から5週間までは，M1・M2 井戸の全シアン濃度の平均値は M3・M4 井戸の平均値と比較して減少傾向を示した。この間，M1・M2 井戸の全菌数の平均値は，M3・M4 井戸の平均値と比較して10倍以上多く存在していたことから（図3），空気が供給された範囲の帯水層では微生物活性が高まり，シアン化合物の浄化が促進したものと考えられた。一方，実証試験開始から5週目以降はシアン化合物の明確な減少がみられなくなったが，この原因は空気供給量が低下したことに加えて，地盤中の栄養塩（リン）が不足したためであると考えられた。したがって，本地盤で環境基準値までシアン化合物濃度を低下させるためには，空気供給量を一定量以上に維持すると共に，地盤中で微生物の増殖制限因子となる栄養塩（リン）の供給が必要になると考えられた。

(3) 地下水中の微生物によるシアン化合物の分解特性の確認

実証試験サイトにおける地下水中の微生物によるシアン化合物の分解特性を把握するため，M2 井戸から採取したシアン化合物汚染地下水と窒素・リンなどの無機塩，ビタミン，必須微量元素を含む無機塩培地[16]を1:1で混合し，100mL ガラスバイアル瓶に 50mL 分注して 30℃で振とう培養した。浄化促進材料としてチオ硫酸塩を終濃度で 30mg/L になるように添加した条件および添加しない条件，更に比較対照として 0.2μm のセルロースアセテートフィルターでろ過滅菌処理した汚染地下水を使用した滅菌条件（チオ硫酸塩添加・無添加）の4条件で培養試験を実施した。その結果，滅菌条件と比較して非滅菌条件では全シアン濃度の速やかな減少が確認された（図4）。また，チオ硫酸ナトリウムを添加することにより浄化促進効果が認められ，15日間で全シアン濃度は検出限界以下まで減少した（図4）。したがって，本汚染地下水にはロダナーゼ酵素でシアン化合物を解毒化するシアン分解菌が存在していると考えられ，ロダナーゼ酵素生成細菌を適切に活性化できれば短時間でシアン化合物を浄化できることが示された。

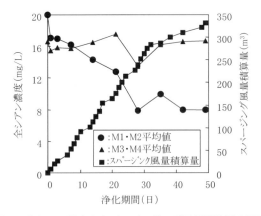

図2　全シアン濃度およびスパージング風量積算量の推移

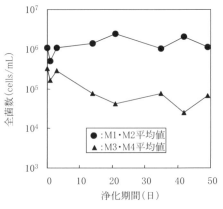

図3　全菌数の推移

第6章　注目される原位置浄化技術

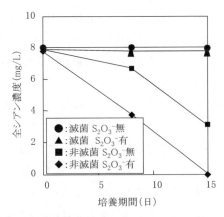

図4　実汚染地下水を用いた培養試験結果

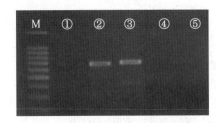

図5　PCR法による細菌中のロダナーゼ遺伝子断片の検出

(4) シアン分解菌の単離とシアン分解遺伝子の特定

非滅菌条件の培養試験終了後の培養液から，遊離シアンを単一の炭素源とする寒天平板培地法を用いてシアン化合物を分解する3種類のシアン分解菌を単離し，HG-1株，HG-2株，およびHG-3株と名付けた。これらの単離株の16S rDNAの配列解析を実施した結果，HG-1株は*Arthrobacter*属に，HG-2株は*Nocardioides*属に，HG-3株は*Leifsonia*属に属する好気性細菌の近縁種であることが示された[17]。このうち，HG-2株については，チオ硫酸塩を添加することによりシアン化合物の浄化促進を高める効果が確認でき[18]，ロダナーゼを特異的に検出するために設計されたプライマーを用いてロダナーゼ遺伝子の存在を確認した結果，既知のロダナーゼ保有菌として知られる*Pseudomonas aeruginosa* PAO1株[19]とHG-2株のみ，プライマーの設計領域に相当する長さのDNA断片の増幅が確認され，HG-2株にもロダナーゼ遺伝子が存在していることを確認できた[18]（図5）。このような遺伝子診断技術を利用すれば，浄化対象とする地下水中にどのような分解経路を持つシアン分解菌が存在しているかについて容易に診断することが可能であり，栄養助剤の適切な選択に有効である。

2.5.4　まとめ

様々なサイトから採取したシアン化合物汚染地下水を同一の方法でバイオスティミュレーションによる室内試験を実施して浄化速度を求めた結果，汚染地下水によってシアン化合物の浄化速

度が大きく異なることが確認されている[12]。また，異なる汚染サイトから単離したシアン分解菌を 16S rDNA に基づいて系統学的位置づけを比較した結果，石油分解菌などと比較して多様性に富んでいることが示されている[17]。したがって，汚染域に存在するシアン分解菌の種類や浄化能力は個々の汚染サイトによって異なり，バイオスティミュレーションを実施する場合には浄化対象とする地盤中のシアン浄化メカニズムを正確に把握して，最適な活性化方法を選択することが重要である。

帯水層を好気状態に保ちつつ，微生物活性に必要な栄養剤を供給する方法として，揚水循環併用バイオスパージング工法（注水バイオスパージング工法）が有効であることが実証されている[20]。このように，シアン化合物汚染地盤の原位置バイオレメディエーションに適していると考えられる浄化技術の開発を進めていくことも本技術の普及に重要である。

文　　献

1) 片山美津瑠ほか，大成建設技術センター報，第 43 号，No.57, pp.1-7（2010）
2) C. J. Knowles *et al.*, *Bacteriological Reviews*, **40**, 652-680（1976）
3) K. D. Chapatwala *et al.*, *J. Ind. Microbiol. Biotechnol.*, **20**, 28-33（1998）
4) D. A. Kunz *et al.*, *Appl. Environ. Microbiol.*, **58**, 2022-2029（1992）
5) R. F. Fernandez *et al*, *Appl. Environ. Microbiol.*, **70**, 121-128（2004）
6) J. Allen *et al.*, *Can. J. Microbiol.*, **12**, 414-416（1966）
7) T. Sakai *et al*, *Agric. Biol. Chemi.*, **45**, 2053-2062（1981）
8) D. R. Singleton *et al.*, *Appl. Environ. Microbiol.*, **54**, 2866-2867（1988）
9) M. Gardner *et al.*, *J. Appl. Microbiol.*, **89**, 85-90（2000）
10) 微生物の分離法，R&D プランニング（1986）
11) A. Dumestre *et al.*, *Appl. Environ. Microbiol.*, **63**, 2729-2734（1997）
12) 片山美津瑠ほか，大成建設技術センター報，第 39 号，No.20, pp.1-4（2006）
13) 片山美津瑠ほか，第 12 回地下水・土壌汚染とその防止対策に関する研究集会講演集，pp.93-98（2006）
14) 今安英一郎ほか，第 16 回地下水・土壌汚染とその防止対策に関する研究集会講演集，pp.445-448（2010）
15) 高畑陽ほか，第 10 回地下水・土壌汚染とその防止対策に関する研究集会講演集，pp.525-527（2004）
16) Y. Shinoda *et al.*, *Appl. Environ. Microbiol.*, **70**, 1385-1392（2004）
17) 片山美津瑠ほか，第 13 回地下水・土壌汚染とその防止対策に関する研究集会講演集，pp.431-434（2006）
18) 片山美津瑠ほか，第 16 回地下水・土壌汚染とその防止対策に関する研究集会講演集，pp.164-167（2010）
19) R. Cipollone *et al.*, *Biochem. Biophys. Res. Comm.*, **325**, 85-90（2004）
20) 桐山久ほか，土木学会論文集 F, Vol.65, No.4, pp.555-566（2009）

2.6 ファイトレメディエーションによる鉱油類の分解

海見悦子（Etsuko Kaimi）

2.6.1 はじめに

ファイトレメディエーションは、植物の力を活用して環境を浄化する技術である。植物の環境浄化作用は、汚染物質の吸収（Phytoextraction）、植物体内での分解（Phytodegradation）、揮発の促進（Phytovolatilization）、根圏での分解（Rhizodegradation）に分類される[1]。

海見らは、Rhizodegradationによる鉱油類の分解に着目し、試験研究を経て浄化事業を行った。

Rhizodegradationは、植物根が根圏微生物を活性化して、土壌の汚染物質を分解することにより生じる作用であり、微生物の活性化を植物の力によって行う技術、すなわち植物と微生物群からなる複雑系の共同作用を活用する技術である（図1）。

海見らは、室内での試験によって植物根の伸長が旺盛な時期に、微生物活動も活発になり、油の分解が進むことを明らかにしている（図2）[2]。Rhizodegradationによる浄化においては、植物根を旺盛に生育させることが重要である。

2.6.2 ファイトレメディエーションによる浄化の課題

ファイトレメディエーションによる汚染土壌の浄化は、環境にやさしい技術であること、物理・化学的手法では対応が難しいほどの広大な面積に対しても原位置での浄化が可能であることなどが大きな利点である。また、浄化のために栽培を行っている区域は、工場立地法における緑地として位置づけることも可能である。

しかし、物理・化学的な浄化技術に比べて、時間がかかる、浄化効果の確実性が低い、浄化範囲が根が届く範囲に限定されるなどのデメリットもある。また実際の浄化事業に際しては、まず、汚染サイトで植物を旺盛に生育させることが必ずしも簡単ではないという課題がある。

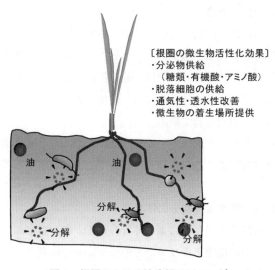

図1 根圏における油分解のイメージ

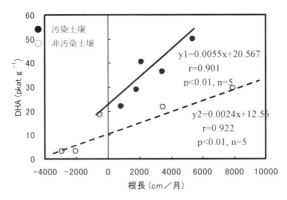

図2　土壌微生物活性（DHA）と根伸長量の相関[2]

以下に，海見らが実際に汚染サイトを浄化した実績から，重要な課題と考える事項を紹介する。

(1) **汚染サイト土壌の物理・化学的性質の問題**

植物が良好に生育するためには，土壌の物理的・化学的性質が植物の生育に適していることが必要である。一般に，透水性と保水性が適度に保たれること，腐植物質等の有機物を適度に含み，肥料成分を保持しつつ，植物側に適度に移行させることができる性質などが重要である。しかし，工場跡地のような汚染サイトが，このような性質を持っているとは限らない。逆に，植物の生育にはまったく適していない，固くて透水性が悪く，有機物をほとんど含まない土壌である場合がある。このような場合，水や栄養分を適切に供給することが必要となる。

また，レキや石ころなどが表面に多数存在するようなこともあり，このような場合は，播種を行っても多くの種がレキや石ころの上にのってしまい，土壌に定着できずに乾燥してしまうことになる。

(2) **鉱油類による植物の生育阻害**

土壌に含まれている鉱油類は，植物の生育に対する阻害要因となる。鉱油類が土壌粒子の表面に付着していると，土壌粒子の表面が撥水性を持つ。これにより，土壌粒子が水分を保持しして根に移行させる機能が低下する。併せて，肥料成分を保持して移行させる機能も低下する。さらに，鉱油類に含まれる分子量が小さく揮発性の高い炭化水素は，植物の細胞壁を通過して細胞の内部にダメージを与えることが知られている。

このように鉱油類で汚染された土壌は，(1)で述べたような，もともと植物の生育に適していない工場跡地のような土壌に対して，さらに植物にとって生育を阻害する性質を上乗せし，過酷な環境を形成していると言える。

(3) **鉱油類の分解に伴う酸素や栄養成分の不足**

鉱油類の分解は根圏で活動する微生物によって行われる。微生物は鉱油類の分解（酸化）に酸素を使う。また，増殖するために窒素やリンなどの栄養成分を消費する。すなわち，鉱油の分解に伴って土壌中の酸素や栄養成分が微生物によって消費される。酸素や栄養成分は，植物の生育

第6章 注目される原位置浄化技術

のためにも必要である。窒素やリンは植物体の形成に必須であり，これらを吸収するために根は酸素を必要とする（根は肥料成分や水の吸収や生育のために必要なエネルギーを葉から送られてきた糖を呼吸によって酸化して得ている）。このため，ファイトレメディエーションによって鉱油類を浄化するためには，植物の生育にとって必要な栄養成分と酸素が不足しないように，適切に確保することが重要となる。

2.6.3 ファイトレメディエーションによる浄化の事例

ここでは，海見らが実際に行った鉱油類で汚染された土壌のファイトレメディエーションによる浄化事業において，前述した課題にどのように対応したかを紹介する。

(1) 浄化対象汚染サイト

汚染サイトは，鉱油類汚染のある工場跡地であった。施工面積は，対象サイトの中で鉱油類濃度が高い区域を中心とした約 2,500m² の範囲とした。土壌は有機物をほとんど含有せず，数cm角以上の大きさのレキを多く含んでいるなど，植物の生育に適した土壌環境ではなかった（写真1）。

汚染深度は表層から GL-10m 以深に及んでいたが，ファイトレメディエーションによる浄化では，地下水位よりも浅い層を浄化対象とした。飽和帯水層の部分は，別途揚水による浄化を行った。

(2) 植物の選定

ファイトレメディエーションの実施においては，効果の高い植物を特定することが重要である。海見らは，実験室や温室で栽培試験を繰り返し行って，根の形状や鉱物油分解微生物を集積させる効果などを指標として十数種類を特定した[3]。しかし，実際の浄化事業においては，まず現地の環境に適応できることが求められる。実験室や温室で高い浄化効果が得られた植物であっても，現地での生育力が弱い場合は，効果を発揮させることができない。汚染サイトの環境条件を考慮して，生育面と浄化効果の2つの面から植物を選定する必要がある。

現地土壌を用いた室内試験や，現地での試験栽培を繰り返し，イタリアンライグラスとトールフェスクを用いることとした。

写真1　浄化対象汚染サイト

(3) 浄化期間

浄化期間は2年間とした。当該汚染サイトの土壌が植物の生育に適した土壌ではなかったことから，最初の1年間は，まず生長が早く条件の悪い土壌でも旺盛に生育する1年草のイタリアンライグラスを栽培した。2年目は，イタリアンライグラスに加えて，多年草であり生長が比較的遅いトールフェスクを混播した。イタリアンライグラスは，過酷な環境に強く生育も早いが，比較的短期間で成熟に達して枯死する。これに比べて多年草であるトールフェスクは，生育が遅いもののイタリアンライグラスよりも長期間生育が続く。この方法により，植物の生育期間，すなわち浄化期間をできるだけ確保することとした。

(4) 土壌の前処理と播種

本サイトの土壌は数～数十cmの大きさのレキを多数含んでおり，そのまま播種を行っても，多くの種子が定着せず土壌表面で乾燥してしまうと予想された。このためレキを除去することが必要となったが，一般に農業に用いられるような耕運機等では，大きなレキへの対応は無理であった。やむなく重機及び人力で可能な限り除去したが，効率化を図る余地があると考えている。

播種は吹き付け工により実施した。

(5) 施肥と給水

2.6.2で述べた課題から，水と肥料成分が不足しないように供給する必要がある。このため，給水をスプリンクラーによる自動散水とした。また，散布する水に液肥を混合する方法で液肥を供給した。

(6) 酸素の確保

根が酸欠になることを防ぐため，有孔管を一定間隔で鉛直方向に埋設して，空気の通り道を作った。

有孔管を埋設しておくと，鉱油類を含有する土壌であっても，根が酸素欠乏になることを防ぎ，生育を促進することができる。植物は有孔管内部や周辺の空隙に一部の根を侵入させるが，これによって，健全に生育できるようになると考えられる（写真2）。また，有孔管を通して土中に空気が入り込むこと自体も，微生物による油の分解を促進する。この方法は，筆者らがこれまで

写真2　有孔管に沿って伸張した根

第6章 注目される原位置浄化技術

表1 浄化効果の概要

評価項目	時期・深度	表層			深層		
		施工前	1年後	2年後	施工前	1年後	2年後
微生物活性（DHA）(mg/6hr/100g 乾土)	栽培区	<1.00	3.3～4.5	30.3～32.0	<1.00	6.51～8.1	24.9～25.2
	有孔管周辺		10.2～16.5	51.9		-.	34.3
	非栽培区	<1.00	<1.00	<1.00	<1.00	<1.00	<1.00
油資化菌数（MPN/g）	栽培区	<1.8～20	<1.8～330	2,400	20～170	<1.8～20	2,400～3,500
	有孔管周辺		330～2,200	4,600		-.	3,500
	非栽培区	<1.8	22	330	<1.8	45	45

－：測定せず

の経験を踏まえて，汚染サイトの浄化のために考案したものである。

(7) 浄化効果

表1に浄化効果の概要を示す。2年間の浄化期間を経て，微生物の活性（デヒドロゲナーゼ活性：DHA）と油資化微生物数が植物の栽培によって向上した。データの推移から，植物による効果はまず表層の有孔管周辺土壌で得られ，徐々に深層及び有孔管から離れた区域に拡大していったことが判る。栽培区では鉱油類の含有量も1,000mg/kgをほぼ下回る値となり，油膜・油臭も消滅した。

2.6.4 今後の展望

ファイトレメディエーションが浄化手法として選択される場合，そのメリットとして低コストであることが期待されることが少なくないが，汚染サイトの土壌が植物の生育に適している土壌ではない場合，単に種をばらまくだけでは不十分である。何もケアを行わないと，植物が生育しない危険性が大きい。浄化を確実なものとするためには，人為的にケアしていくことが不可欠であり，このためのコストを省略することはできない。どこまで手をかけるかは，サイトごとに議論すべきことであり，浄化の確実性をどの程度確保する必要があるのか，浄化にかけることができる期間はどのくらいなのかなどによって選択すべきであるが，鉱油類の浄化メカニズムを考えると，通常の栽培以上に手をかける必要があるとも言える。

本稿で紹介した浄化事業の事例では，広い面積に植物を栽培するという，農業等と同等のことを行うにもかかわらず，農業や芝の管理に使われる便利な機材を必ずしも使うことができないことにコストや労力が必要となった。例えば，土壌をほぐすための耕運機はレキの多い土壌では使えない。また，ゴルフ場等の芝の生育管理において行われるエアレーションも，土壌のごく表層部分にしか効果が得られないことから浄化事業においては不十分である。今後，ファイトレメディエーションにおいて必要な措置を効率的に行えるような，農業・土木的な機材や効率のよい工法を開発していくことで，大きく効率化，低コスト化していく余地は十分にあると考えられる。

ファイトレメディエーションは，生態系と調和した技術である。本稿で紹介したサイトにおいても，2年間の栽培を経て，土壌中に，施工当初には全く見られなかったミミズなどの生物の生息が確認できるようになった。単純に鉱油類の濃度を低下させるだけではなく，汚染土壌を原

位置で生態系に戻すことができることは,ファイトレメディエーションの大きなメリットである。

また,植物は,大気中の二酸化炭素を吸収して酸素を作り出すという,地球の生態系を支える最も重要な機能を担っている。少なくとも人類が人工光合成という技術を獲得するまでは,植物を生育させることのできる土地には,できるだけ多くの植物を栽培することが重要であると考える。

本稿がファイトレメディエーション技術の普及の一助となることを願う。

文　　献

1) Adam, G. and Duncan, H. J., Effect of diesel fuel on growth of selected plant species, *Environ. Geochem. Health*, **21**, 353-357 (1999)
2) E. Kaimi, T. Mukaidani, S. Miyoshi, M. Tamaki, Ryegrass enhancement of biodegradation in diesel-contaminated soil, *Environmental and experimental botany*, **55**, 110-119 (2006)
3) E. Kaimi, T. Mukaidani and M. Tamaki, Screening of Twelve Plant Species for Phytoremediation of Petroleum Hydrocarbon-Contaminated Soil, *Plant Production Science*, **10**(2), 211-218 (2007)

3 地下水汚染拡大防止技術

3.1 透過性地下水浄化壁による地下水中揮発性有機化合物の分解

根岸昌範 (Masanori Negishi)

3.1.1 はじめに

透過性地下水浄化壁工法のなかで, 最も事例が多いのがトリクロロエチレン (TCE) をはじめとする揮発性有機塩素化合物に対して, 金属鉄粉を使用した対策である[1]。浄化壁中を通過する際に, 金属鉄粉により還元的に脱塩素化され, エチレンなど無害な炭化水素化合物に変化する反応性バリアの位置づけである。

浄化壁の設置深度あるいは設置箇所については, 事前の地下水流動調査や土壌のボーリング調査などにより, 適切に設定することが必要である。特に, 地下水流向の季節変動や, 地下水実流速設定における地盤の不均質さの影響などを考慮する必要がある。

ここでは, 浄化壁厚さなどの決定方法, 金属鉄粉を使用した浄化壁のモニタリング事例や耐用年数の評価状況などについて概説する。

3.1.2 浄化壁厚さの計画手法

適用サイトの設計流速および設計濃度に対し, 計画した配合と壁厚による浄化壁を設置した場合に, 通過した地下水中の対象物質が目標値を下回るように計画する必要がある。

通常の適合性試験では, ガラスカラム等を用いた連続通水試験により, 出入口濃度から反応速度定数を把握する方法が採られる。カラム試験において, 通水流速すなわち滞留時間を変化させた場合でも, 反応速度定数はほぼ一定であり, 鉄粉配合量のみに依存する (=表面反応が律速過程である) ことがわかっている[2]。

一例として, トリクロロエチレン (TCE) を対象とし, 鉄粉配合量20%で滞留時間12時間の条件で実施したカラム試験結果を図1に示す。横軸はカラム内間隙水の置換回数で, 縦軸にTCEのカラム出入口濃度比 C/C_0 で整理している。反応速度定数 α は下式に従って求めること

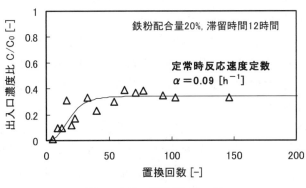

図1 カラム試験結果の1例

表1 サイトの設定条件

項目	記号	単位	設定値
対象物質		−	TCE
流入地下水濃度	C_0	mg/L	10
浄化目標値		mg/L	0.03
定常時反応速度定数	α	1/h	0.09
地盤の透水係数	k	cm/sec	0.01
地下水の動水勾配	i	−	0.01
有効間隙率	e	−	0.3
地下水実流速	v	cm/h	1.2

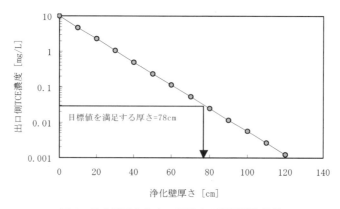

図2 浄化壁厚さと出口側濃度の関係試算結果

が可能である。

$$\alpha = -\frac{v}{L} \ln \frac{C}{C_0} \tag{1}$$

　式中で，Lは使用したカラムの長さ（30cm），vは通水流速で今回は2.5cm/h（＝30cm/12h）を使用し，試験結果のC/C_0から定常時の反応速度定数は0.09h^{-1}と同定された。なお，初期30回置換するまでの出入口濃度比が小さく50回目以降で定常に達している。これは，初期の鉄粉が，空気酸化した1μm程度の皮膜で覆われているだけであり，徐々に通水により水酸化第一鉄の皮膜を形成していく過程であり，浄化壁の設計には50回目以降（試験期間で25日以降）の反応性を用いることが必要である。

　その後，カラム試験で得られたαと，実サイトにおける設計流速vを使用して，浄化壁の厚さをLとし，浄化壁通過水の濃度との関係がプロットできることになる。1例として表1にサイトの設定条件を，図2に浄化壁厚さと濃度低減効果の試算結果を示す。

第 6 章　注目される原位置浄化技術

3.1.3　浄化壁の構築方法

　浄化壁設置対象深度が 7 m 程度までであれば，連続的なトレンチ方式での浄化壁構築も可能であるが，より深い場合にはオールケーシング工法などによる杭方式の浄化壁となる。有機塩素系の溶剤は比重が水よりも重いため，難透水層が比較的浅い深度に存在する場合を除くと，浄化壁設置深度は 10m よりも深く後者の施工方法を採用する場合が多い。

　図 3 はオールケーシング工法による浄化壁構築のイメージである。ケーシングを圧入しながら，ハンマーグラブで内部の土壌を掘削して行き，計画深度まで達した段階で浄化材を投入する。不透水層が安定している場合には，孔内をドライにして浄化材を投入することが可能であるが，ボイリングの懸念などがある場合には孔内の水位を維持しつつ底開き方式のバケットなどで順次浄化材を投入するなどの方法をとる。図 4 は，浄化杭打設を完了し，隣接杭へ移動する際の地表

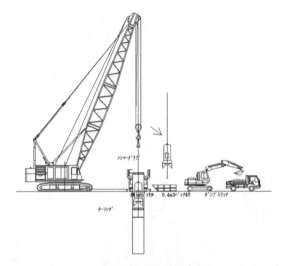

図 3　浄化壁構築状況の例

図 4　浄化杭打設完了状況

面の画像である。
3.1.4 浄化壁の長期耐久性について

室内カラム試験を数年オーダーで継続した場合の反応速度定数の変化を図5に示す。初期のαは0.25～0.3h^{-1}程度であったが，6年程度で0.15h^{-1}程度まで減衰していることがわかる。また，カラムから取り出した鉄粉の断面SEM画像を図6に示す。左側が初期状態の鉄粉画像で，右側がカラム試験で6.4年経過した状態である。鉄粉周囲に腐食皮膜を形成していることがわかる。

浄化壁反応性の経年変化について，当初は嫌気性腐食の文献値1μm/yで腐食が進行した場合の粒径減少による反応面積減少のみを考慮していた[3]。実際には，鉄粉断面の直接観察による嫌

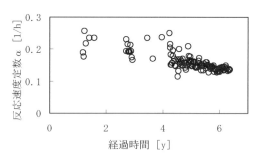

図5 反応速度定数の変化

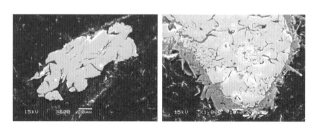

図6 鉄粉断面の電子顕微鏡画像
（左：初期，右：6年以上経過後）

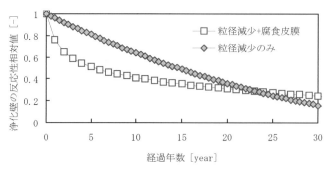

図7 浄化壁性能の経年変化予測結果

気性条件下の腐食速度は0.72μm/y程度と比較的遅く，一方で一旦溶解した鉄イオンの沈降などを主要因とする腐食被膜（拡散障壁）の成長速度が2.02μm/yであった。図7は，鉄粉粒径の減少のみを考慮した場合と，腐食皮膜が形成されることによる拡散障壁も考慮した場合について，浄化壁の相対的な反応性の経年変化を示したものである。鉄粉粒径の減少のみを考慮した場合と比較して，腐食皮膜が形成されることによる拡散障壁も考慮した場合には初期10年程度の反応性の減衰が大きくなることがわかる[4]。

3.1.5 モニタリング事例

PCEを主体とする汚染地下水に対して浄化壁を設置した事例を図8に示す。汚染源対策を実施しつつ，地下水濃度で1mg/Lを超過する範囲に，GL-23mまでの深度で浄化壁（浄化杭方式）を設置した。地下水の設計実流速は$1.6×10^{-4}$cm/sec＝13.7cm/dayであり，鉄粉配合量20％で浄化杭径1m（ラップ部における壁厚0.44m）とした。既に地上用途が稼動していたため，施工スペース等が限定され，設計壁厚に対して安全率を見込めなかったサイトであった[5]。

エリア3における敷地打側観測井戸と浄化壁内部観測井戸のモニタリング経過を図9に示す。当初1,000日程度までは浄化壁内部の観測井戸で定量下限値未満を維持していたが，その後PCEが若干濃度検出されるようになり，2,000日前後で基準を若干超過し，その後2,500日の段階では基準値である0.01mg/L前後で推移している。

このように，部分的に浄化壁内部でPCEが検出されており，汚染源対策の追加とともに鉄粉の状態を確認する目的で，浄化壁内部から回収した鉄粉について腐食皮膜の形成状況の確認を2,000日程度の段階で実施した。図10に鉄粉を樹脂埋め研磨して断面を走査型電子顕微鏡（SEM）で観察した画像を示す。併せて，付属のエネルギー分散型蛍光X線分析装置（EDS）で

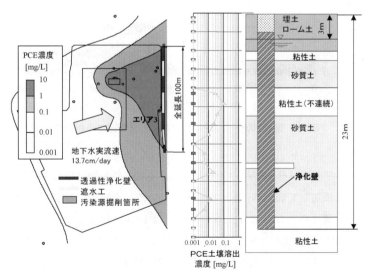

図8　浄化壁設置の概要

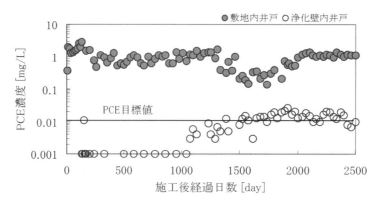

図9　エリア3のモニタリング経過

元素	I ：鉄粉層	II ：皮膜層
C	2.3	12.5
O	0.6	34.3
Al	—	2.4
Si	0.8	11.1
Ca	0.1	1.6
Fe	94.5	37.7
Ni	1.7	0.4
Total	100	100

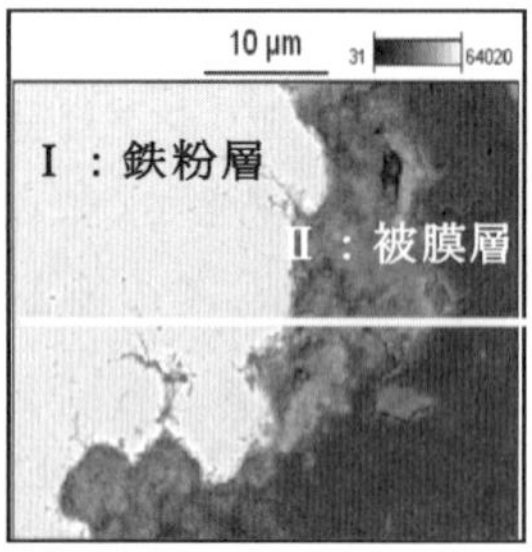

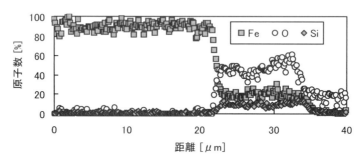

図10　鉄粉断面のSEM画像と元素組成分析

図11　図10のライン沿いに実施した元素組成分析結果

測定した鉄粉層および皮膜層それぞれの元素組成を示した。鉄粉層はほぼFeで占められており，反応性向上のために添加しているNiなども検出している。金属態の鉄粉部分は残っているものの，全体的に腐食皮膜に覆われており，厚い部分では10μm程度となっていた。また，皮膜層については，FeおよびOの他に，Si，Ca，Alなどが検出されており，地下水および地盤由来の溶存成分が鉄粉周辺に沈積していることがわかる。SEM画像中に示したラインに沿った主要元素組成の測定結果を図11に示す。腐食皮膜の部分では酸素が50%程度を占めている。鉄に対す

る珪素の比率はおよそ半分程度で,皮膜の外側に近づくにつれて若干増加している。

図7で示した浄化壁性能の変化を考慮すると,10～20年間の耐用年数を見越した安全率は3倍程度必要であり,安全率が確保できない場合には浄化壁設置後になるべく速やかに汚染源対策も進めて,浄化壁への流入負荷を下げるなどのサイトマネージメントが必要となる。

3.1.6 まとめ

透過性地下水浄化壁による揮発性有機塩素化合物の分解について,反応の持続性などに主眼をおいてとりまとめた。前項以外にも,1998年以来のモニタリングデータを取りまとめた報告例も見受けられる[6]。

今後さらに,カルシウムなどの硬度成分や溶存シリカなどの水質要因が腐食皮膜形成におよぼす影響などが定量的に評価できれば,鉄粉を使用した浄化壁の反応持続性についてサイト特性ごとに判断できる可能性がある。また,腐食皮膜だけを溶解させて反応性を回復させるメンテナンスツールに対する研究報告例もある[7]。

透過性地下水浄化壁はメンテナンスフリーで長期間の拡散防止機能を期待されている浄化技術であり,既に10年以上の実績を有している。浄化壁の設置後に,流入濃度が少なくとも減衰していく程度には汚染源対策を実施するなど,事業者側のペースにあわせた時間をかけたサイトマネージメントを可能にする対策技術といえる。

文　　献

1) ITRC (Interstate Technology & Regulatory Council), Permeable Reactive Barriers: Lessons Learned/New Directions (2005)
2) 根岸昌範ら,土木学会論文集G, Vol.62, pp.268-277 (2006)
3) 下村雅則ら,地下水学会誌, vol.40, pp.445-454 (1998)
4) 根岸昌範ら,第13回地下水・土壌汚染とその防止対策に関する研究集会講演集, pp.181-186 (2007)
5) 根岸昌範ら,第13回日本水環境学会シンポジウム講演集, pp.287-288 (2010)
6) 中島誠ら,地下水学会誌, vol.51, pp.331-347 (2009)
7) 太田綾子ら,土木学会第65回年次学術講演会講演集, pp.393-394 (2010)

3.2 バイオバリアによる地下水中揮発性有機化合物の分解

中島　誠（Makoto Nakashima）

3.2.1 はじめに

バイオバリア（Bio-barrier）は，汚染プリュームの下流側の帯水層内に汚染物質の微生物分解を促進するための透水性の反応ゾーンを設置し，自然の地下水の流れによりその反応ゾーンを通過する地下水中の汚染物質の濃度を低減させて，下流側への地下水汚染の拡散を防止する技術である。バイオバリアは帯水層内における微生物分解を活性化させて汚染物質の分解速度を上昇させる自然減衰促進（ENA：Enhanced Natural Attenuation）のための技術であり，半受動的浄化（Semi-passive Remediation）技術に分類される。バイオバリアによる地下水汚染の拡散浄化は汚染源が操業中の建屋の下にある場合等，汚染源対策が難しいサイトで特に有効である。

3.2.2 バイオバリアの原理と特徴

バイオバリアは，一般に，微生物分解を促進させるための基質（以下では「微生物分解促進剤」という）を地下水流動に直行する列状の注入井から注入または掘削したトレンチに投入することにより形成される。

テトラクロロエチレン（PCE）等の塩素系の揮発性有機化合物（VOCs：Volatile Organic Compounds）に対するバイオバリアでは，電子受容体となるVOCsの還元脱塩素反応を促進させるため，電子供与体や炭素源となる物質を供給するのが一般的である。還元脱塩素化に関与する微生物の増殖や脱塩素に必要な電子供与体としては，アルコール類，糖類および有機酸等，様々な物質が報告されており[1,2]，それらを供給する微生物分解促進剤が数多く市販されている。微生物分解促進剤には溶解性のもの，低粘性液体状のもの，高粘性液体状のものおよび固体状のものがあり[3]，その種類によって電子供与体の供給速度や供給の持続性が様々である。バイオバリアには，微生物分解促進剤自身が下流側へ流亡しにくく，1回の供給で長期間にわたって徐々に電子供与体を放出する高粘性液体の微生物分解促進剤が適していると考えられる。

3.2.3 バイオバリアの適用事例

(1) 適用サイトの概要とバイオバリアの設置概要

バイオバリアの適用サイトは，PCEを汚染原因物質とするVOCによる土壌・地下水汚染サイトで，玉石混じり砂礫層からなる帯水層が深さ3～6m付近に平均層厚約2.1mで分布している（図1）。下流側敷地境界付近の観測井W2におけるバイオバリア設置前のVOCs初期濃度は，PCEが0.28mg/L，トリクロロエチレン（TCE）が0.10mg/L，シス-1,2-ジクロロエチレン（cis-1,2-DCE）が0.37mg/Lであり，いずれも地下水環境基準（それぞれ0.01mg/L以下，0.03mg/L以下，0.04mg/L以下）を超過していた[4]。

バイオバリアは，図1に示すとおり，浄化対象幅8mに対して2.5m間隔で2列（上流側に4本，下流側に3本）に配置した7本の水素徐放剤注入井（IJW1～IJW7）からポリ乳酸エステルを主成分とする食品同等に無害な化合物で構成される高粘性液体状の水素徐放剤（Regenesis社製，HRC®）[5]を微生物分解促進剤として供給し，その水素徐放剤から放出された水素が帯水層中

第6章 注目される原位置浄化技術

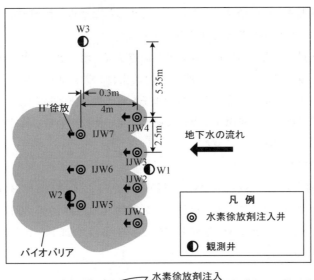

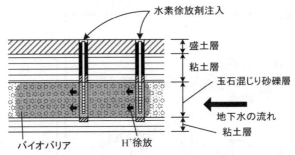

図1 サイトの概要とバイオバリアの設置状況

表1 水素徐放剤の注入状況

	注入日（日目）	水素徐放剤注入量（kg）
1回目	0	272.0
2回目	423	189.0
追加	723	94.8
3回目	821	272.0
4回目	1191	217.6
5回目	1563	190.4
6回目	1930	190.4
7回目	2290	190.4

に供給されて移流・拡散することにより形成させた。浄化効果のモニタリングは上流側観測井W1および下流側観測井W2（IJW5の斜め下流方向に0.5m離れた地点）を対象に行った。水素徐放剤の7本の注入井への注入は，表1に示すかたちでほぼ年1回行っており，途中，2回目の

注入後に W1 で上流側からの硝酸イオンの供給が認められたため，その硝酸イオンの還元（脱窒）に消費される分の水素徐放剤を 723 日目に追加注入した[6, 7]。

水素徐放剤の注入量は，帯水層構造，注入井の設置状況，地下水の流動・汚染状況および電子徐放剤の水素供給可能時間を考慮し，VOC の脱塩素化および VOCs と競合する電子受容体の還元反応に必要となる電子の量の算定，その量の電子を電子供与体として供給するために必要な乳酸の量の算定，その量の乳酸を供給するために必要な電子徐放剤の量の算定を順に行い，さらに安全率を考慮した形で毎回設定している[4]。

(2) VOCs の浄化効果

図 2 に水素徐放剤注入によるバイオバリア設置後の W1 および W2 における地下水中 VOCs 濃度の変化を示す。W2 において，水素徐放剤注入開始（0 日目）から 36 日目の段階で PCE および TCE の濃度低下およびそれらの分解生成物である cis-1,2-DCE, トランス-1,2-ジクロロエ

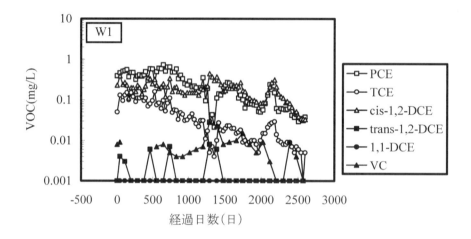

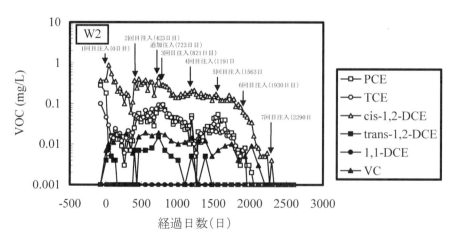

図2　W1 および W2 における VOCs 濃度の変化

第6章 注目される原位置浄化技術

チレン（trans-1,2-DCE），VCの濃度上昇が認められ，自然減衰促進の開始が確認された。379日目における各VOC濃度の上昇および有機酸濃度の変化から1回目に注入した水素徐放剤からの水素の供給の停止，すなわち水素徐放剤の本サイトにおける寿命が約1年間であることを確認し，以降の水素供給剤の注入は約1年ごとに実施することとした[4]。2回目の水素徐放剤注入（423日目）後にW2の各VOC濃度がそれ以前より高い値で安定するようになったが，645日目においてW1の硝酸イオン濃度（25mg/L）がW2の0.06mg/Lまで低下していたことから，これは硝酸イオンの還元（脱窒）に水素が消費されたことによる影響であると考えられた。

水素徐放剤の追加注入（723日目）以降は，W2の各VOC濃度は少しずつ低下する傾向が続き，PCEが1807日目以降，cis-1,2-DCEが1989日目以降それぞれ地下水環境基準に適合する状態になった。TCEは，400日目に地下水環境基準を超過する状態になった後，1142日目以降は再び地下水環境基準に適合する状態になった。その後，W2では，TCEが1961日目以降，PCEが2052日目以降，VCが2206日目以降それぞれ不検出となり，2332日目以降はcis-1,2-DCEが不検出となってすべてのVOCsが検出されなくなった。バイオバリアの設定範囲は水素供給範囲

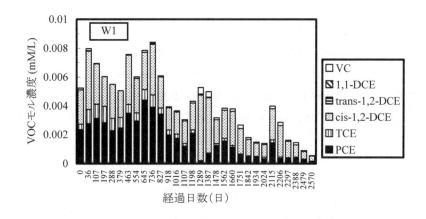

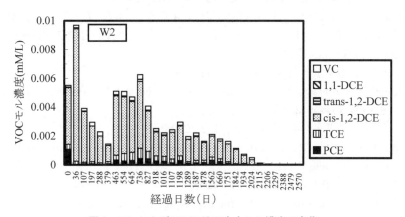

図3　W1およびW2の地下水中モル濃度の変化

であり，自然減衰の促進域はW2より下流側にも広がっていると考えられる。

(3) **VOCs の物質収支の変化**

W1とW2の間におけるVOCsの物質収支を求め，脱塩素化反応の状況を検討した。図3にW1およびW2における地下水中VOCsモル濃度の変化を示す。

水素徐放剤注入直前の0日目の状況ではW1およびW2の地下水中のVOCs総モル濃度がほぼ等しいのに対して，水素徐放剤の注入開始後はW2のW1に対するVOCs総モル濃度の低減幅が時間の経過とともに大きくなり，379日目には71％に達した。2回目水素徐放剤注入（423日目）以降は，554〜2024日目におけるW2のVOCs総モル濃度がW1に比べて15〜64％低減しており，この低減率は2115〜2297日目に97〜99％，2332日目以降は100％となった。これらの状況から，本サイトでは，バイオバリアの設置により，地下水中VOCsのエチレンへの完全分解が促進されていることが把握された。

(4) **バイオバリアによるVOCsの自然減衰促進効果**

バイオバリアの設置による地下水中VOCsの自然減衰能の変化について，VOCs用の自然減衰解析コードBIOCHLOR（Groundwater Services 社製）[8,9]を用いて反応性輸送を解析し，各時期における各VOCの一次分解速度定数および半減期を求めた。バイオバリアの設置直前（0日目）の自然状態における各VOCの半減期（PCE：1700日，TCE：320日，DCEs：1300日）に対して，バイオバリア設置後は各VOCの一時分解速度定数の上昇および半減期の短縮が顕著に見られ，それらの値は時間の経過とともに安定する傾向が認められた。2570日目におけるPCE，TCEおよびDCEsの一次分解速度定数はそれぞれ自然状態の370倍，110倍，780倍であり，バイオバリアの設置により地下水中VOCsの自然減衰が大幅に促進されていることが把握された[6]。

文　　献

1) 矢木修身ほか，日本微生物生態学会誌，**13**（3），165（1998）
2) 藤田正憲，バイオレメディエーション実用化の手引き，p.377，リアライズ（2001）
3) AFCEE *et al.*, Principles and Practices of Enhanced Anaerobic Bioremediation of Chlorinated Solvents（2004）
4) 中島　誠ほか，地下水学会誌，**44**（4），295（2002）
5) S. S. Koenigsberg *et al.*, Remediation of Chlorinated and Recalcitrant Compouns-2002, 2B-56, Battelle Press（2002）
6) 中島　誠ほか，地下水学会誌，**47**（2），199（2005）
7) M. Nakashima *et al.*, Remediation of Chlorinated and Recalcitrant Compounds-2008, Paper A-030, Battelle Press（2008）
8) C. E. Aziz *et al.*, EPA/600/R-00, p.46（2000）
9) C. E. Aziz *et al.*, Air Force Center for Environmental Excellence Technology Transfer Division, p.10（2002）

【第3編　リスク評価の活用】

第7章　リスク評価を活用した土壌・地下水汚染対策

中島　誠（Makoto Nakashima）

1　はじめに

　土壌・地下水汚染問題の本質は，土壌・地下水中に存在する化学物質に起因する人の健康や生活環境および生態系への悪影響のおそれ，すなわち環境リスクの存在である。最近では，汚染土壌が存在する場である土地の資産価値の低下や将来的な土壌・地下水汚染調査・対策費用の資産除去債務としての企業会計上の計上等，不動産・金融の面におけるリスクがビジネス的な観点からクローズアップされることも多いが，これらはその時々の社会の状況により評価が変動する相対的なものであり，環境リスクとは直接関係のない経済活動上の議論として取り扱うのが妥当である。

　土壌・地下水汚染による環境リスクとしては，人の健康への悪影響のおそれ（健康リスク），人の生活環境への悪影響のおそれ（生活環境リスク）および生態系への悪影響のおそれ（生態系リスク）の三つが考えられている[1]。わが国では，土壌汚染対策法，農用地の土壌の汚染防止に関する法律および水質汚濁防止法をはじめ，健康リスクへの対応に主眼をおいて土壌・地下水汚染対策が進められており，油汚染に起因した油臭・油膜による生活環境リスクへの対応方法が別途ガイドライン[2]により示されている。

　土壌・地下水汚染による環境リスクへの対策においては，環境リスクを問題のないレベルまで低減し，その状態を維持して管理していくこと，すなわちリスク管理を適切に行っていくことが必要であり，リスク管理を客観的かつ合理的に進めていく上でリスク評価が必要かつ重要となる。また，本書のテーマである原位置浄化は，土壌・地下水汚染のリスク管理において選択肢となる対策方法の有力な候補の一つであり，対策方法の選定や原位置浄化を採用する場合の浄化目標の設定においてもリスク評価を活用することが有効であると考えられる。

　リスク評価を活用して土壌・地下水汚染のリスク管理を行っていくという考え方は，欧米各国においては一般的な考え方であり，土壌汚染の存在または存在する可能性が認められるために再開発・再利用が難しくなっている不動産，すなわちブラウンフィールドを再開発するために活用されている。わが国においても，今後ブラウンフィールド問題が深刻化する可能性が指摘されており，2008年にまとめられた「土壌環境施策に関するあり方懇談会報告」[3]では，汚染サイトごとのリスク評価（サイトリスクアセスメント）を活用し，汚染サイトごとの状況に応じた修復対策を選定・実施できるようにすることがブラウンフィールド対策を進める上での検討課題の一つに挙げられている。

　本章では，土壌・地下水中の汚染物質の摂取にともなう健康リスクを問題のないレベルに低

減・維持するためのリスク管理およびそのためのリスク評価の活用について述べる。

2 土壌・地下水汚染のリスク管理

2.1 ハザード管理とリスク管理

土壌汚染による健康リスクは，土壌・地下水中の汚染物質のもつ有害性（ハザード）と土壌・地下水汚染に起因した汚染物質の摂取量（曝露量）の掛け算で表現できる。

土壌・地下水汚染により健康影響が生ずるためには，

① 化学物質を含む土壌・地下水に何らかの有害性（ハザード）があること
② 土壌・地下水中の化学物質に曝露する機会があること
③ その曝露量（または曝露の程度）が有害性の発現に十分であること

の三つの条件が揃っている必要がある。言い換えれば，上記①～③の条件のいずれかを成り立たなくすることができれば，健康影響が生じる可能性はなくなる。

ここで，①の条件の成立を防止するのが「ハザード管理」であり，②および③の条件の成立を防止するのが「リスク管理」である。図1にハザード管理とリスク管理の概念図を示し，表1に土壌汚染対策におけるハザード管理とリスク管理の方法を示す[1, 4]。

ハザード管理では，土壌・地下水中に有害性（ハザード）をもつ物質が存在すること自体が問題になることから，土壌・地下水中から有害性をもつ化学物質を土壌・地下水中からすべてなくすことのみが対策となる。しかし，実際には，土壌中にはもともと天然の鉱物等，有害性をもつ化学物質も自然由来で含まれていることから，ある一定レベルを超えている状態をハザードとして扱う必要があると思われる。土壌汚染対策法で設定されている土壌溶出量基準，土壌含有量基準および地下水基準における基準値は，一定条件の下での有害性物質への曝露を想定したリスク管理値として設定されているものではある。しかしながら，設定根拠となっている有害物質への

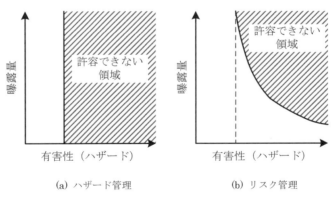

(a) ハザード管理　　(b) リスク管理

図1　ハザード管理およびリスク管理の概念
（中杉・土壌環境センター[1]，中島[4]を一部修正）

第7章 リスク評価を活用した土壌・地下水汚染対策

表1 土壌汚染対策におけるハザード管理およびリスク管理の方法[1, 4]

管理方法	ハザード管理	リスク管理	代表的な対策方法
汚染土壌・地下水浄化	○	○	原位置浄化 汚染の除去（抽出）
曝露管理	×	○	立入禁止 モニタリング
曝露経路遮断	×	○	盛土・覆土 遮水・遮断 バリア井戸 不溶化
曝露量低減	×	○	原位置浄化 汚染の除去（抽出） MNA[a] ENA[b] 透過性地下水浄化壁

凡例　○：適用可能，×：適用不可
a) MNA：科学的自然減衰（Monitored Natural Attenuation）
b) ENA：自然減衰促進（Enhanced Natural Attenuation）

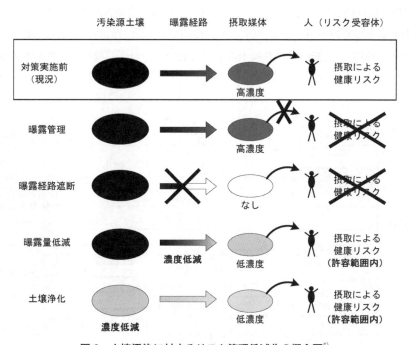

図2　土壌汚染に対するリスク管理低減化の概念図[5]

267

曝露条件が非常に厳しく設定されていることを考え合わせると，これらの値を超えた状態が有害性（ハザード）のある状態と仮定して，土壌・地下水汚染のハザード管理を考えるのが妥当であると思われる。

リスク管理では，必ずしも土壌・地下水から有害物質をもつ化学物質を土壌・地下水中からすべてなくす必要はなく，土壌・地下水に由来する化学物質を含む環境媒体（土壌，水，空気）に曝露する機会をなくす（曝露管理），土壌・地下水中の化学物質に曝露する経路を遮断する（曝露経路遮断），あるいは土壌・地下水中の化学物質に曝露する量を減らす（曝露量低減）といった対策方法を選択することが可能であり，これらの中の複数の方法を組み合わせて行うことも可能である。

図2に，土壌汚染に対するリスク低減化の概念図を示す[5]。ハザード管理では汚染土壌や汚染地下水を原位置からの除去（抽出）または原位置浄化によりすべてなくすという選択肢しかないが，リスク管理では汚染土壌や汚染地下水をある程度残存させたままで問題のないレベルまでリスクを低減し，維持管理していくための様々な対策方法から汚染サイトの実状に合った最適な方法を選択することが可能になる。

2.2 リスク低減化のための対策方法

土壌・地下水汚染のリスク低減化を図るためには，土壌・地下水中の汚染物質への曝露経路を踏まえて適切な対策方法を選択することが重要となる。土壌・地下水環境中に存在する化学物質への主な曝露経路は図3に示すとおりである。欧米や国内で開発された多くのリスク評価モデルでは，汚染土壌そのものの摂食および汚染地下水の飲用（経口曝露），皮膚接触による吸収（経皮曝露），大気や室内空気経由での飛散土粒子や汚染空気の吸入（経気道曝露）等が評価の対象

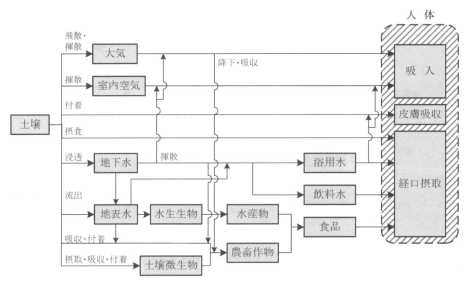

図3 土壌・地下水汚染による汚染物質の曝露経路

第7章 リスク評価を活用した土壌・地下水汚染対策

とされている。他にも，地下水を浴用水（浴槽水，シャワー水）として利用することによる浴槽内の水（湯）やシャワー水（湯）を経由する曝露経路や水産物・農畜産物等の食品を経由する曝露経路も存在しており，浴用水経由の皮膚吸収や吸入および家庭菜園内の農畜産物経由の曝露を評価対象に加えているリスク評価モデルも存在している。

汚染源エリアとその周辺のエリアの二つのエリアについて，土壌の直接摂取（摂食および皮膚接触による吸収），地下水等の摂取（飲用），大気・室内空気の摂取（吸入）の三つの曝露経路ごとにリスク低減化のための具体的な対策方法を体系化すると，表2に示すように整理できる。わが国では土壌汚染対策法の対象となっている土壌の直接摂取と地下水等の摂取による健康リスクが問題視されているが，欧米では，ブラウンフィールドの再開発にともなう問題として，近年，汚染土壌・地下水からの揮発成分の地上の建物内へのガス侵入（Vapor intrusion）の問題がクローズアップされてきており，室内空気の摂取による健康リスクに対する対策も検討されるようになってきている[6, 7]。

表2に示した方法のいずれか一つまたは複数の組み合わせにより対策を実施した場合，対策実

表2　土壌・地下水汚染のリスク低減化のための対策方法の体系

対策実施位置		汚染源エリア内			汚染源周辺エリア内[*1]	
曝露の形態		土壌の直接摂取（摂食，皮膚接触による吸収）	地下水の飲用	大気・室内空気の吸入	地下水の飲用	大気・室内空気の吸入
リスク低減化のための対策方法	曝露管理	・立入禁止	・飲用禁止 ・地下水モニタリング	・立入禁止 ・大気・室内空気モニタリング ・土壌ガスモニタリング	・飲用禁止 ・地下水モニタリング	・立入禁止空気モニタリング ・土壌ガスモニタリング
	曝露経路遮断	・盛土 ・舗装 ・土壌入換え ・封じ込め	・封じ込め	・舗装 ・封じ込め ・建物補修（亀裂封鎖）	・封じ込め（地下水） ・遮水 ・透過性地下水浄化壁 ・バイオバリア ・バリア井戸	・封じ込め（空気） ・遮蔽
	曝露量低減	・盛土	・不溶化 ・地下水浄化	・盛土 ・空気浄化 ・換気	・透過性地下水浄化壁	・空気浄化 ・換気
	土壌浄化	・掘削除去 ・原位置浄化	・掘削除去 ・原位置浄化	・掘削除去 ・原位置浄化	―	―
	地下水浄化	・地下水揚水処理 ・原位置浄化	・地下水揚水処理 ・原位置浄化		・地下水揚水処理 ・原位置浄化	

*1：汚染源周辺エリアは，汚染された地下水や空気が汚染源からの移動してきた場合について記述。

施後の残存リスクの種類および大きさは，土地の利用形態によって違ってくる。そのため，将来的な土地の活用計画と合わせて対策方法を考えることで，合理的に健康リスクを許容される範囲内に抑えることが可能になると考えられる。

3 リスク評価の活用場面

土壌・地下水汚染のリスク管理を図る上で，対象とする汚染サイトにおける健康リスクを評価し，適切な方法でリスク低減化を図ることが重要である。そのためにリスク評価を活用する場面として，次の4つの場面が考えられる。

① 対策実施前の状況（現況）の評価
② 対策が必要な場合の対策目標の設定
③ 対策目標を達成するための対策方法の選定
④ 対策実施後のモニタリング

これらの各活用場面におけるリスク評価の用途は次のとおりとなる[5]。

① 対策実施前の状況（現況）における人の健康リスク（現況リスク）の評価
② 目標とするリスクレベル達成のために必要となる汚染源エリアの目標濃度（土壌・地下水中の汚染物質濃度）の算定
③ 目標とするリスクレベルの達成が可能な対策方法の選択肢の抽出および必要となる対策規模の検討
④ 非汚染源エリアでの曝露に対する任意の地点におけるモニタリング目標濃度（管理濃度）の算定

これらの活用場面の内，①～③はアメリカのRAGS（Risk assessment Guidance for Superfund）のPart.A～C[8～10]において定義されているリスク評価の活用場面と同じであり，④は中島らが土壌・地下水汚染リスク評価システムKT-RISKの開発において取り入れた活用場面である[5, 11]。

図4に，リスク評価を活用した場合の土壌・地下水汚染対策の流れを示す。対策方法の選定においては，表3に示すように，複数の対策方法の選択肢について，対策目標を達成できるかどうかを評価するとともに，長期的な効果や性能，汚染物質の残存状況，短期的な効果，実現可能性，コスト，行政や地域社会からの承認の得られやすさ，土地の所有者等の取り組み姿勢等の定性的な評価を行って考慮し，その土地の条件に合った合理的な対策方法を決定することが有効である。

このような対策方法の評価の考え方はアメリカで行われている方法に倣ったものであり，RAGS Part C[10]では「油および有害物質による偶発汚染に関する国家計画（NCP）」に記述されている9項目にしたがって行われている[1]。また，RBCA（Risk-Based Corrective Action：リスクに基づく修復措置）に関するASTM（アメリカ材料試験協会）規格（ASTM E-2081）[12]で

第7章 リスク評価を活用した土壌・地下水汚染対策

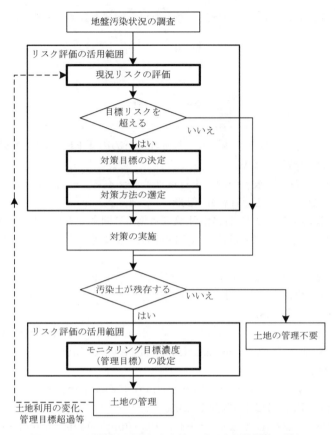

図4 リスク評価を活用した土壌・地下水汚染対策の流れ

表3 対策方法の選定における評価の例

	A案 掘削除去	B案 原位置 不溶化	C案 原位置 封じ込め	D案 原位置 浄化
目標リスク達成	◎	◎	◎	◎
参照する基準等の遵守	◎	○	○	◎
長期的効果と永続性	◎	△	○	◎
毒性・移動性・量の減少	◎	○	○	◎
短期的効果	○	○	○	△
実現可能性	△	○	△	○
対策費用	×	◎	○	○
自治体の承認	○	△	○	◎
周辺住民等の承認	◎	△	△	○
その他の条件	−	−	−	−
総合評価	×	○	○	◎

凡例 ◎：優, ○：良, △：劣, ×：不可

も，ほぼ同様の事項について考慮しなければならないと記述されている[13]。

文　　献

1) 中杉修身監修・土壌環境センター編，実務者のための「土壌汚染リスク評価」活用入門，p.327，化学工業日報社（2008）
2) 土壌環境センター編，環境省の油汚染対策ガイドライン　－油含有土壌による油臭・油膜への対応－，p.205，化学工業日報社（2006）
3) 土壌環境施策に関するあり方懇談会，土壌環境施策に関するあり方懇談会報告，p.18（2008）
4) 中島　誠，土壌汚染対策におけるリスク評価の適用に関する検討，環境技術，**36**(3)，174（2007）
5) 中島　誠，土壌・地下水汚染リスク評価システム「KT-RISK」の開発とシステム，「土壌・地下水汚染の浄化および修復技術　浄化技術からリスク管理，事業対策まで」，エヌ・ティー・エス，386（2008）
6) U. S. EPA, OSWER draft guidance for evaluating the vapor intrusion to indoor air pathway from groundwater and soils（Subsurface vapor intrusion guidance），EPA/530/D-02/004（2002）
7) U. S. EPA, Brown fields technology primer：Vapor intrusion considerations for redevelopment, EPA/542/R-08/001（2008）
8) U. S. EPA, Risk assessment guidance for superfund volume I-Human health evaluation manual（Part A）interim final, EPA/540/1-89/002（1989）
9) U. S. EPA, Risk assessment guidance for superfund volume I-Human health evaluation manual（Part B, development of risk-based preliminary remediation goals）interim. EPA/540/R-92/003（1991）
10) U. S. EPA, Risk assessment guidance for superfund volume I-Human health evaluation manual（Part C, risk evaluation of remedial alternatives），Publication 9285. 7-01C（1991）
11) 中島　誠ほか，土壌・地下水汚染リスク評価システム（KT-RISK）の開発，環境科学会2006年会一般講演・シンポジウムプログラム，134（2006）
12) ASTM, ASTM designation：E 2081-00（Reapproved 2004），Standard guide for risk-based corrective action for protection, p.95（2004）
13) 中島　誠，RBCA（リスクに基づく修復措置）のためのASTM規格，環境浄化技術，**7**(9)，18（2008）

第8章 リスク評価の概要

中島　誠（Makoto Nakashima）

1　はじめに

本章では，土壌・地下水汚染のリスク評価の概要を説明するとともに，リスク評価を利用して土壌・地下水汚染対策の意思決定をリスクベースで行っていくための階層的アプローチについて説明する。

2　リスク評価の方法

2.1　リスク評価の流れ

土壌・地下水汚染のリスク評価では，図1に流れを示すように，データの収集・評価を行った上で有害性の評価と曝露の評価を行い，それらの結果をもとにリスクを判定する。

有害性の評価では，汚染物質およびその分解生成物として土壌・地下水中に存在することが予想される化学物質を特定し（有害性の同定），人の健康に対する曝露量（用量）と反応の関係を定量的に整理する（用量−反応評価）。

一方，曝露の評価では，特定された汚染物質およびその分解生成物として土壌・地下水中に存在することが予想される化学物質を対象に，評価対象とする汚染サイトで想定される曝露経路を評価し（曝露経路の評価），曝露経路ごとに各化学物質の曝露量を推定する（曝露量の算定）。

リスク判定では，曝露量の算定により推定された曝露経路ごとの各化学物質の曝露量をもと

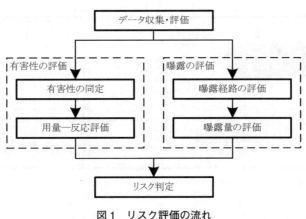

図1　リスク評価の流れ

に，評価対象とした汚染サイトのリスクを判定する。

2.2 データの収集・評価

リスク評価では，評価対象とする汚染サイトについて，有害性の評価に資するために潜在的な土壌・地下水汚染物質を把握するとともに，曝露の評価に資するために汚染サイトの水文地質構造や地下水の特性および土壌・地下水中における汚染物質の分布についてサイト概念モデルを構築し，サイト特有の条件を表すパラメーターの値を設定する必要がある。

サイト概念モデル構築のために必要な情報としては，汚染物質の移動の場となる通気帯，毛管水帯および帯水層の土壌の物理化学特性，地下水や地上空気の移動特性，汚染源における土壌・地下水汚染の規模や濃度，汚染サイト内外の土地利用等があり，使用するリスク評価モデルによって違いはあるものの，概ね図2に示すパラメーターを設定することになる[1]。

これらのうち，土壌汚染濃度については，わが国の土壌汚染調査で一般的に取得される土壌溶出量および土壌含有量ではなく，土壌中の全含有量が入力値として使用されるのが一般的であり，最高濃度，平均の95%信頼区間の信頼上限値（95%UCL値）および平均値の中のいずれかが用いられるケースが多い[2]。土壌全含有量の分布の把握の方法等によって汚染物質濃度の入力値が影響を受け，リスク評価の結果も違ってくる可能性があることから，土壌全含有量のデータを取得する際には注意が必要である。

帯水層の透水係数については，地質状況の観察により把握した土壌タイプから一般的な値を設定するか，あるいは現場透水試験や室内透水試験を行って得た値をもとに設定する。

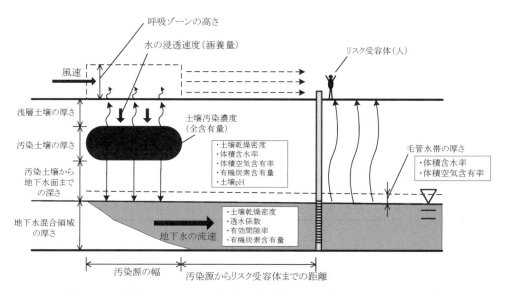

図2　リスク評価のためのサイト概念モデル構築のために必要なパラメーター[1]

第8章 リスク評価の概要

通気帯，毛管水帯および帯水層における土壌の物理化学特性については，代表的な地層や深さから物理的に乱れの少ない土壌試料を採取し，土の粒度試験（JIS A 1204），土粒子の密度試験（JIS A 1202），土の湿潤密度試験（JIS A 1225），土の有機物含有量試験（JIS A 0231），土の保水性試験（JGS 0151）および土壌検液のpH試験（JGS 0211）といった室内土質試験を行って設定することが可能である。また，土壌タイプごとにこれらのパラメーターのデフォルト値を整備することができれば，サイト毎に乱れの少ない試料の採取や室内土質試験等を行わずともリスク評価を行うことが可能になってくる。

わが国の土壌・地下水汚染対策において，リスク評価が取り入れられた事例はまだ少ないため，リスク評価を適切に行うための土壌・地下水汚染調査については，知見を蓄積しながら検討を続けていく必要があると思われる。

2.3 有害性の評価
2.3.1 有害性の同定

有害性（ハザード）の同定は，リスクの原因を特定することである。土壌・地下水汚染のリスク評価では，汚染物質およびその分解生成物として存在することが予想される潜在的な汚染物質の種類を特定し，その有害性を把握することがこれに相当する。

土壌・地下水汚染のリスク評価では，発がん性や慢性毒性で有害性（ハザード）が評価されるのが一般的であり，あるレベル（閾値）以下の摂取量であれば全く影響がないと考えられる物質（非発がん性物質および遺伝子損傷のない発がん性物質。以下「非発がん性物質」とする）と，どんなに少量であっても摂取すれば影響が生じると考えられる閾値のない物質（遺伝子損傷のある発がん性物質。以下「発がん性物質」とする）に分けて取り扱われる。

2.3.2 用量-反応評価

用量-反応評価では，有害性の同定により同定された潜在的な汚染物質の有害性（ハザード）について，人に対する用量（曝露量）と反応（影響）の関係を定量的に評価する。

図3に，閾値ありの場合および閾値なしの場合の両方について，用量-反応関係の模式図を示す。用量-反応関係に関連するパラメーターは表1に示すとおりである。

非発がん性物質に対する閾値ありのモデルでは，動物実験で求められた無毒性量（$NOAEL$）から人に対する耐容一日摂取量（TDI）を算定し，人への推定摂取量（EHE）をTDIで除してハザード比（HQ）を算定する。

$$HQ = \frac{EHE}{TDI} \qquad (1)$$

$$TDI = \frac{NOAEL}{UF} \qquad (2)$$

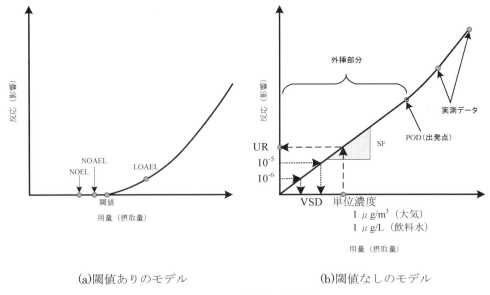

(a)閾値ありのモデル　　　　　(b)閾値なしのモデル

図3　用量反応関係の模式図

ここで，不確実性係数 UF は，評価における仮定に幾つかの不確実な要因を含んでいることを考慮した安全率であり，用いられるデータの質に応じて，動物と人の種差，感受性の違いである個人差，$NOAEL$ の代わりに最小毒性量（$LOAEL$）を使用する場合の差，短期間の試験データを用いる場合の試験期間による差等を考慮し，幾つかの係数を組み合わせて設定される[3]。TDI や $LOAEL$ の値が得られない場合には，TDI の代わりに許容一日摂取量（ADI）や参照用量（RfD），参照濃度（RfC）が用いられることもある。

一方，発がん性物質に対する閾値ありのモデルでは，低用量域の用量－反応関係を実験等で得られる高用量域のデータからモデルを使って外挿し，低用量域について近似した直線の傾きであるスロープファクター（SF），あるいは単位量（吸入では $1\mu g/m^3$，飲用では $1\mu g/l$）だけ曝露したときの発がん確率の増分であるユニットリスク（UR）を決定する。

リスク（$Risk$）は SF より次式で求められる。

$$Risk = EHE \cdot SF \tag{3}$$

また，この他に，ユニットリスク（UR）の大きさから求める方法もある。

2.4　曝露の評価
2.4.1　曝露経路の評価

曝露経路の評価では，評価対象とする汚染サイトの水文地質的条件や土壌特性，気象条件，地表面の被覆状況，建物構造等，サイト特有の条件を考慮し，その汚染サイトにおいて想定される

第8章 リスク評価の概要

表1 用量-反応関係に関連するパラメーター（地盤工学会[3]を一部修正）

略称	名称および内容
ADI	許容一日摂取量（Acceptable Daily Intake） 人が生涯にわたって摂取しても健康に悪影響が現れないと考えられる1日当たり，体重1kg当たりの化学物質量
EHE	人への推定曝露量（Estimatede Human Exposure） 人に影響を及ぼす化学物質の量を計算する際，呼吸や食事の量，体重等について仮定し，推定した曝露量
HI	ハザード指数（Hazard Index） 同時に複数の化学物質に曝露した場合の一定期間における化学物質の参照量量に対する摂取量の割合。閾値ありの物質に対して，それぞれの化学物質のハザード比の総和で見積もられる。
HQ	ハザード比（Hazard Quotient） 一定期間における化学物質の参照用量に対する摂取量の割合。閾値ありの場合に適用される。
LOAEL	最小毒性量（Lowest Observed Adverse Effect Level） 動物実験や疫学研究から求められた，悪影響が観測される最小の摂取量
NOAEL	無毒性量（No Observed Adverse Effect Level） 動物実験や疫学研究から求められた，悪影響が観測されない最大の摂取量
RfC	参照濃度（Reference Concentration） 生涯にわたり曝露があっても悪影響のリスクが生じる可能性がないと考えられる人への毎日の曝露濃度の推定値
RfD	参照用量（Reference Dose） 生涯にわたり曝露があっても悪影響のリスクが生じる可能性がないと考えられる人への毎日の曝露用量の推定値
Risk	リスク（Risk） 化学物質に曝露したときから個体内で発生する悪影響の確率。閾値のない発がん性物質では発がんリスクで評価される
SF	スロープファクター（Slope Factor） 低用量域における用量-反応曲線の勾配。1日当たり，体重1kg当たり，1mgの化学物質を生涯にわたって摂取した場合の過剰発がんリスクが求められる
TDI	耐容一日摂取量（Tolerable Daily Intake） 人が生涯にわたり摂取しても健康に悪影響が現れないと考えられる1日当たり，体重1kg当たりの化学物質量
UF	不確実性係数（Uncertainty Factor） 耐容摂取量の算出に際して変動性，分布および不確実性等幾つかの不確実な要因を含んでいることを考慮し，安全を見込むための安全率。用いられるデータの質に応じて，幾つかの種類の係数を組み合わせて適用される
UR	ユニットリスク（Unit Risk） 発がん性を有する化学物質に生涯曝露されたときの発がん確率を，媒体中の単位濃度当たりの値として表現したもの。単位濃度は，大気の場合が$1\mu g/m^3$，飲料水の場合が$1\mu g/L$である

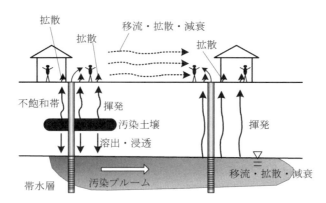

図4 汚染土壌からの曝露経路概念図[4]

　潜在的な汚染物質の曝露経路をすべて抽出し，曝露評価シナリオおよびサイト概念モデルを構築する。

　曝露評価シナリオで設定する曝露経路は，図4に示すように，汚染源位置での縦方向の媒体（土壌，水，空気）間での輸送経路と汚染源位置から周辺への横方向の移動経路に大別される[4]。縦方向の媒体間輸送では，地表面土壌から地上への揮発や土粒子の飛散，土壌中での揮発分の地上空気への拡散，土壌から地下水への溶出・浸透，地下水からの揮発分の地上空気への拡散が対象になり，地上空気への揮発・拡散では屋外大気への放出のほかに室内空気への侵入も取り上げられていることが多い。

　横方向への移動では，汚染地下水の輸送・減衰および汚染大気の輸送・拡散・減衰が評価の対象となる。

2.4.2　曝露量の評価

　曝露量の評価では，曝露経路の評価により構築された曝露評価シナリオに含まれるすべての曝露経路について，サイト概念モデルを用いて潜在的な汚染物質ごとの曝露量を推定する。

　縦方向の媒体間輸送については，曝露経路ごとに媒体間の輸送係数を算定し，輸送後の媒体中の汚染物質濃度を求める。この輸送後の媒体中の汚染物質濃度から，汚染源位置で人がその媒体を摂取する場合の汚染物質摂取量（曝露量）が求まる。

　横方向の移動については，横方向の輸送における自然減衰係数を算定し，曝露媒体中の汚染物質濃度を求める。この曝露媒体中の汚染物質濃度から，汚染源位置の周辺でその媒体を摂取する場合の汚染物質摂取量（曝露量）が求まる。

　汚染物質の曝露量は，非発がん性物質に対しては曝露期間における平均摂取量として，発がん性物質に対しては平均生涯摂取量としてそれぞれ算定する。

　平均摂取量 AI（mg/(kg·日)）および生涯平均摂取量 ALI（mg/(kg·日)）は，次式を用いて，摂取媒体（土壌，水，空気）中汚染物質濃度 C（mg/kg, mg/L または mg/m^3）より求められる。

第8章　リスク評価の概要

$$AI = \frac{C \cdot EF \cdot ED \cdot I \cdot BA}{BW \cdot AT_n \cdot 365} \tag{4}$$

$$ALI = \frac{C \cdot EF \cdot ED \cdot I \cdot BA}{BW \cdot AT_c \cdot 365} \tag{5}$$

ここで，AT_c：発がん性物質への平均曝露時間（年），AT_n：非発がん性物質への平均曝露期間（年），BA：バイオアベイラビリティー（－），BW：体重（kg），ED：曝露期間（年），EF：曝露頻度（日/年），I：媒体摂取量（kg/日，L/日または m^3/日）である。

リスク評価モデルでは，曝露量を評価するために，曝露評価シナリオに含まれるそれぞれの曝露経路について汚染源の土壌・地下水からリスク受容体に摂取される環境媒体への化学物質の輸送・減衰モデルが設定されている。

2.5　リスク判定

リスク判定では，曝露の評価により求められた曝露経路ごとの潜在的な汚染物質それぞれの摂取量 AI または ALI をもとに，健康リスクが許容できる範囲内にあるかどうかを判定する。

健康リスクは，非発がん性物質についてはハザード比 HQ として，発がん性物質については発がんリスク $Risk$ として，それぞれ次式により求める。

$$HQ = \frac{AI}{TDI} \tag{6}$$

$$Risk = ALI \cdot SF \tag{7}$$

続いて，潜在的な汚染物質それぞれについての HQ および $Risk$ の値そのもの，または同じグループに分類される潜在的な汚染物質のハザード指数（HI）および累積リスクの値により，健康リスクの大きさを評価する。

非発がん性物質については，HQ または HI が目標ハザード比（THQ。通常は1に設定）または目標ハザード指数（THI。通常は1に設定）以上であるときに健康リスク上の問題ありと判定する。

発がん性物質については，$Risk$ が目標リスク（TR。通常は $10^{-4} \sim 10^{-6}$ の範囲で設定）を上回った場合に健康リスク上の問題ありと判定する。

3 階層的アプローチの活用

3.1 RBCAにおける土壌・地下水汚染対策

本編第7章で挙げた四つのリスク評価の活用場面のうち,対策実施前の状況(現況)の評価,対策が必要な場合の対策目標の設定,対策目標を達成するための対策方法の選定の三つの場面においてリスク評価を活用する場合,アメリカを中心に世界各国で広く取り入れられているRBCA (Risk-Based Corrective Action:リスクに基づく修復措置)の考え方が有効であり,そこで用いられている階層的アプローチの考え方を用いることが有効であると考えられる。

RBCAは,土壌・地下水汚染による環境リスクに基づいて対策の意思決定を行うための手法として開発されたものであり,リスク評価を行うだけでなく,サイトアセスメントからリスク評価,対策までを一貫してリスクベースで行う枠組みである。RBCAの特徴は,土壌・地下水汚染により引き起こされる環境リスクの低減に主眼を置き,そのために実現可能な方法を階層別の方法により合理的に決定し,実施することにある。

RBCAプロセスでは,評価対象とするサイトの特性の評価,対策目標の設定,対策方法の選定,モニタリングという順に対策を進め,最終的には「さらなる措置不要(No further action)」となることが目標となる[5, 6]。

3.2 階層的アプローチ

RBCAでは,図5に示す階層的アプローチにより土壌・地下水汚染対策が行われる。まず,初期アセスメントにより人の健康と環境に脅威を与えるまでの期間を評価し,必要に応じて暫定的な浄化措置を行う。その後,リスク受容体が汚染源に存在すると仮定して汚染源における縦方向の汚染物質の移動のみを想定した階層1の単純なアセスメント,汚染源とリスク受容体の位置関係を考慮して横方向の汚染物質の移動も想定した階層2アセスメント,より高度かつ詳細な解析等による階層3アセスメントという3段階のアセスメントを順に行う。各階層(Tier)における評価では,それまでの階層で得られた情報に基づいて対策の必要性を判定し,その階層までの評価に基づき対策を行うことが得策か,さらに高次の階層に進んでより経済効率の高い対策方法を選択すべきか,あるいはモニタリングのみを継続していけばよいかをリスク評価のユーザー自身が判断する。このようなアプローチをとることによって,階層1の評価では環境リスクが許容されるレベルを超えるために浄化措置が必要と判断されたサイトが,階層2の評価により許容されるレベルの環境リスクであり浄化措置は不要であると判定されることもあるのが特徴である。

階層的アプローチで重要なことは,図6に示すように,階層1,階層2,階層3のいずれの階層から浄化措置に進んだとしても対策実施後に残存する環境リスクの大きさはいずれも目標とされるリスクレベルを達成できていなければならないという点で同等でなければならないということである。階層的アプローチの特徴としては,高次の階層に進むほど,多くのデータが要求され,アセスメントのための費用や時間も多く必要になるが,多くの情報に基づいて詳細な評価が行わ

第8章 リスク評価の概要

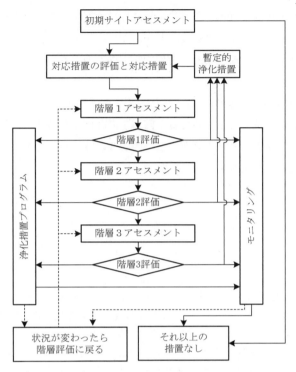

図5　RBCAにおける階層的アプローチのフロー

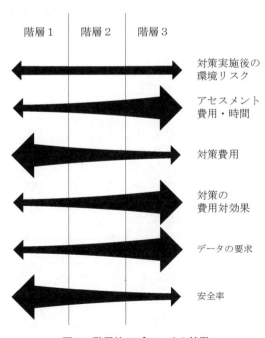

図6　階層的アプローチの特徴

れるために同じリスクレベルを達成するために見込むべき安全率が小さくなるため，対策費用の低減や費用対効果の上昇につながるということがある。このような特徴をよく理解することにより，効果的に階層的アプローチを利用し，合理的な土壌・地下水汚染対策を実現することが可能になる。

　RBCAによる階層的アプローチが提案されたアメリカの状況について，2008年頃にリスク評価に詳しいアメリカ企業に聞いたところでは，階層1の評価から対策に進むケースが1割程度，階層2の評価から対策に進むケースが8割程度，階層3の評価から対策に進むケースが1割程度というのが実情であるとのことであった[6]。

文　　献

1) 中島　誠, 土壌・地下水汚染調査技術の現状と課題, 環境技術, **39**(6), 332 (2010)
2) 立野久美ほか, 環境リスク評価のための汚染物質濃度入力値に関する基礎的検討, 第15回地下水・土壌汚染とその防止対策に関する研究集会講演集, 452 (2009)
3) 地盤工学会, 続・土壌・地下水汚染の調査・予測・対策, p.150, 地盤工学会 (2008)
4) 中島　誠, 地盤汚染リスクの評価, 地盤工学会誌, **57**(7), 8 (2009)
5) ASTM, ASTM designation：E 2081-00 (Reapproved 2004), Standard guide for risk-based corrective action for protection, p.95 (2004)
6) 中島　誠, RBCA（リスクに基づく修復措置）のためのASTM規格. 環境浄化技術, **7**(9), 18 (2008)

第9章　原位置浄化におけるリスク評価の活用

中島　誠（Makoto Nakashima）

1　はじめに

　土壌・地下水汚染対策におけるリスク評価の活用場面・用途および活用する場合の対策の流れは第7章に示したとおりであり，第8章で紹介した階層的アプローチを用いて対策を行うことが有効であると考えられる。

　本章では，原位置浄化を行う場合のリスク評価の活用方法について，ある土壌・地下水汚染サイトの状況を想定し，ケーススタディのかたちで説明する。

　なお，土壌・地下水汚染サイトごとのリスク評価のためのモデルとしては，海外の代表的なモデルとしてCSOIL（オランダ），CLEA（イギリス），RBCA（アメリカ）等があり，国内で開発されたモデルとしてGERAS（産業技術総合研究所）[1]，KT-RISK（国際環境ソリューションズ・清華大学）[2]およびSERAM（土壌環境センター）[3]がある。国内で開発された三つのモデルはいずれも第8章で紹介した階層的アプローチにおける階層1アセスメントおよび階層2アセスメントに対応したものであるが，本章では著者らが開発したKT-RISKを使用した。

2　リスク評価を活用した土壌・地下水汚染対策における原位置浄化の計画

2.1　想定した土壌・地下水汚染サイトの状況

　リスク評価の活用方法を検討するため，以下に示すような土壌・地下水汚染サイトの状況を想定した。想定した条件は，次のとおりである。

- 汚染源は工場敷地内に位置しており，地上で漏洩したテトラクロロエチレン（PCE）による土壌汚染が発生している。
- 汚染源の位置する工場敷地内では第一帯水層の地下水が飲用に供されている。
- リスク受容体として，汚染源の下流側150mに位置する住宅地の住民の存在が把握されている。また，下流側の土地（工場の敷地境界から道路（幅10m）を挟んだ反対側の土地）は汚染源から50m離れており，今後宅地開発される可能性がある。敷地外の住宅では地下水が飲用に使用されており，今後宅地開発された場合も地下水が飲用に利用される可能性が高い。

　また，リスク評価を行う上で必要となるサイト特有の条件については，現地調査や室内試験の結果から以下の状況が確認されているものと設定した。

- 汚染源のPCE汚染土壌は，10m×10mの広さで地表面からGL-5mまでの範囲に最高濃

表1 PCEの物理化学特性および毒性に関するパラメーターの設定値

項目	単位	設定値	引用文献
分子量	$M(\text{g/mol})$	165.83	5)
密度	$\rho_M(\text{kg/L})$	1.624	5)
水溶解度	$S(\text{mg/L})$	200	6)
蒸気圧	$P(\text{atm})$	19	5)
有機炭素-水分配係数	$K_{oc}(-)$	155	6)
ヘンリー定数	$H_{eff}(-)$	0.0177	5)[*1]
空気中での拡散係数	$D_{air}(\text{cm}^2/\text{s})$	0.072	5)
水中での拡散係数	$D_{wat}(\text{cm}^2/\text{s})$	0.0000082	5)
一次分解速度定数	$\lambda(\text{d})$	9.63×10^{-4}	7)[*2]
経口スロープファクター	$SF_o(\text{mg}/(\text{kg}\cdot\text{d}))$	0.052	8)
吸入スロープファクター	$SF_i(\text{mg}/(\text{kg}\cdot\text{d}))$	0.00203	8)
経皮スロープファクター	$SF_d(\text{mg}/(\text{kg}\cdot\text{d}))$	0.052	—
相対的経口吸着係数	$RAF_o(-)$	0.5	9)
相対的経皮吸着係数	$RAF_d(-)$	1	9)

[*1]: 引用文献中の $H_{eff}(\text{atm}/(\text{m}^3\cdot\text{mol}))$ から求めた値
[*2]: 引用文献中の半減期から求めた値

表2 曝露パラメーターの設定値

項目	単位	住宅地	工業地
平均曝露時間	$AT_c(\text{y})$	70	
人の体重	$BW(\text{kg})$	50	
土壌接触皮膚面積	$SA(\text{cm}^2)$	5000	
土壌の皮膚接触率	$M(\text{kg}/(\text{m}^2\cdot\text{d}))$	0.5	
曝露期間	$ED(\text{y})$	30	25
曝露頻度	$EF(\text{d/y})$	365	250
水飲用速度	$IR_w(\text{L/d})$	2	1
空気吸入速度	$IR_a(\text{m}^3/\text{d})$	15	15
土壌摂食速度	$IR_s(\text{mg/d})$	100	50

度100mg/kg（全含有量）の状態で分布している。
- 不飽和帯および飽和帯の平均的な土壌の性質は，乾燥密度 $\rho_s=1.7\text{g/cm}^3$，体積含水率 $\theta_w=0.12$，体積空気含有率 $\theta_a=0.26$，有効間隙率 $n_e=0.30$（間隙率 $\theta_T=0.38$ の79％），有機炭素含有率 $f_{oc}=0.001$ である。
- 汚染源における平均地下水位はGL-7mであり，厚さ $Sd_1=5\text{m}$ の第一帯水層の中を平均ダルシー流速 $V_{gw}=8.64\times 10^{-3}\text{m/d}$（動水勾配0.01，透水係数 $1\times 10^{-5}\text{m/s}$）の状態で地下水が流れている。
- 汚染源の地上部での空気混合層の高さ $\delta_a=2\text{m}$，呼吸ゾーンの高さ $\delta_{bc}=2\text{m}$ であり，空気混合層（地上0〜2m）における平均風速 $U_a=1.2\text{m/s}$ である。

第9章　原位置浄化におけるリスク評価の活用

・降雨による正味の涵養量 $I = 36.5 \text{cm/yr}$（$= 0.1 \text{cm/d}$）と想定される。

汚染物質であるPCEについては，国際がん研究機関（IARC）による発がんランクが2A（人への発がんの可能性が高い）となっている物質であることから[4]，発がんリスクで評価することとし，$TR = 1 \times 10^{-5}$ とした。表1に，PCEについて設定した物理化学特性および毒性に関するパラメーター値を示す。

曝露パラメーターについては，住宅地と工業地での条件の違いを考慮し，表2に示すとおり設定した。

2.2　サイト概念モデルの構築および曝露評価シナリオの設定

対策実施前の状況（現況）における健康リスクの評価では，現況の健康リスクを把握し，対策の必要性を評価する。このとき，階層的アプローチを用いることが有効である。

現況リスク評価では，まず，調査の実施により対象とする汚染サイトに関するデータを収集・整理し，対象とする汚染サイトの水文地質状況，土壌・地下水汚染状況およびリスク受容体の状況等について，図1に示すようなサイト概念モデルを構築する。そして，そのサイト概念モデルに基づき，汚染物質ごとの曝露評価シナリオを設定する。図2は，設定した曝露評価シナリオを，KT-RISKにおける現況評価のフローチャートで表したものである。汚染源である工場敷地内での汚染物質の曝露シナリオとしては，汚染土壌の直接摂取（摂食および皮膚接触による吸収），汚染土壌から揮発したPCEおよび飛散したPCEを含む土粒子の屋外大気経由の摂取（吸入），汚染土壌から溶出・浸透したPCEの地下水経由の摂取（飲用）の三つの経路が想定される（PCEの原液相（NAPL）は深部に浸透していないものとする）。汚染源下流側の敷地外での汚染物質の曝露シナリオとしては，汚染源から横方向に移動してきたPCEを含む屋外大気の摂取（吸入）およびPCE汚染地下水の摂取（飲用）の二つの経路が想定される。

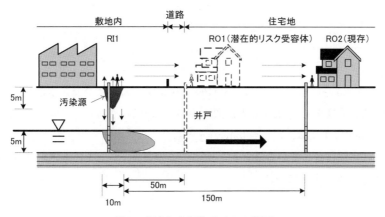

図1　想定した汚染サイトの概要

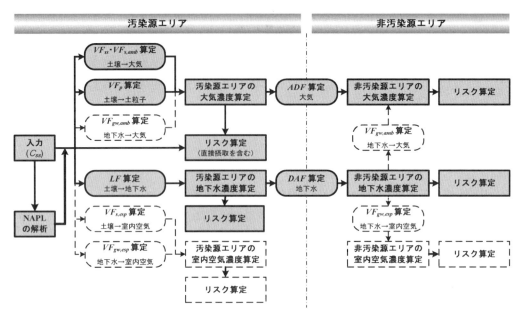

図2 曝露評価シナリオに基づく現況リスク評価のフローチャート
(図中の太線および太枠が評価対象)

2.3 曝露量および発がんリスクの算定方法

KT-RISKでは,このようなサイト概念モデルおよび曝露評価シナリオに対して,汚染源の位置におけるPCEの屋外大気濃度$C_{s,amb}$ (mg/m³) および地下水濃度C_{gw} (mg/L) は次のように算定される[10, 11]。

汚染源におけるPCEの土壌全含有量をC_{ss} (mg/kg) とすると,土壌中におけるPCEの三相(液相,気相,固相)間の分配平衡より,PCEの土壌間隙水濃度C_{sw} (mg/L) との間に次式の関係が成り立つ。

$$C_{ss} = C_{sw} \frac{\theta_w + K_{oc} f_{oc} \rho_s + H_{eff} \theta_a}{\rho_s} \quad (1)$$

ここで,$C_{sw} > S$となっているときは,NAPLが存在することとなり,水溶解度に等しい飽和状態のときのPCE濃度を$C_{ss,sat}$とすると,式(1)中のC_{ss}の代わりに$C_{ss,sat}$が入ることになる。

本章で想定したサイトでは,$C_{ss,sat} = 45$ mg/kgとなり,$C_{ss} = 100$ mg/kg $> C_{ss,sat}$となることから,汚染源にはNAPLが存在していることがわかる。このとき,C_{sw}およびPCEの土壌間隙ガス濃度C_{sa}は,それぞれ次のように表される。

$$C_{sw} = C_{ss,sat} \frac{\rho_s}{\theta_w + K_{oc} f_{oc} \rho_s + H_{eff} \theta_a} \quad (2)$$

第9章 原位置浄化におけるリスク評価の活用

$$C_{sa} = C_{sw} H_{eff} \tag{3}$$

また,汚染源の位置 RI1 における屋外大気濃度 $C_{a,amb}$ (RI1) (mg/m^3) は,

$$C_{a,amb}(\text{RI1}) = 10^3 (VF_p C_{ss} + VF_{ss} C_{ss}) \tag{4}$$

により求められる。ここで,右辺の第1項は土粒子の飛散を表し,第2項は土壌からの揮発分の地上への拡散を表している。

VF_p は式(5)により求められ,VF_{ss} は式(6)と式(7)で求まる二つの値の内の小さい方の値を採用する。

$$VF_p = 10^{-2} \frac{AP_e}{U_a W_a \delta_a} \tag{5}$$

$$VF_{ss} = 10^{-2} \frac{A \rho_s}{U_a W_a \delta_a} \sqrt{\frac{4 D_{eff,vad}}{31536000 \pi \tau} \cdot \frac{H_{eff}}{\theta_w + K_{oc} f_{oc} \rho_s + H_{eff} \theta_a}} \tag{6}$$

$$VF_{ss} = \frac{d \rho_s A}{31536000 U_a W_a \delta_a \tau} \tag{7}$$

ここで,A:汚染源面積(=100m^2),$D_{eff,vad}$:不飽和領域の土壌中の有効拡散係数(cm^2/s),P_e:汚染源からの全吸入微粒子フラックス(kg/(m$^2\cdot$s)),W_a:主な風向に対する汚染源の幅(=10m),d:汚染土壌の厚さ(=5 m),τ:地表放出フラックスの平均時間(y)である。τ は ED に等しいものとする。

式(6)中の $D_{eff,vad}$ は,Millington-Quirk の有効拡散係数に基づき次式で求められる[12]。

$$D_{eff,vad} = D_{air} \frac{\theta_a^{3.33}}{\theta_T^2} + D_{wat} \frac{D_{wat}}{H_{eff}} \cdot \frac{\theta_w^{3.33}}{\theta_T^2} \tag{8}$$

また,汚染源の位置 RI1 における地下水濃度 C_{gw} (RI1) (mg/L) は,次式により求められる。

$$C_{gw}(\text{RI1}) = \frac{C_{sw}}{LF} \tag{9}$$

$$LF = \left| \frac{1}{1 + 36500 \dfrac{V_{gw} S d_2}{I W_{gw}}} \right| \tag{10}$$

ここで，Sd_2：PCE の地下水への混合領域の厚さであり，$Sd_2 = Sd_1 = 5$ m とした。

汚染源の下流側 x（m）の位置にある RO 地点における PCE の屋外大気濃度 $C_{a,amb}(x)$ および地下水濃度 $C_{gw}(x)$ は，

$$C_{a,amb}(x) = \frac{C_{a,amb}(\text{RI1})}{NAF_{LT,a}} \tag{11}$$

$$C_{gw}(x) = \frac{C_{gw}(\text{RI1})}{NAF_{LT,gw}} \tag{12}$$

で求められる。ここで，横方向の移動における屋外大気中 PCE の空気分散係数 ADF（-）および地下水中 PCE の希釈減衰係数 DAF（-）は，流動方向を x とし，それに直行する水平方向を y，鉛直方向を z とすると，式(13)および式(14)でそれぞれ求められる[13, 14]。

$$ADF = \left\{ \left(\frac{Q}{2\pi U_a \sigma_y \sigma_z} \right) \exp\left(-\frac{y^2}{2\sigma_z^2} \right) \left\{ \exp\left(-\frac{(z-\delta_a)^2}{2\sigma_z^2} \right) + \exp\left(-\frac{(z+\delta_a)^2}{2\sigma_z^2} \right) \right\} \right\}^{-1} \tag{13}$$

$$DAF = \left\{ \exp\left(\frac{x}{2\alpha_x} \left[1 - \frac{4\lambda \alpha_x}{V_{gw}} \right] \right) erf\left(\frac{S_w}{4\sqrt{\alpha_y x}} \right) erf\left(\frac{Sd_2}{2\sqrt{\alpha_z x}} \right) \right\}^{-1} \tag{14}$$

$$Q = \frac{U_a \delta_a A}{W_a} \tag{15}$$

ここで，S_w：地下水汚染源の地下水の流動方向に対する幅（=10m），σ_y，σ_z：y, z 方向の大気のパスキル係数拡散幅であり，σ_y，σ_z は大気の安定度が C（弱不安定）であるときの係数より求めた。また，x, y, z 方向の分散長 α_x，α_y，α_z は次のとおり設定した。

$$\alpha_x = 1/10 \cdot x \tag{16}$$

$$\alpha_y = 1/3 \cdot \alpha_x \tag{17}$$

$$\alpha_z = 1/20 \cdot \alpha_x \tag{18}$$

RI1 地点における汚染土壌の直接摂取による発がんリスク $Risk_{ss}$（RI1）は，次式により算定される。

$$Risk_{ss}(\text{RI1}) = 10^{-6} C_{ss} \frac{EF \cdot ED}{365 BW \cdot AT_c} (SF_o \cdot IR_s \cdot RAF_o + SF_o \cdot SA \cdot M \cdot RAF_d) \tag{19}$$

第9章 原位置浄化におけるリスク評価の活用

また，汚染源の下流側xmにあるX地点における屋外大気の吸入による発がんリスク $RISK_{a,amb}(X)$ および地下水飲用によるリスク $RISK_{gw}(X)$ は，式(20)および式(21)により算定される。

$$Risk_{a,amb}(X) = 10^3 C_{a,amb}(x) \frac{SF_i \cdot EF \cdot ED \cdot IR_a}{365 \cdot BW \cdot AT_c} \quad (20)$$

$$Risk_{gw}(X) = C_{gw}(x) \frac{DF \cdot EF \cdot ED \cdot IR_{gw}}{365 \cdot BW \cdot AT_c} \quad (21)$$

なお，KT-RISKでは，$Risk_{ss}$ と $Risk_{a,amb}$ を合算したものを一つの $Risk$ として評価するようになっており，以下ではこの合算した発がんリスクで直接摂取および地上空気からの摂取による発がんリスクを評価している。

2.4 階層1アセスメントによる評価

想定した土壌・地下水汚染サイトを例に，階層的アプローチを利用した現況リスクの評価，対策目標の設定および対策方法の選定について概説する。リスク評価には，2.3で曝露量およびリスクの算定方法を説明したKT-RISKを使用した。

階層1アセスメントでは，最も健康リスクが高くなる状態として，汚染源にリスク受容体が存在すると想定した場合の現況リスクを算定する。想定した汚染サイトの場合，図3に示すように，汚染源の下流側150mに存在する住宅地が汚染源の位置にあるものと仮定し，その住宅地の住民によるPCEの直接摂取（摂食および皮膚接触による吸収），屋外大気経由の摂取（吸入）および地下水経由の摂取（飲用）の三つの曝露経路を想定することになる。

表3に，階層1アセスメントにより求められた現況リスクおよびPCEの目標汚染源土壌濃度（全含有量）を示す。$Risk_{ss} + Risk_{a,amb}$ が 4.11×10^{-5}，$Risk_{gw}$ が 8.73×10^{-5} とともに TR を超過する

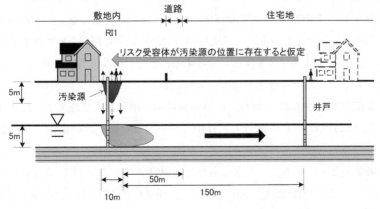

図3 階層1アセスメントにおけるリスク受容体の想定

表3 階層1アセスメントの結果

摂取媒体	現況		PCE 目標汚染源 土壌濃度（全含有量）
	PCE 濃度	Risk	
土壌	100mg/kg	4.11×10^{-5}	16.4mg/kg
屋外空気	0.00251mg/m^3		
地下水	9.80mg/L	8.73×10^{-3}	0.0769mg/kg

ため，浄化措置を実施して Risk が TR 以下となる状態を達成するか，あるいは階層2アセスメントに進むかのいずれかを選択することが必要になる。ここで，TR を達成するための PCE の目標汚染源土壌濃度（全含有量）は，直接摂取および屋外大気経由の摂取について 16.4mg/kg，地下水経由の摂取について 0.0769mg/kg となり，すべての曝露経路を対象に考えると 0.0769mg/kg となる。したがって，さらに多くのパラメーターの取得を要する高次のアセスメントに進まずに，階層1評価に基づき原位置での汚染源浄化や汚染土壌の掘削除去を行う場合には，すべての汚染土壌を PCE の目標汚染源土壌濃度（全含有量）である 0.0769mg/kg 以下の状態にすることが対策目標ということになる。

階層1評価に基づき対策方法を選定する場合，原位置浄化や汚染土壌の掘削除去については，対策実施後に残存する土壌中の PCE 濃度（全含有量）がこの対策目標以下になる方法を選択肢とすることが求められる。

なお，高次のアセスメントに進むかどうかは，高次のアセスメントを行うために必要となるパラメーターを追加取得するための時間やコスト，高次のアセスメントを行う場合に見込めそうな対策方法の選択肢の種類，対策に要する時間やコストの低減幅等を考慮して決定することになる。

2.5 階層2アセスメントによる評価

階層1評価に基づいて対策を講じず，階層2アセスメントに進むこととした場合，図1に示されるかたちで RI1 および RO2 をリスク受容体として設定することになる。また，今後，下流側の土地（工場の敷地境界から道路を挟んだ反対側の土地）が宅地開発された場合を想定する場合には，RI1 および RO1 をリスク受容体として考えることで対応することが可能である。

階層2アセスメントにおける曝露経路としては，RI1 における工場従業員による PCE の直接摂取（摂食および皮膚接触による吸収），屋外大気経由の摂取および地下水経由の摂取飲用と，RO1 または RO2 における PCE の屋外大気経由の摂取および地下水経由の摂取を想定することになる。

表4に，階層2アセスメントにより求められた現況リスクおよび PCE の目標汚染源土壌濃度（全含有量）を示す。RI1 では $Risk_{ss}$ (RI1) + $Risk_{a,amb}$ (RI1) が 2.26×10^{-5}，$Risk_{gw}$ (RI1) が 2.49×10^{-3} とともに TR を超過し，RO1 では $Risk_{gw}$ (RO1) が 1.66×10^{-4} と TR を超過することから，

第9章 原位置浄化におけるリスク評価の活用

表4 階層2アセスメントの結果

リスク受容体位置	摂取媒体	現況 PCE 濃度	現況 Risk	PCE 目標汚染源土壌濃度(全含有量)
RI1	土壌	100mg/kg	2.26×10^{-5}	29.7mg/kg
	屋外空気	0.00251mg/m^3		
	地下水	9.80mg/L	2.49×10^{-3}	0.269mg/kg
RO1	屋外空気	0.000338mg/m^3	8.82×10^{-8}	$>C_{ss,sat}(=45$mg/kg$)$
	地下水	0.188mg/L	1.68×10^{-4}	4.01mg/kg
RO2	屋外空気	0.0000478mg/m^3	1.25×10^{-8}	$>C_{ss,sat}(=45$mg/kg$)$
	地下水	0.00162mg/L	1.45×10^{-6}	$>C_{ss,sat}(=45$mg/kg$)$

浄化措置を実施して $Risk$ が TR 以下となる状態を達成するか,あるいは階層3アセスメントに進むかのいずれかを選択することが必要になる。ここで,TR を達成するためのPCEの目標汚染源土壌濃度(全含有量)は,RI1の直接摂取および屋外大気経由の摂取について29.7mg/kg,地下水経由の摂取について0.269mg/kgとなり,RO1の地下水経由の摂取について4.01mg/kgとなる。また,これらすべての曝露経路を対象に考えたときのPCEの目標汚染源土壌濃度(全含有量)は,現存するRI1およびRO2をリスク受容体として設定した場合,下流側の土地(工場の敷地境界から道路を挟んだ反対側の土地)が宅地開発されることを想定しRI1およびRO1をリスク受容体として設定した場合のいずれにおいても0.269mg/kgとなる。したがって,階層2評価に基づき原位置での汚染源浄化や汚染土壌の掘削除去を行う場合には,すべての汚染土壌をPCEの目標汚染源土壌濃度(全含有量)である0.269mg/kg以下の状態にすることが対策目標ということになる。

階層2評価に基づき対策方法を選定する場合,原位置浄化や汚染土壌の掘削除去については,対策実施後に残存する土壌中のPCE濃度(全含有量)がこの対策目標以下になる方法を選択肢とすることになる。

この0.269mg/kgという濃度値は階層1評価で求まるPCEの目標汚染源土壌濃度(全含有量)0.0769mg/kg よりも高い値であり,階層2評価に基づき原位置浄化や汚染土壌掘削除去を行うことで,階層1評価に基づき原位置浄化や汚染土壌の掘削除去を行う場合に比べ,浄化が必要な汚染土壌のボリュームが小さくなることおよび TR 達成までに要する費用の削減や時間の短縮を見込むことができる場合が多い。

文　　献

1) 駒井　武ほか,地圏環境リスク評価システム「GERAS」の開発と適用,「土壌・地下水汚染の浄化および修復技術　浄化技術からリスク管理,事業対策まで」,エヌ・ティー・エス,

394（2008）
2) 中島　誠，土壌・地下水汚染リスク評価システム「KT-RISK」の開発とシステム，「土壌・地下水汚染の浄化および修復技術　浄化技術からリスク管理，事業対策まで」，エヌ・ティー・エス，386（2008）
3) 田中宏幸ほか，第17回地下水・土壌汚染とその防止対策に関する研究集会講演集，48（2011）
4) IARC, Agents reviewed by the IARC Monographs Volume I-94（2006）
5) U. S. EPA, EPA/453/R-94/080A（1994）
6) U. S. EPA, EPA/540/R-95/128（1996）
7) Howard, P. H et al., Handbook of environmental degradation rates, Lewis Publishers, 502（1991）
8) Missouri Department of Natural Resources, Cleanup levels for Missouri（CALM），（2001）
9) ASTM, ASTM E 2081-00, 94p.（2000）
10) 中島　誠ほか，日本地下水学会2006年秋季講演会講演要旨，184（2006）
11) 中島　誠ほか，構造物の安全性および信頼性（Vol.6）JCOSSAR2007論文集，561（2007）
12) Millington, R. J. *et al.*, *Trans. Faraday Soc.*, **57**, 1200（1961）
13) Connor, J. A. *et al.*, Software guidance manual for RBCA TOOL KIT for chemical release, Groundwater Services（1998）
14) Domenico, P. A., *J. Hydrol.*, **91**, 49（1987）

最新の土壌・地下水汚染原位置浄化技術《普及版》(B1274)

2012年6月1日　初　版　第1刷発行
2019年2月12日　普及版　第1刷発行

　監　修　　平田健正，中島　誠　　　　　　　Printed in Japan
　発行者　　辻　賢司
　発行所　　株式会社シーエムシー出版
　　　　　　東京都千代田区神田錦町1-17-1
　　　　　　電話　03(3293)7066
　　　　　　大阪市中央区内平野町1-3-12
　　　　　　電話　06(4794)8234
　　　　　　http://www.cmcbooks.co.jp/

〔印刷　あさひ高速印刷株式会社〕　　ⓒ T. Hirata, M. Nakashima, 2019

落丁・乱丁本はお取替えいたします。

本書の内容の一部あるいは全部を無断で複写(コピー)することは，法律で認められた場合を除き，著作者および出版社の権利の侵害になります。

ISBN978-4-7813-1357-3　C3051　¥7000E